中国国家标准汇编

2017年修订-55

中国标准出版社　编

中国标准出版社

北　京

图书在版编目(CIP)数据

中国国家标准汇编:2017年修订.55/中国标准出版社编.—北京:中国标准出版社,2019.5
ISBN 978-7-5066-9330-1

Ⅰ.①中… Ⅱ.①中… Ⅲ.①国家标准-汇编-中国-2017 Ⅳ.①T-652.1

中国版本图书馆CIP数据核字(2019)第126898号

中国标准出版社出版发行
北京市朝阳区和平里西街甲2号(100029)
北京市西城区三里河北街16号(100045)

网址 www.spc.net.cn
总编室:(010)68533533 发行中心:(010)51780238
读者服务部:(010)68523946
中国标准出版社秦皇岛印刷厂印刷
各地新华书店经销

*

开本 880×1230 1/16 印张 26 字数 787 千字
2019年5月第一版 2019年5月第一次印刷

*

定价 220.00 元

出 版 说 明

《中国国家标准汇编》是一部大型综合性国家标准全集。自1983年起,每年按国家标准顺序号分册汇编出版,分为“制定”卷和“修订”卷两种形式。

“制定”卷收入上一年度我国发布的、新制定的国家标准,视篇幅分成若干分册,封面和书脊上注明“20××年制定”字样及分册号,分册号一直连续。各分册中的标准是按照标准编号顺序连续排列的,如有标准顺序号缺号的,除特殊情况注明外,暂为空号。

“修订”卷收入上一年度我国发布的、被修订的国家标准,视篇幅分成若干分册,但与“制定”卷分册号无关联,仅在封面和书脊上注明“20××年修订-1,-2,-3,……”字样。“修订”卷各分册中的标准,仍按标准编号顺序排列(但不连续);如有遗漏的,均在当年最后一分册中补齐。需提请读者注意的是,个别非顺延前年度标准编号的新制定国家标准没有收入在“制定”卷中,而是收入在“修订”卷中。

读者购买每年出版的《中国国家标准汇编》“制定”卷和“修订”卷则可收齐由我社出版的上一年度制定和修订的全部国家标准。

2017年我国制修订国家标准共3 811项。本分册为《中国国家标准汇编》“2017年修订-55”,收入新制修订的国家标准12项。

中国标准出版社

2019年3月

目　　录

ICS 83.140.50
G 43

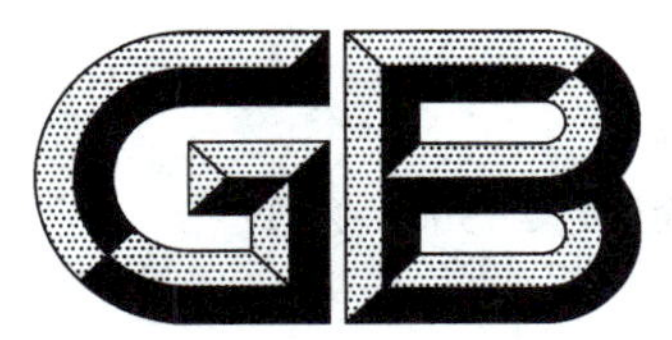

中华人民共和国国家标准

GB/T 29992—2017
代替 GB/T 29992—2013

日用压力锅橡胶密封圈

Rubber sealing rings for pressure cooker

2017-12-29 发布　　　　2018-07-01 实施

中华人民共和国国家质量监督检验检疫总局
中国国家标准化管理委员会　发布

前　言

本标准按照GB/T 1.1—2009给出的规则起草。

本标准代替GB/T 29992—2013《日用压力锅橡胶密封圈》，与GB/T 29992—2013相比主要技术变化如下：

——修改了标准的适用范围(见第1章，2013年版的第1章)；

——规范性引用文件中增加了GB/T 2941、GB 4806.11—2016、GB/T 5721、GB/T 7759.1，删除了GB 4806.1、GB/T 7759(见第2章，2013年版的第2章)；

——增加了以压力锅容积表示的规格(见3.2.2)；

——增加了硬度等级50的技术要求(见4.1)；

——修改了胶料物理机械性能的技术要求(见4.1，2013年版的4.1)；

——修改了修边痕迹的合格品要求(见表2序号2，2013年版表2序号2)；

——修改了理化指标(见4.2.4，2013年版的4.2.4)；

——增加了气味的检测技术方法(见4.2.1)。

本标准由中国石油和化学工业联合会提出。

本标准由全国橡胶与橡胶制品标准化技术委员会(SAC/TC 35)归口。

本标准起草单位：浙江省产品质量安全检测研究院、浙江苏泊尔橡塑制品有限公司、玉环县中德塑胶有限公司、台州倬亿橡塑有限公司、玉环县航空塑胶机电厂。

本标准主要起草人：沈振、林盛、董服秀、董服治、沈贤胜、冯晓雷、王锐兰、张魏洁。

本标准所代替标准的历次版本发布情况为：

——GB/T 29992—2013。

日用压力锅橡胶密封圈

1 范围

本标准规定了日用压力锅橡胶密封圈的结构和规格、要求、检验规则、标志、包装、运输和贮存。

本标准适用于日用压力锅(含电压力锅)用橡胶密封圈(以下简称密封圈)。

2 规范性引用文件

下列文件对于本文件的应用是必不可少的。凡是注日期的引用文件,仅注日期的版本适用于本文件。凡是不注日期的引用文件,其最新版本(包括所有的修改单)适用于本文件。

GB/T 528 硫化橡胶或热塑性橡胶 拉伸应力应变性能的测定

GB/T 529 硫化橡胶或热塑性橡胶撕裂强度的测定(裤形、直角形和新月形试样)

GB/T 531.1 硫化橡胶或热塑性橡胶 压入硬度试验方法 第1部分:邵氏硬度计法(邵尔硬度)

GB/T 2828.1 计数抽样检验程序 第1部分:按接收质量限(AQL)检索的逐批检验抽样计划

GB/T 2941 橡胶物理试验方法试样制备和调节通用程序

GB/T 3512 硫化橡胶或热塑性橡胶 热空气加速老化和耐热试验

GB 4806.11—2016 食品安全国家标准 食品接触用橡胶材料及制品

GB/T 5721 橡胶密封制品标志、包装、运输和贮存的一般规定

GB/T 7759.1 硫化橡胶或热塑性橡胶 压缩永久变形的测定 第1部分:在常温及高温条件下

GB 13623—2003 铝压力锅安全及性能要求

3 结构和规格

3.1 结构

密封圈结构如图1所示。

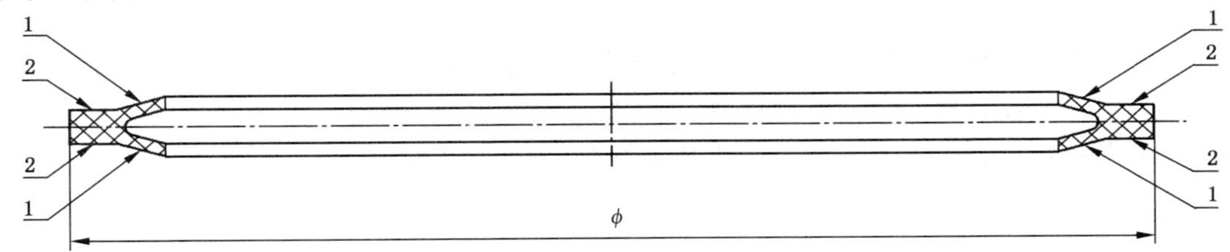

说明:

1——工作面;

2——非工作面;

ϕ——密封圈外径。

图1 基本结构示意图

3.2 规格

3.2.1 以压力锅锅口内径表示规格,单位为厘米(cm),取整数,并优先采用偶数系列,常用的密封圈规

格为:16 cm、18 cm、20 cm、22 cm、24 cm、26 cm、28 cm，也可根据用户要求,采用其他内径表示的规格。

3.2.2 以压力锅容积表示规格,单位为升(L),常用的密封圈规格为:3 L、4 L、5 L、6 L、7 L、8 L,也可根据用户要求,采用其他容积表示的规格。

4 要求

4.1 混炼胶物理性能

混炼胶的物理性能及试验方法规定于表1,试样应按GB/T 2941规定采用模压法制备。

表1 混炼胶物理性能

序号	项 目	单 位	各硬度等级要求			试验方法
			50	60	70	
1	硬度,邵尔A	—	45～<55	55～<65	65～75	GB/T 531.1
2	拉伸强度,最小	MPa	6.0	6.5	7.0	GB/T 528,采用1型试样
3	拉断伸长率,最小	%	300	220	200	
4	撕裂强度,最小	kN/m	13	14	15	GB/T 529,采用无割口直角形试样
5	热空气老化,175 ℃,72 h ——硬度变化; ——拉伸强度变化率,最大; ——拉断伸长率变化率,最大	 — % %	 −5～+5 −20 −25	 −5～+5 −20 −25	 −5～+5 −20 −25	GB/T 3512
6	压缩永久变形,175 ℃,24 h,最大	%	20	20	20	GB/T 7759.1,B型试样,压缩率25%

4.2 密封圈的要求

4.2.1 气味

取50 g±0.5 g的密封圈样品,置于500 mL的玻璃试验瓶中,盖紧玻璃瓶盖,将玻璃瓶置于(120±2)℃的烘箱中,经2 h后取出,由3位气味检验人员对瓶内气味进行评价,气味评价时将瓶盖打开一小口,闻过后马上盖住瓶盖,等待下一位气味检验人员评价,3位气味检验人员的评价结果均不应有异臭味。

4.2.2 外观质量

采用目视及适当的量具测量,密封圈应色泽均匀、洁净,并应符合表2的要求。

表2 外观质量要求

序号	缺陷名称	合格品要求
1	气泡	不应有
2	修边痕迹	无明显凹陷

表 2（续）

序号	缺陷名称	合格品要求
3	模痕	允许有轻微的
4	欠硫、海绵状	不应有
5	裂口	不应有
6	杂质	工作面处不应有；非工作面处允许有，但面积不大于 1 mm^2，整个密封圈非工作面处不应多于 2 处
7	皱皮	不应有
8	缺料	不应有

4.2.3 尺寸

断面尺寸用精度不大于 0.02 mm 的量具测量(仲裁时应采用读数显微镜或影像测量仪)，外径用 π 尺测量，检测环境温度为 23 ℃±2 ℃，按 GB/T 2941 的规定进行检验，密封圈的尺寸应符合图样的要求。

4.2.4 理化指标

密封圈的理化指标及检验方法应符合 GB 4806.11—2016 中表 2 的规定。

4.2.5 水蒸气老化性能

按附录 A 的规定进行试验，密封圈累积试验时间 200 h，不出现滴水漏气现象。

4.2.6 耐酸性

按 GB 13623—2003 中 6.2.24.1 的规定进行试验，体积的变化率应在－1%～＋25%范围内。

4.2.7 耐油性

按 GB 13623—2003 中 6.2.24.2 的规定进行试验，质量变化率不大于 20%。

5 检验规则

5.1 组批

同班同种的混炼胶以不多于 1 000 kg 为一批；密封圈以不多于 10 000 条为一批。

5.2 出厂检验及合格判定

5.2.1 每批混炼胶料随机抽取约 500 g 进行表 1 中 1、2、3、4 项检验。

5.2.2 密封圈的外观质量和尺寸按照 GB/T 2828.1 采用正常检验一次抽样方案要求进行检验，检验水平和接收质量限按照表 3 的规定执行。

表 3　检验水平和接收质量限

检验项目	检验水平	接收质量限
气味和外观质量	一般检验水平 I	AQL 4.0
尺寸	一般检验水平 I	AQL 2.5

5.2.3　密封圈理化指标、水蒸气老化性能、耐酸性、耐油性每季度检验不少于一次。

5.2.4　当混炼胶性能检验结果有一项不合格时，应抽取双倍试样重复该项试验，复试结果有一项不合格时，则该批胶料为不合格；密封圈的外观质量和尺寸检验不合格时，则该批密封圈不合格；密封圈理化指标检验有一项不合格时，该批密封圈不合格；当密封圈水蒸气老化性能、耐酸性、耐油性的检查结果有一项不合格时，应抽取双倍试样重复该项试验，复试结果有一项不合格时，则该批密封圈不合格。

5.3　型式检验及合格判定

5.3.1　型式检验项目为第 4 章的所有要求，有下列情况之一时，应进行型式检验：

a)　产品转产或新产品定型鉴定时；
b)　正式生产后，若材料、工艺有较大改变，可能影响产品性能时；
c)　正常生产时，每 12 个月不得少于一次检验；
d)　产品停产 3 个月以上，恢复生产时；
e)　出厂检验结果与上次型式检验有较大差异时；
f)　国家质量监督机构提出进行型式检验的要求时。

5.3.2　混炼胶性能检验结果如有不合格项目，应对不合格项目进行双倍抽样检验，双倍检验仍不合格时，则本次型式检验结果不合格；密封圈如有一项不合格则本次型式检验不合格。

6　标志、包装、运输和贮存

6.1　标志

包装上应有标志，至少包括下列内容：

a)　产品名称、规格及适用的压力锅型号；
b)　生产厂名称；
c)　数量；
d)　生产日期和/或批号；
e)　使用的橡胶材料；
f)　产品执行标准编号；
g)　注明“食品接触用”。

6.2　包装

包装材料和数量由供需双方协商解决，要确保密封圈不变形。

6.3　运输、贮存

6.3.1　产品的运输、贮存按 GB/T 5721 规定执行。

6.3.2　在上述保管条件下，密封圈的贮存期自制造日起为 3 年。

附 录 A
（规范性附录）
水蒸气老化性能试验方法

A.1 原理

将密封圈装入适用的压力锅或者耐压容器中，在规定的蒸汽压力作用下，经过一定试验周期，观察密封圈的滴水漏气情况。

A.2 试样

试样为1个规格为20 cm的密封圈，也可采用用户提出的规格。

A.3 试验设备

A.3.1 试验设备为与密封圈相适用的压力锅或者耐压容器。
A.3.2 试验设备应能经受工作压力不低于0.12 MPa的蒸汽压，配备有可控制压力和保证安全的装置。

A.4 试验步骤

A.4.1 室温条件下，在压力锅(或耐压容器)中装入足够量的自来水，将一只试验用密封圈装配在压力锅(或耐压容器)中并密封好。
A.4.2 对压力锅(或耐压容器)进行预加热，使蒸汽压力达到0.1 MPa±0.02 MPa，预加热时间不得超过30 min。
A.4.3 保持蒸汽压力0.1 MPa±0.02 MPa，试验时间8 h，停止加热。
A.4.4 自然冷却至室温并停放，停放时间不超过24 h。
A.4.5 按照A.4.2～A.4.4的试验步骤，重复试验，当累积保压试验时间(保持蒸汽压力为0.1 MPa±0.02 MPa的总时间)达到200 h，停止试验。

A.5 结果判定

当密封圈累积试验时间200 h，不出现滴水漏气现象时，可判为合格；若密封圈累积试验时间没有达到200 h，就出现滴水漏气现象时，则判为不合格。

ICS 53.020.99
J 80

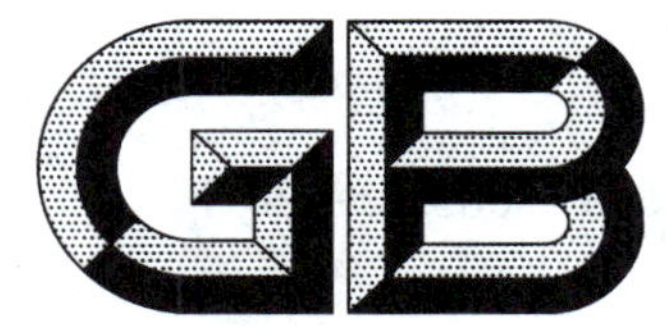

中华人民共和国国家标准

GB/T 30032.3—2017

移动式升降工作平台　带有特殊部件的设计、计算、安全要求和试验方法　第3部分：果园用移动式升降工作平台

Mobile elevating work platforms—Design, calculations, safety requirements and test methods relative to special features—Part 3: MEWPs for orchard operations

(ISO 16653-3:2011, MOD)

2017-10-14 发布　　　　2018-05-01 实施

中华人民共和国国家质量监督检验检疫总局
中国国家标准化管理委员会　发布

前　言

GB/T 30032《移动式升降工作平台　带有特殊部件的设计、计算、安全要求和试验方法》分为三个部分：

——第1部分：装有伸缩式护栏系统的移动式升降工作平台；

——第2部分：装有非导电(绝缘)部件的移动式升降工作平台；

——第3部分：果园用移动式升降工作平台。

本部分为GB/T 30032的第3部分。

本部分按照GB/T 1.1—2009给出的规则起草。

本部分使用重新起草法修改采用ISO 16653-3：2011《移动式升降工作平台　带有特殊部件的设计、计算、安全要求和试验方法　第3部分：果园用移动式升降工作平台》。

本部分与ISO 16653-3：2011的技术性差异及其原因如下：

——关于规范性引用文件，本部分做了具有技术性差异的调整，以适应我国的技术条件，调整的情况集中反映在第2章“规范性引用文件”中，具体调整如下：

- 用修改采用国际标准的GB/T 25849—2010代替了ISO 16653-3：2011引用的ISO 16368：2010(见第1章、4.1.1、4.1.2、4.3、4.4.1、4.4.2、4.4.3、4.5.1、4.5.2、4.5.3、4.6、第5章和附录A)；
- 用修改采用国际标准的GB/T 14048.5—2008代替了ISO 16653-3：2011引用的IEC 60947-5-1：2003[见4.5.1 4)]。

——删除了ISO 16653-3：2011中与本部分无关的条文脚注[见4.5.1 4)]。

本部分由中国机械工业联合会提出。

本部分由全国升降工作平台标准化技术委员会(SAC/TC 335)归口。

本部分起草单位：北京建筑机械化研究院、浙江鼎力机械股份有限公司、湖南星邦重工有限公司、中国建设教育协会建设机械职业教育专业委员、北京建研机械科技有限公司。

本部分主要起草人：尹文静、许树根、汪小兰、谢丹蕾、李静、张娟、王春琢。

移动式升降工作平台　带有特殊部件的设计、计算、安全要求和试验方法　第3部分:果园用移动式升降工作平台

1　范围

GB/T 30032 的本部分规定了适用于果园作业的移动式升降工作平台(以下简称 MEWP)的设计、计算、安全要求和试验方法。本部分作为 GB/T 25849 的补充并与其配套使用。除非本部分有其他说明,GB/T 25849 的条款适用于本部分。

本部分规定了 MEWP 首次应用于果园作业前的结构设计计算和稳定性判据、制造、安全检查和试验。本部分确定了 MEWP 应用于果园操作产生的危险,并描述了消除和减少这些危险的措施。

本部分适用于单人臂架式 MEWP。单人臂架式 MEWP 在平台处进行控制,并在果园中用于移动人员至工作位置,以便进行采摘水果以及剪修树木和架设藤蔓。

注:果园用 MEWP 是典型的基于一个两轮传动轴和一个脚轮后轮的非回转设备。不同的提升高度要求,取决于植物生长和气候条件。用于核果、仁果和柑橘类果园的 MEWP 通常的举升高度为 2.5 m～4.5 m。用于牛油果果园的 MEWP 通常的举升高度高达 6.5 m,偶尔有设备高达 8 m～10 m。收货季节,用于果园作业的 MEWP 配备有采果袋,以收集水果或坚果并将其运送至收集点。额定载荷,包括工作人员,通常是 170 kg～200 kg。

2　规范性引用文件

下列文件对于本文件的应用是必不可少的。凡是注日期的引用文件,仅注日期的版本适用于本文件。凡是不注日期的引用文件,其最新版本(包括所有的修改单)适用于本文件。

GB/T 14048.5—2008　低压开关设备和控制设备　第 5-1 部分:控制电路电器和开关元件　机电式控制电路电器(IEC 60947-5-1:2003,MOD)

GB/T 25849—2010　移动式升降工作平台　设计计算、安全要求和测试方法(ISO 16368:2003,MOD)

3　术语和定义

GB/T 25849 界定的以及下列术语和定义适用于本文件。

3.1

果园　orchard

水果或坚果生长的特定区域。

4　安全要求和/或防护措施

4.1　结构计算

4.1.1　额定载荷

计算额定载荷时,下列条款代替 GB/T 25849—2010 的 5.2.3.1。

果园用 MEWP 应只允许一人在工作平台上进行作业。

额定载荷 m 应按式(1)计算：

$$m = m_p + m_e + m_b \qquad \cdots\cdots (1)$$

式中：

m_p ——人的质量，单位为千克(kg)，相当于 100 kg；

m_e ——水果质量，单位为千克(kg)，至少 45 kg；

m_b ——空的水果收集袋质量，单位为千克(kg)。

MEWP 最小额定载荷应为 170 kg。

注：假定人的质量为作用在工作平台上的集中载荷，距顶部栏杆上平面内侧边缘水平距离 0.1 m。

4.1.2 疲劳应力分析

果园用 MEWP 的载荷循环次数，依据 GB/T 25849—2010 中 5.2.5.3.3b)的规定，通常取为重载工况下 10^5 循环次数。

本部分不采用 GB/T 25849—2010 中 5.2.5.3.3 规定的载荷谱系数，果园用 MEWP 的载荷谱系数应为 1。

4.2 底盘

4.2.1 在举升位置时的最大行驶速度

举升位置时的最大行驶速度应满足以下要求：

a) 平台举升高度不大于 4.0 m 时为 1.5 m/s；

b) 平台举升高度大于 4.0 m 小于或等于 6.5 m 时为 1.0 m/s；

c) 平台举升高度大于 6.5 m 时为 0.7 m/s。

到达指定平台举升高度范围时，行驶速度限制应是自动的。

应通过设计校验和功能试验进行验证。应对每个高度和速度的组合进行制动试验和空载试验。

4.3 力矩和载荷传感

符合 4.4.2 2)的尺寸要求且水果袋的体积不超过 0.15 m^3 的工作平台，应视为已满足 GB/T 25849—2010 中 5.4.1.5 和 5.4.1.6 规定的“提高稳定性要求”/“提高超载要求”。

4.4 工作平台

4.4.1 工作平台水平度

除应满足 GB/T 25849—2010 中 5.6.1 的要求外，还应符合下列要求：

——工作平台应被允许升至制造商设置的底盘倾斜限制的临界值；

——使用标尺和水平仪的机械式调平装置应设计为至少能承受两倍的施加于其上的载荷。

4.4.2 护栏(防护)系统

护栏(防护)系统除应满足 GB/T 25849—2010 中 5.6.2 的要求外，还应符合下列要求：

——工作平台的各个侧面应安装防护装置，以防止工作平台上的人员坠落。防护装置应牢固的固定在工作平台上，并至少应包括：

1) 从平台底板到栏杆上部的防护围栏最小高度为 0.9 m，以使在起伏路面行驶时减小对操作人员的冲击危险；在护栏内部测量的横截面不超过 0.65 m×0.65 m；

2) 护脚板至少高出底板 0.1 m 以防止操作人员的脚部滑出工作平台，内截面不超过 0.7 m×

0.7 m,并配有开口以方便从平台上清扫果园垃圾(护脚板的水平间距不超过 0.1 m);

3) 中间横杆下部距护脚板上方最大高度 0.55 m,内截面不超过 0.7 m×0.7 m。

——护栏应能承受在最不利位置和最不利方向上、间隔 0.5 m、施加 500 N 的集中载荷,而不发生永久变形。

应通过设计校验和目测检测进行验证。

4.4.3 锚固点

应符合 GB/T 25849 中有关防坠落锚固点的要求。

4.4.4 出入口处护栏的开口

不应允许通过顶部围栏开口作为出入门。

4.4.5 水果收集袋

使用的水果收集袋应有自排空功能,并应安装于平台的外部。

4.5 控制装置

4.5.1 用于免持操作而设计的脚踏操作控制装置的触动和操作

无需手动操作的脚踏控制的果园用 MEWP 应满足 GB/T 25849—2010 中 5.7.1 的要求。除操作人员有意触动外,保护控制装置、防止意外操作可通过以下方式实现:

1) 如果因为植物或水果碎片变为楔形落入防护装置和脚踏控制装置之间,防护装置的存在会产生风险:操作人员释放时控制装置无法返回至"关"(或操作人员不能释放控制),此时脚踏控制装置应是未防护的。

2) 无防护的脚踏控制装置应安装在不高于底板平面的位置,应确保操作人员在操作过程中持续踩踏才可触动装置,以控制操作人员意外触动控制装置而造成的风险。

3) 如果满足上述要求的脚踏控制装置无防护,当操作人员离开平台时,运动控制装置应自动禁用,以控制操作人员和其他未经授权人员踏入平台时意外触动控制装置而造成的风险。控制装置应只能由独立的手动控制装置重新触动。操作人员离开平台时关闭 MEWP 发动机是可行的方式。

4) 控制 MEWP 全部动作的液压控制阀应为全流量的、机械触发的且弹簧复位至"关"的,以确保可靠性。此外,电控装置的设计应符合 GB/T 14048.5—2008 中类别 1 的要求。

4.5.2 两套控制装置的位置、可接近性、保护和选择

直接作用于安装在基座的全流量控制阀的控制杆,应满足 GB/T 25849—2010 的 5.7.3 中两套控制装置的要求。

可通过操作位于基座控制装置的紧急制动阻止工作平台进一步的动作。可使用应急系统恢复工作平台。

4.5.3 应急系统

应能从工作平台和基座操作 GB/T 25849—2010 中 5.7.8 要求的应急系统。

应急系统在任何时刻都应有效。

4.5.4 控制装置的同时动作

允许行走控制装置和其他控制装置同时动作。

4.6 臂架伸展液压系统

臂架举升液压系统应是单动式的(液压伸展、重力下降)。

注:双动式液压系统能导致 MEWP 在湿滑条件下的不稳定。平台能意外被困在树枝上,这阻止其进一步的降低,并导致底盘驱动和制动轮离开地面。

GB/T 25849—2010 中 5.10.2 的要求,即防止外部管路故障引起的意外运动,也适用于果园作业。使用外部锁止阀是可接受的解决方法。

4.7 标记

MEWP 应在明显的位置永久、清晰的标记:此 MEWP 专门设计用于果园,不允许用于其他用途。

5 安全要求和/或措施的验证

在稳定性试验时,应考虑以下情况:

MEWP 装有脚轮组件的情况下,GB/T 25849 要求的任何适用的试验中轮子应被定位,以便在最不稳定的情况下得到结果。

附 录 A
（资料性附录）
危 险 列 表

由风险评估程序确定的危险列在表 A.1 中。GB/T 25849 及表 A.1 中所列危险适用于本部分。

表 A.1 危险列表

危险		GB/T 30032 的本部分相应条款
1	**自行式机械的起动/移动引发的危险**	
1.1	稳定性不足	4.1.1、4.3
2	**提升操作引起的危险**	
2.1	稳定性不足	4.4.1、4.3、4.6
2.2	机械强度丧失	4.1.2、4.4.1、4.4.2
2.3	移动失控	4.6
3	**装载/卸载引发的危险**	4.3
4	**提升人员引起的危险**	
4.1	机械装置的机械强度的丧失	4.1.2
5	**控制**	
5.1	工作平台的移动	4.5.1、4.5.3、4.6
5.2	安全行走控制	4.5.1、4.5.2、4.5.4
5.3	安全速度控制	4.2.1
6	**人员坠落**	
6.1	人员保护装置	4.4.3
6.2	工作平台倾斜控制	4.4.1
7	**工作平台坠落/倾翻**	
7.1	坠落/倾翻	4.1.1、4.2.1、4.3

ICS 29.140;29.140.50
K 74

中华人民共和国国家标准

GB/T 30104.103—2017/IEC 62386-103:2014

数字可寻址照明接口　第103部分：一般要求　控制设备

Digital addressable lighting interface—Part 103: General requirements — Control devices

(IEC 62386-103:2014,IDT)

2017-11-01 发布　　2018-11-01 实施

中华人民共和国国家质量监督检验检疫总局
16 中国国家标准化管理委员会　发布

前　言

GB/T 30104《数字可寻址照明接口》分为13个部分：

——第101部分：一般要求　系统；

——第102部分：一般要求　控制装置；

——第103部分：一般要求　控制设备；

——第201部分：控制装置的特殊要求　荧光灯(设备类型0)；

——第202部分：控制装置的特殊要求　自容式应急照明(设备类型1)；

——第203部分：控制装置的特殊要求　放电灯(荧光灯除外)(设备类型2)；

——第204部分：控制装置的特殊要求　低压卤钨灯(设备类型3)；

——第205部分：控制装置的特殊要求　白炽灯电源电压控制器(设备类型4)；

——第206部分：控制装置的特殊要求　数字信号转换成直流电压(设备类型5)；

——第207部分：控制装置的特殊要求　LED模块(设备类型6)；

——第208部分：控制装置的特殊要求　开关功能(设备类型7)；

——第209部分：控制装置的特殊要求　颜色控制(设备类型8)；

——第210部分：控制装置的特殊要求　程序装置(设备类型9)。

本部分为GB/T 30104的第103部分。

本部分按照GB/T 1.1—2009给出的规则起草。

本部分使用翻译法等同采用IEC 62386-103:2014《数字可寻址照明接口　第103部分：一般要求　控制设备》。

与本部分规范性引用的国际文件有一致性对应关系的我国文件如下：

——GB/T 30104.101—2013　数字可寻址照明接口　第101部分：一般要求　系统(IEC 62386-101:2009,IDT)

——GB/T 30104.102—2013　数字可寻址照明接口　第102部分：一般要求　控制装置(IEC 62386-102:2009,IDT)

本部分由中国轻工业联合会提出。

本部分由全国照明电器标准化技术委员会电光源及其附件分技术委员会(SAC/TC 224/SC 1)归口。

本部分起草单位：江苏亚示照明集团有限公司、佛山电器照明股份有限公司、北京市朝阳区高效照明技术中心、国家半导体光源产品质量监督检验中心(广东)、佛山市华全电气照明有限公司、浙江小尤鱼智能技术有限公司、杭州华普永明光电股份有限公司、飞利浦照明(中国)投资有限公司、锐高照明电子(上海)有限公司。

本部分主要起草人：殷金兴、沈庆跃、魏彬、刘倩、李本亮、柯柏权、魏伟、黄建明、黄峰、吴旋凯。

引　言

IEC 62386 作为系列标准含有几个部分。第 1xx 部分包括基本要求。第 101 部分是系统组成的一般要求;第 102 部分延伸为控制装置的一般要求;第 103 部分延伸为控制设备的一般要求。

第 2xx 部分是“控制装置一般要求”延伸对灯的特殊要求(主要用于 IEC 62386 第 1 版的向后兼容性)和延伸对控制装置的特殊功能要求。

第 3xx 部分是“控制设备的一般要求”延伸对输入设备的特殊要求,描述实例类型同时可组合多实例类型的一些通用功能。

本次发布的 IEC 62386-103 第 1 版与 IEC 62386-101:2014、IEC 62386-102:2014,和构成 IEC 62386-2xx 控制设备系列的各部分,及构成 IEC 62386-3xx 控制设备特殊要求系列的各部分形成为一个系列整体。各部分单独出版是为今后的修正和修改提供方便。当对系列整体有其他需求时并得到认可后,可进行补充。

该标准的设置可用下图标示。

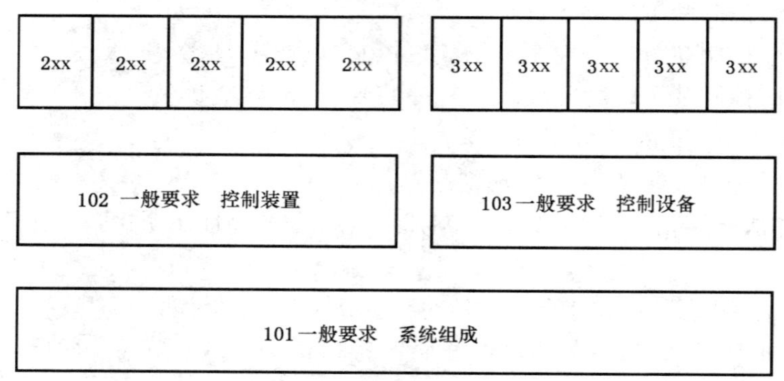

图 1　IEC 62386 图形概览

当 IEC 62386 的本部分引用 IEC 62386-1xx 系列的其他两部分中的任何条款时,需规定此条款的适用程度和将要执行的测试顺序。必要时,其他部分还包括附加要求。

在本标准中使用的所有的数字都是十进制数字,除非另有说明。

十六进制数字的格式为 0xVV,其中 VV 是数值。二进制数字以 XXXXXXXXb 格式或 XXXX XXXX 格式给出,其中 X 为 0 或 1,二进制数字中的“x”表示“任意值”。

使用了以下排版表达:

变量:variableName 或 variableName[3:0],只给出 variableName 的 3-0 位

值范围:[最低,最高]

命令:“命令名”

数字可寻址照明接口　第103部分：一般要求　控制设备

1　范围

GB/T 30104 的本部分适用于由电子照明设备数字信号控制总线系统中的控制设备。该控制设备符合 IEC 61347 的要求，采用直流电源供电。

注：本部分中所述测试为型式试验，不包括在生产过程中对单个产品的测试要求。

2　规范性引用文件

下列文件对于本文件的应用是必不可少的。凡是注日期的引用文件，仅注日期的版本适用于本文件。凡是不注日期的引用文件，其最新版本(包括所有的修改单)适用于本文件。

IEC 62386-101:2014　数字可寻址照明接口　第101部分：一般要求　系统(Digital addressable lighting interface — Part 102: General requirements —System)

IEC 62386-102:2014　数字可寻址照明接口　第102部分：一般要求 控制装置(Digital addressable lighting interface — Part 102: General requirements — Control gear)

3　术语和定义

IEC 62386-101:2014 第3章界定的以及下列术语和定义适用于本文件。

3.1

广播　broadcast

能同时寻址系统中所有控制设备地址的寻址类型。

3.2

无地址广播　broadcast unaddressed

能同时寻址系统中所有无短地址的控制设备地址的寻址类型。

3.3

设备命令　device command

寻址控制设备并在命令帧的实例字节中有 0xFE 值的命令。

3.4

设备组　device group

用于同时寻址系统中一个控制设备组的地址类型。

3.5

DTR 数据传输寄存器　DTR data transfer register

用来交换数据的多用途寄存器。

3.6

事件　event

实例报告，其特点是具有事件号、输入值变化或定义了输入值变化顺序。

注：事件号是由发送报告的实例类型所决定的。

3.7

事件计划　event scheme

信息特征，按产生事件信息的实例来描述，以标识事件的源。

3.8

特征命令　feature command

寻址一个或多个输入设备或设备实例的特征，并且在命令帧的实例字节中具有不同于 0xFE 值的命令，但不是实例命令。

3.9

GTIN

用于全球贸易项目的唯一标识号。

注 1：欲了解更多信息，请见 http://en.wikipedia.org/wiki/GTIN。

注 2：该号码由一个 GS1 号码组成，或 UPC 的公司前缀后跟一个项目参考号码和一个校验位组成。在“GS1 一般规范”中详细描述。

3.10

输入信号　input signal

检测和处理输入设备的实例的物理值。

注：物理值比如可以为“照明等级”或“按钮状态”。

3.11

标识　identification

在调试时使用的临时状态值，用于安装器标识特定的控制设备。

3.12

输入值　input value

编码数据，表示输入信号。

注：输入信号的编码方式取决于实例类型。

3.13

实例命令　instance command

寻址一个或多个输入设备的实例并且在命令帧的实例字节中具有不同于 0xFE 值的命令，但不是特征命令。

3.14

掩码　MASK

值 0xFF。

3.15

NO

当查询的应答为 NO 时，将无响应，这样发送查询者将根据 IEC 62386-101:2014 的 8.2.5 得出“无后向帧”的结论。

注：应答 NO 也可被一个错过的查询所触发。

3.16

NVM

非易失性读/写存储器，其内容可改变，也不会由于掉电重启而丢失。

3.17

操作码　operation code

命令帧的一部分，用于识别将被执行的命令。

3.18

操作模式　operating mode

由范围[0,255]中的一个数字来识别的设置状态,代表一组变量和存储器设置,并用于选择一组要由设备展示的功能,包括它对命令所要求的响应。

注:控制设备可以支持一个以上的操作模式。

3.19

PING

一个 16 位的前向帧:等同于 0xAD00 的[15:0]二进制数字。

注:本系列标准的第 102 部分规定,PING 对于控制装置没有任何意义。

3.20

静态模式　quiescent mode

设备不发送正向帧的临时模式。

3.21

随机存触器　RAM

易失性读/写存储器,其内容可改变,并会因电源掉电而丢失。

3.22

随机地址　random address

在系统初始化时按要求由控制设备产生的 24 位随机数。

3.23

重置状态　reset state

控制设备的所有 NVM 变量都具有重置值的状态,除了那些被标记为"没有变化"或者被明确排除在外的。

3.24

ROM

非易失性只读存储器,其内容是固定。

注:在本标准只读的意思是系统观点。一个 ROM 变量实际上可以 NVM 来实现,但本标准并没有提供任何机制来改变它的值。

3.25

搜索地址　search address

在初始化过程中用来识别系统中单个控制设备的 24 位数字。

3.26

短地址　short address

用于寻址系统中单个控制设备的地址类型。

3.27

YES

如果查询的应答是 YES,响应将是包含 *MASK* 值的后向帧。

4　概述

4.1　一般要求

IEC 62386-101:2014 第 4 章适用,但有以下限制、修改和补充。

4.2　版本号

本条替代 IEC 62386-101:2014 的 4.2。

版本格式为“x.y”,其中主版本号 x 为 0 ～ 62 的数字,次要版本号 y 为 0 至 2 的数字。当版本号编码为一个字节时,主版本号 x 应放置在第 7 至 2 位,次要版本 号 y 应放置在第 1 至 0 位。

对 IEC 62386-103 的每次修订,次版本号应当逐次加 1。在 IEC 62386-103 的新版本,主版本号逐个递增,次版本号应设置为 0。目前的版本号是“2.0”。

注 1:通常 IEC 文件在创建一个新版本之前,修订 2 次。

注 2:通常 IEC 文件的修订会在一个新版本创建之前进行。

5 电气规范

IEC 62386-101:2014 的第 5 章要求适用。

6 接口电源

如果总线电源集成在控制设备中,则 IEC 62386-101:2014 的第 6 章要求适用。

7 传输协议结构

7.1 概述

IEC 62386-101:2014 第 7 章要求适用,并有以下补充。

7.2 24 位前向帧编码

7.2.1 指令和查询的帧格式

7.2.1.1 一般要求

对于 7.2.1,命令应解读为指令和查询,应按表 1 和表 2 所示进行 24 位前向帧编码。

表 1 24 位命令帧编码

<table>
<tr><th colspan="10">字节/位</th><th rowspan="3">设备寻址</th></tr>
<tr><th colspan="8">地址字节</th><th>实例字节</th><th>操作码字节</th></tr>
<tr><th>23</th><th>22</th><th>21</th><th>20</th><th>19</th><th>18</th><th>17</th><th>16</th><th>15…8</th><th>7…0</th></tr>
<tr><td>0</td><td colspan="6">64 个短地址</td><td>1</td><td rowspan="4">设备命令或实例地址或特征,见表 2</td><td></td><td>短地址
短地址寻址</td></tr>
<tr><td>1</td><td>0</td><td colspan="5">32 个设备组地址</td><td>1</td><td></td><td>设备组寻址</td></tr>
<tr><td>1</td><td>1</td><td>1</td><td>1</td><td>1</td><td>1</td><td>0</td><td>1</td><td></td><td>未编址广播
无寻址广播</td></tr>
<tr><td>1</td><td>1</td><td>1</td><td>1</td><td>1</td><td>1</td><td>1</td><td>1</td><td></td><td>广播</td></tr>
<tr><td>1</td><td>1</td><td>0</td><td colspan="4">16 个特殊命令空位</td><td>1</td><td colspan="2">特定命令、具体命令</td><td>专有命令</td></tr>
<tr><td>1</td><td>1</td><td>1</td><td>0</td><td>x</td><td>x</td><td>x</td><td>1</td><td colspan="2" rowspan="3">预留</td><td rowspan="3">预留</td></tr>
<tr><td>1</td><td>1</td><td>1</td><td>1</td><td>0</td><td>x</td><td>x</td><td>1</td></tr>
<tr><td>1</td><td>1</td><td>1</td><td>1</td><td>1</td><td>0</td><td>x</td><td>1</td></tr>
</table>

表 2 命令帧中的实例字节

<table>
<tr><th colspan="8">实例字节</th><th rowspan="2">寻址</th></tr>
<tr><th>15</th><th>14</th><th>13</th><th>12</th><th>11</th><th>10</th><th>09</th><th>08</th></tr>
<tr><td>0</td><td>0</td><td>0</td><td colspan="5">32 个实例数字</td><td>实例数</td></tr>
<tr><td>1</td><td>0</td><td>0</td><td colspan="5">32 个实例组</td><td>实例组</td></tr>
<tr><td>1</td><td>1</td><td>0</td><td colspan="5">32 个实例类型</td><td>实例类型</td></tr>
<tr><td>0</td><td>0</td><td>1</td><td colspan="5">32 个实例数字</td><td>实例数层级特征</td></tr>
<tr><td>1</td><td>0</td><td>1</td><td colspan="5">32 个实例组</td><td>实例组层级特征</td></tr>
<tr><td>0</td><td>1</td><td>1</td><td colspan="5">32 个实例类型</td><td>实例类型层级特征</td></tr>
<tr><td>1</td><td>1</td><td>1</td><td>1</td><td>1</td><td>1</td><td>0</td><td>1</td><td>实例广播层级特征</td></tr>
<tr><td>1</td><td>1</td><td>1</td><td>1</td><td>1</td><td>1</td><td>1</td><td>1</td><td>实例广播</td></tr>
<tr><td>1</td><td>1</td><td>1</td><td>1</td><td>1</td><td>1</td><td>0</td><td>0</td><td>设备层级特征</td></tr>
<tr><td>1</td><td>1</td><td>1</td><td>1</td><td>1</td><td>1</td><td>1</td><td>0</td><td>设备</td></tr>
<tr><td>0</td><td>1</td><td>0</td><td>x</td><td>x</td><td>x</td><td>x</td><td>x</td><td rowspan="4">预留</td></tr>
<tr><td>1</td><td>1</td><td>1</td><td>0</td><td>x</td><td>x</td><td>x</td><td>x</td></tr>
<tr><td>1</td><td>1</td><td>1</td><td>1</td><td>0</td><td>x</td><td>x</td><td>x</td></tr>
<tr><td>1</td><td>1</td><td>1</td><td>1</td><td>1</td><td>0</td><td>x</td><td>x</td></tr>
</table>

7.2.1.2 地址字节

地址字节提供：

- 发送器使用的设备寻址的方法；
- 一个命令的象征，不是事件消息，而是为命令设置的正在发送的第 16 位；
- 16 个专有命令空位；
- 预留的设备地址。预留的设备地址不应被发送器使用。

7.2.1.3 实例字节

实例字节提供：

- 对于标准命令，指示正在传送的是设备命令、特征命令或实例命令；
- 对于标准实例命令，由发送器使用的实例寻址的方法；
- 对于专有命令，具体命令的信息；
- 对于标准命令，预留的实例地址。预留的实例地址不应由发送器使用；
- 对于标准特征命令，正在被设址的特征；
- 对于预留命令，预留的信息。

7.2.1.4 操作代码字节

操作代码字节包括：

- 对于标准的命令使用的操作代码；
- 特殊命令的具体命令信息；
- 保留命令的保留的信息。

7.2.2 事件消息帧格式

7.2.2.1 一般要求

对于事件消息，应按表 3 所示进行 24 位前向帧编码。

表 3 24 位事件消息帧编码

<table>
<tr><td colspan="15">位</td><td colspan="2" rowspan="3">事件方案[a]/源</td></tr>
<tr><td colspan="14">事件源信息</td><td>事件信息</td></tr>
<tr><td>23</td><td>22</td><td>21</td><td>20</td><td>19</td><td>18</td><td>17</td><td>16</td><td>15</td><td>14</td><td>13</td><td>12</td><td>11</td><td>10</td><td>9…0</td></tr>
<tr><td>0</td><td colspan="6">64 个短地址</td><td>0</td><td>0</td><td colspan="5">32 个实例类型</td><td rowspan="5">事件</td><td>1</td><td>设备</td></tr>
<tr><td>0</td><td colspan="6">64 个短地址</td><td>0</td><td>1</td><td colspan="5">32 个实例数字</td><td>2</td><td>设备/实例</td></tr>
<tr><td>1</td><td>0</td><td colspan="5">32 个设备组</td><td>0</td><td>0</td><td colspan="5">32 个实例类型</td><td>3</td><td>设备组</td></tr>
<tr><td>1</td><td>0</td><td colspan="5">32 个实例类型</td><td>0</td><td>1</td><td colspan="5">32 个实例数字</td><td>0</td><td>实例</td></tr>
<tr><td>1</td><td>1</td><td colspan="5">32 个实例组</td><td>0</td><td>0</td><td colspan="5">32 个实例类型</td><td>4</td><td>实例组</td></tr>
<tr><td>1</td><td>1</td><td>0</td><td>x</td><td>x</td><td>x</td><td>x</td><td>0</td><td>1</td><td>x</td><td>x</td><td>x</td><td>x</td><td>x</td><td rowspan="7">预留</td><td colspan="2" rowspan="7">预留</td></tr>
<tr><td>1</td><td>1</td><td>1</td><td>0</td><td>x</td><td>x</td><td>x</td><td>0</td><td>1</td><td>x</td><td>x</td><td>x</td><td>x</td><td>x</td></tr>
<tr><td>1</td><td>1</td><td>1</td><td>1</td><td>0</td><td>x</td><td>x</td><td>0</td><td>1</td><td>x</td><td>x</td><td>x</td><td>x</td><td>x</td></tr>
<tr><td>1</td><td>1</td><td>1</td><td>1</td><td>1</td><td>0</td><td>x</td><td>0</td><td>1</td><td>x</td><td>x</td><td>x</td><td>x</td><td>x</td></tr>
<tr><td>1</td><td>1</td><td>1</td><td>1</td><td>1</td><td>1</td><td>0</td><td>0</td><td>1</td><td>x</td><td>x</td><td>x</td><td>x</td><td>x</td></tr>
<tr><td>1</td><td>1</td><td>1</td><td>1</td><td>1</td><td>1</td><td>1</td><td>0</td><td>1</td><td>0</td><td>x</td><td>x</td><td>x</td><td>x</td></tr>
<tr><td>1</td><td>1</td><td>1</td><td>1</td><td>1</td><td>1</td><td>1</td><td>0</td><td>1</td><td>1</td><td>0</td><td>x</td><td>x</td><td>x</td></tr>
<tr><td>1</td><td>1</td><td>1</td><td>1</td><td>1</td><td>1</td><td>1</td><td>0</td><td>1</td><td>1</td><td>1</td><td colspan="4">短地置/设备组信息，见 9.6.2</td><td colspan="2">设备电源掉电</td></tr>
<tr><td colspan="17">[a] 关于事件方案的更多信息，见 9.6.2。</td></tr>
</table>

7.2.2.2 事件源信息

事件源信息提供：

- 正在发送的指示是事件消息而非指令或查询：第 16 位为事件信息置空为零；
- 相关事件实例类型的信息，从而使事件消息的接收器能理解该事件的含义；
- 相关事件源的信息，从而使事件消息的接收器能理解该消息来源；
- 预留值。

事件是具体的实例类型。这意味着，该事件源信息必须使接收器可以或明或暗地得出所发送实例的实例类型。表 3 中的事件源方案（并且仅这些）满足这个条件。

注：告诉接收器事件信息来源并不等于事件源方案有价值。

7.2.2.3 事件信息

事件信息提供 10 位数的事件数字和/或事件数据。事件信息是具体的实例类型，相应的系列标准第 3xx 部分中定义的实例信息适用。

8 定时

IEC 62386-101:2014 第 8 章要求适用。

9 操作方法

9.1 概述

IEC 62386-101:2014 第 9 章要求适用,并有下列补充。

9.2 应用程序控制器

9.2.1 概述

应用程序控制器是使系统“工作”的控制系统的部分,其作用为:

- 调试和配置系统(包括可用的控制装置);
- 使系统对环境变化(基于来自输入设备的信息)作出反应;
- 修改系统控制装置的某些行为(IEC 62386-102 定义的控制装置命令)。

9.2.2 单主应用程序控制器

单主程序控制器不打算与其他控制设备共用总线。

单主应用程序控制器可以配置联结在总线上的其他控制设备,和/或改变系统中的控制装置的行为,从而可以使用 IEC 62386-102 中定义的命令和/或 IEC 62386-103 中定义的指令和查询。

注:特别地,如果单主应用程序控制器不正确处理冲突,任何这样的尝试可能会失败并对系统产生负面影响。

另一方面,不要求单主应用程序控制器在主板上有接收器。因此,以下成立:

对于下面所有子条款,本部分假定控制设备是多主控制设备。

为了使它本身被公认为是可能匿名发送的总线单元,一个单主应用程序控制器应每 10 min±1 min。发送一个 PING 消息。第一个这样的 PING 消息应在开机步骤完成后的 5 min ~10 min 之间的随机时间发出。

9.2.3 多主应用程序控制器

对于下面所有的子条款,本部分假定控制设备是多主控制设备。

包含一个应用程序控制器的控制设备应将“*applicationControllerPresent*”设置为 TRUE。否则“*applicationControllerPresent*”应设置为 FALSE。

注 1:“*applicationControllerPresent*”可以通过“ QUERY DEVICE CAPABILITIES”得到。

大多数情况下,一个系统将只有一个应用程序控制器激活(见 9.9.1),但单一系统中可以有多个应用程序控制器工作。

应用程序控制器应根据表 21 和表 22 接受来自其他的应用程序控制器的命令,它作为系统集成的部分来确保各应用程序控制器将以这种方式工作以实现系统的正确功能。

注 2:只允许一个单主应用程序控制器进行调试和配置最容易实现系统完整性。

注 3:应用程序控制器可能通过其他接口进行调试。

只有发生设备掉电事件,应用程序控制器才能传输事件消息。

注 4:如果一个应用程序控制器被激活,它可以发送 24 位正向帧而不是传输事件。

应用程序控制器不得发送 PING 消息。

9.3 输入设备

输入设备通过发送事件消息使系统对环境变化进行敏感反应。

输入设备应是多主控制设备,并允许应用程序控制器对其进行调试和配置。

输入设备只有传送事件消息时使用正向帧。

9.4 输入设备的实例

9.4.1 概述

输入设备应至少有1个实例，最多32个，由“*number Of Instances*”进行标示，可使用“QUERY NUMBER OF INSTANCES”进行查询。

仅作为应用程序控制器的控制设备其“*number Of Instances*”应为0。

9.4.2 实例号

每个实例应有一个[0,“*number Of Instances*”—1]范围内的唯一“*instanceNumber*”。

9.4.3 实例类型

输入设备的每个实例类型可能不同，可通过“QUERY INSTANCE TYPE”进行查询。根据不同的实例类型，事件信息由 INPUT NOTIFICATION (*device/instance*, *event*)进行传输。

表4是实例类型编码。不同实例类型的进一步信息见 IEC 62386 第3xx部分。

表4 实例类型

类型	IEC 62386	适用于
0	103	通用目的、未定义的输入设备 识别应被执行设备的另一种方法，以允许应用程序控制器解释事件应用程序控制器
1-31	301-331	由 IEC 62386-3xx 标准描述实例类型，xx 范围从1～31

9.4.4 特征类型

本标准可以支持将来的特征扩展，可以支持本标准中要求的扩展，或者别的特殊要求。

每个输入装置的实例特征可能不同，可通过“QUERY FEATURE TYPE” 和”QUERY NEXT FEATURE TYPE”进行查询。

表5是特征类型的编码。不同特征类型的进一步信息见 IEC 62386 第3xx部分。

表5 特征类型

特征类型	IEC 62386	适用于
32～96	332～396	IEC 62386-3xx 部分描述特征扩展，其中 xx 范围为32～96

9.4.5 实例组

实例组是应用程序控制器通过输入设备把实例转换为逻辑组的一种方法。这些逻辑组可用于同时配置多个实例。

应用程序控制器最多可以使用32个这样的组，编号范围为[0,31]。每个实例最多可以为3个实例组的成员。实例组变量如表6所示。

表 6　实例组变量

变量	描　　述
instanceGroup0	基本实例组号，如未定义成员关系，则 MASK
instanceGroup1	附加实例组号，如未定义成员关系，则 MASK
instanceGroup2	附加实例组号，如未定义成员关系，则 MASK

使用下列实例操作来分配和查询实例组：

- "SET PRIMARY INSTANCE GROUP (*DTR 0*)"，"QUERY PRIMARY INSTANCE GROUP"；
- "SET INSTANCE GROUP 1 (*DTR 0*)"，"QUERY INSTANCE GROUP 1"；
- "SET INSTANCE GROUP 2 (*DTR 0*)"，"QUERY INSTANCE GROUP 2"。

基本实例组是专用的，当报告事件时(如果使用实例组事件报告)，只能使用这个组号。附加组是同时配置多个实例的手段。

9.5　命令

9.5.1　概述

控制设备应检查设备的编址计划，看其是否由命令来寻址。控制设备应接受命令，除非下列任一条件成立：

- 使用短寻址发送该命令，且所给定的短地址不等于"*shortAddress*"；
- 使用设备组寻址发送该命令，且所给定的设备组与由"*deviceGroups*"确定的任何组都不匹配；
- 使用未编址广播寻址发送该命令，并且"*shortAddress*"不是 MASK；
- 使用预留寻址发送该命令；
- 该命令未被定义；
- 使用特征寻址发送该命令，并且所给定的特征未实现。

注：对于实例命令，接受命令的附加条件成立。见 9.5.3。

9.5.2　设备命令

设备命令的实例字节应为 0xFE。如果实例字节不等于 0xFE，控制设备不应接受这些命令。

注：该寻址机制允许设备命令和实例命令的操作码值重叠。

9.5.3　实例命令

对于输入设备(见 9.5)接受的实例命令，实例寻址计划确定了该设备中预期接受的实例。一个实例应接受实例命令，除非下列任一附加条件成立：

- 使用实例号寻址发送该命令，且所给定的实例号不等于"*instanceNumber*"；
- 使用实例组寻址发送该命令，且所给定的实例组与由"*instanceGroup0*""*instanceGroup1*""*instanceGroup2*"确定的任何组都不匹配(见表 6)；
- 使用实例类型寻址发送该命令，并且所给定实例类型不等于"*instanceType*"；
- 使用预留寻址发送该命令。

9.5.4　特征命令

对于输入设备(见 9.5)接受的特征命令，特征寻址计划确定了该设备中预期接受的特征。

9.6 事件消息

9.6.1 事件消息响应

应用程序控制器或输入设备可对接收任何事件消息进行响应，或者忽略该消息。

注：如果一个应用程序控制器或输入设备处于非使能状态，则不允许发送任何响应，但仍可基于收到的消息更新其内部状态。

9.6.2 设备电源掉电事件

由于电源掉电（见 9.12.2）事件是一个设备事件，它不使用默认事件帧格式。第 12 位至 0 位携带设备地址信息，见表 7 所示。

表 7 电源掉电事件中的设备地址信息

位												
12	11	10	09	08	07	06	05	04	03	02	01	00
1=设备组有效	最低设备组					1=短地址有效	短地址					

当且仅当发送控制设备至少是一个设备组成员时，第 12 位应被设置，这种情况下，位[11 : 7]应指示其成员的最低设备组数。如果第 12 位未被设置，位[11 : 7]应清除。

当且仅当发送控制设备具有不同于 MASK 的“*shortAddress*”时，第 6 位应被设置，这种情况下，位[5 : 0]应指示设备短地址。如果第 6 位未被设置，位[5 : 0]应清除。

9.6.3 输入通知事件

当发送一个事件消息时，一个输入设备的实例应采用表 8 中定义的已选定事件源寻址计划。

表 8 事件寻址计划

“*eventScheme*”	描 述
0(默认值)	实例寻址，采用实例类型和实例号
1	设备寻址，使用短地址和实例类型
2	设备/实例寻址，使用短地址和实例号
3	设备组寻址，使用设备组和实例的类型
4	实例组寻址，使用实例组和类型

应用程序控制器可以分别通过“SET EVENT SCHEME (*DTR 0*)”和“QUERY EVENT SCHEME”设置和查询“*eventScheme*”。

注 1：当应用程序控制器同时满足某些条件时，一个实例只能实施一个事件计划。实例寻址将是在所有情况下工作的唯一寻址计划。

在下列情况下，该实例应立即恢复为默认实例寻址计划：

- 鉴于所包含的设备无短地址，“*eventScheme*”已被设置为 1 或 2；
- 鉴于所包含的设备不是设备组的成员，“*eventScheme*”已被设置为 3；
- 鉴于实例与基本实例组无关（见 9.4.5），“*eventScheme*”已被设置为 4。

注 2：上述情况可能发生，因为一个新的“SET EVENT SCHEME (*DTR 0*)”命令和/或因条件变化。

一旦恢复到默认事件计划：

- “QUERY EVENT SCHEME”应对此作出反应；
- 只有新“SET EVENT SCHEME (*DTR 0*)” 命令可能改变实际事件计划。

注 3：这意味着命令“SET EVENT SCHEME (*DTR 0*)”可以“fail”，而不是表示迟早被授予。建议应用程序控制器只有在完成影响事件计划操作的配置方面后，设置所需的活动计划。

进一步，给定一个可行的寻址计划，该实例应：

- 仅把“*instanceNumber*”作为实例号；
- 仅把“*instanceType*”作为实例类型；
- 仅把“*instanceGroup0*”作为实例组；
- 仅把“*shortAddress*”作为包含设备的短地址；
- 仅指包含设备成员的最低设备组数。

9.6.4 事件消息过滤器

该事件消息过滤器可用于启用和禁用特定事件。要启用或禁用的所有事件见 9.9.2。

应用程序控制器可以通过 SET EVENT FILTER (*DTR 2*，*DTR 1*，*DTR 0*) 设置“*eventFilter*”，并且可以分别通过 QUERY EVENT FILTER 0-7，QUERY EVENT FILTER 8-15 和 QUERY EVENT FILTER 16-23 设置变量。

本系列标准的 3xx 部分应定义“*eventFilter*”中位的含义，并在需要时可以减少变量“*eventFilter*”的宽度。如果宽度减少到 2 个字节，DTR2 应忽略 SET EVENT FILTER (*DTR2*，*DTR1*，*DTR0*)，且 QUERY EVENT FILTER 16-23 应答 NO。同样，如果宽度减少到 1 个字节，DTR1 应忽略 SET EVENT FILTER (*DTR 2*，*DTR 1*，*DTR 0*)，且 QUERY EVENT FILTER 8-15 应答为 NO。

9.7 输入信号和输入值

9.7.1 概述

一个实例将输入信号转换成一个输入值，将该值交给系统处理，该过程下面的小节中描述。

9.7.2 输入分辨率

应进行精确的处理，这用“*resolution*”表示。对于特定实例(类型)的实际分辨率遵从第 3xx 部分的要求和/或制造商的选择。

转换的结果应可在 *N* 字节变量“*inputValue*”中获取，其中 *N* 是至少包含所需“分辨率”位的最小字节数。

注：*N* 是“*resolution*”/8 计算得到，通过四舍五入到最接近的整数。在区间[1,255]“*resolution*”“*inputValue*”最多可分为 32 个字节。

转化的结果和“*inputValue*”应是 MSB 对齐的。“*inputValue*”中未使用的位应包含最有效位的重复构型。

表 9 提供了一个实例，其示出了在 50%以下的 3,4 和 5 位的“精确度”和对应的一个 1 字节“*inputValue*”的信号电平。

表 9 信号电平(约 50%)与精确度和输入值

分辨率	信号电平	位								输入值
		7	6	5	4	3	2	1	0	
3-bits	3of[0,7]	0	1	1	0	1	1	0	1	109
4-bits	7of[0,15]	0	1	1	1	0	1	1	1	119
5-bits	15of[0,31]	0	1	1	1	1	0	1	1	123

此方法允许应用程序控制器把输入值解释为 8 位的一个数值，而不考虑实际的实例分辨率或传感

器的精度。对于所有的分辨率,“*inputValue*”字节的最小值为0,最大值为0xFF。相对信号电平(虽然精度可变)与相应的输入值对应。

9.7.3 获取输入值

实例应当支持一个锁存的机制,它允许应用程序控制器获得一致的多字节输入值。这种锁存的例子如表10所示。

该应用程序控制器必须发送命令“QUERY INPUT VALUE”开始读多字节值。此命令将触发包含“*inputValue*”一个副本的解锁,使得这些字节可使用“QUERY INPUT VALUE LATCH”查询序列读出。当返回最后一个字节后,该实例不得再应答“QUERY INPUT VALUE LATCH”查询,直到下一个“QUERY INPUT VALUE”命令之后。

表10 读4字节输入值的实例查询序列

输入信号	输入值	命令	应答	锁定的“输入值”
“12340000”	0x12340000	…	…	未指定
“12345678”	0x12345678	“QUERY INPUT VALUE”	0x12	0x12345678
“852”	0x00000852	“QUERY INPUT VALUE LATCH”	0x34	0x12345678
“124852”	0x00124852	“QUERY INPUT VALUE LATCH”	0x56	0x12345678
“124852”	0x00124852	“QUERY INPUT VALUE LATCH”	0x78	0x12345678
“124852”	0x00124852	“QUERY INPUT VALUE LATCH”	NO	0x12345678

当收到“QUERY INPUT VALUE”命令时,“*inputValue*”锁定为该时刻的“*inputValue*”值。

注1:这意味着如果应用程序控制器查询“*inputValue*”,由于它刚刚收到的事件消息,得到的值不一定和触发事件时的值相同。

只有当接收到下一个“QUERY INPUT VALUE”时,锁定的值才会被更新。如果应用程序控制器使用“QUERY INPUT VALUE LATCH”而在此之前未使用命令“QUERY INPUT VALUE”,那么答复可能包含旧的或无效的数据。

对于这种事务的情境,应用程序控制器应发送必要的查询。

注2:使用事务处理,防止同时进入到锁存的数据。

应用程序控制器可在任何一点退出情境。

注3:如果应用程序控制器能足够精度地以16位输入为给定的实例类型工作,那么在收到输入值的最高效16位之后,它可停止,并且就像由一个“*resolution*”为16的实例提供给它们那样处理那些位。这就使与分辨率无关的简单算法得以实现。

9.7.4 变更通知

实例输入信号中的一个变化或顺序的改变应产生一个事件消息,按本文件或第3xx部分标准要求(见9.4.3)描述实例的“*instanceType*”。

按本标准的11.3.1所述,应使用“INPUT NOTIFICATION (*device*/*instance*, *event*)”来发送事件消息。

注:输入设备的制造商应确保没有事件丢失。这个标准的3xx部分可以施加额外的限制,例如:为了避免事件泛滥。

9.8 系统故障

应用程序控制器应检测系统故障和恢复。最好是,它应对任何超过40 ms的总线电源故障作出响应,从而预见总线供电设备的重启。

注：总线供电设备可在停电 40 ms 时关机。

接着，当系统故障被解决，应用程序控制器应保证系统恢复正常运行。

9.9 操作控制设备

9.9.1 启用/禁用应用程序控制器

如果有应用程序控制器，无论有效或无效，应由"*applicationActive*"体现。当处于无效时，除可能会发送一个重启通知(见 9.12.2)外，应用程序控制器应不发送任何正向帧。

"*applicationActive*"对响应传入的前向传输应无影响，包括跟随查询的后向帧的传输。

注：允许应用程序控制器监测总线，但应用程序控制器不能使用正向帧来作出反应。

"*applicationActive*"应存储在应用程序控制器的 NVM 中。默认值应为 TRUE 以防有一个应用程序控制器，可以通过另一个应用程序控制器使用 ENABLE APPLICATION CONTROLLER 和 DISABLE APPLICATION CONTROLLER 命令来改变。

9.9.2 启用/禁用事件消息

事件消息被启用或禁用，应由"*instanceActive*"体现。当处于无效时，实例应不发送任何正向帧，即实例将不产生任何事件消息。

"*instanceActive*"对响应传入的前向传输应无影响，包括跟随查询的后向帧的传输。

"*instanceActive*"应被存入输入设备的持久存储器。默认值应为 TRUE，可由应用程序控制器使用"ENABLE INSTANCE"和"DISABLE INSTANCE"命令来改变它。

当启用事件消息时，为了限制它，也可使用过滤，见 9.6.4。

注：当事件消息被禁用时，从实例获取信息的唯一途径是查询。

9.9.3 静态模式

在静态模式中，控制设备应不产生任何正向帧，无论"*applicationActive*"或任何"*instanceActive*"，不发送命令(见 9.9.1)和事件消息(见 9.9.2)。静止模式是用命令"START QUIESCENT MODE"进行启动或重启的临时模式。

静态模式是用命令在收到最后一个"START QUIESCENT MODE"命令后的 15 min±1.5 min 自动结束。此外，命令"STOP QUIESCENT MODE"应可立即终止静态模式。

在静态模式下，控制设备仍应对命令作出响应。"QUERY QUIESCENT MODE"可被用于确定控制设备是否处于静止状态。

控制设备一上电，静态模式应被禁用。

注 1：初始化期间，可由应用程序控制器使用静态模式(见 9.14)来确保随机地址的比较不被总线上其他设备的前向帧所阻止。

注 2：静态模式的工作与"*applicationActive*"和"*instanceActive*"无关，这意味着终止静态模式不必启用前向帧传输。

9.9.4 操作模式

9.9.4.1 概述

不同的操作模式可在设备级由"SET OPERATING MODE (*DTR 0*)"来选择。可由"QUERY OPERATING MODE"来查询当前已选定的"*operatingMode*"。

本部分定义了操作模式 0x00 至 0x7F 。至少操作模式 0x00 是可用的。操作模式 0x80 至 0xFF 是制造商专有的。可使用查询"QUERY MANUFACTURER SPECIFIC MODE"来确定控制设备是处于

IEC 62386 的标准操作模式,还是制造商的专有模式。

9.9.4.2 操作模式 0x00:标准模式

如果设备处于“*operatingMode*”0x00,它的行为应符合本部分的要求,直到被不同于 0x00 的操作模式所设置。

9.9.4.3 操作模式 0x01 至 0x7F:预留

操作模式 0x01 至 0x7F 为预留,不应使用。

9.9.4.4 操作模式 0x80 至 0xFF:制造商专有模式

制造商专有模式应仅使用于当应用功能不被标准所覆盖。如果控制设备处于制造商的专有操作模式,控制设备的行为也可同时是制造商特定的,但有以下例外:

- 只要控制设备访问总线,应遵从 IEC 62386-101:2014;
- 只要涉及以下命令,控制设备应至少遵从本部分:
  —— “SET OPERATING MODE (*DTR 0*)”“QUERY OPERATING MODE” 和“QUERY MANUFACTURER SPECIFIC MODE”;
  —— 除 WRITE MEMORY LOCATION (*DTR 1*、*DTR 0*、*data*)、WRITE MEMORY LOCATION -NO REPLY (*DTR 1*、*DTR 0*、*data*) and DIRECT WRITE MEMORY (*DTR 1*、*offset*、*data*)外的所有特殊命令(见 11.9.14)。

对于上述命令,各种寻址方式适用,见 7.2.1.2。

建议即使是制造商专有模式,仍要遵从本部分所规定的命令。

9.10 存储体

9.10.1 概述

存储体是为了系统中,例如,控制设备的识别而可自由访问的存储空间。并非所有的连续存储体需要实现。存储体内,也并非所有的连续内存位需要实现。可使用内存访问命令读取已实现的存储体中所有已实现的存储体内存位。部分存储器是只读的,并由控制设备制造商编程。所有其他部分,可由制造商使用存储器访问命令来启用编写访问。编写存储体内存位置的访问可被锁定。可使用 RAM、ROM 或 NVM 来实现存储体。

可寻址存储器空间被限制为最多约 64K 字节,可组成两个最大 255 字节的最大 256 存储器体。由于本部分描述了如何实现存储体 0 或 1(如果有),并预留存储体 200 至 255,这就在[2,199]范围内为制造商特定用途留下 198 存储体。

9.10.2 内存映射

如果在[2,199]范围内制造商特定存储体被实现,它的内容分配应符合表 11 提供的存储体映射。

表 11 存储体的基本内存映射

地址	描述	默认值(工厂)	重置值[b]	内存类型
0x00	最后可访问存储单元的地址	工厂刻录, 范围[0x03,0xFE]	无变化	ROM
0x01	指示器字节[a]	[a]	[a]	任意[a]

表 11（续）

地址	描述	默认值(工厂)	重置值[b]	内存类型
0x02	存储体锁定字节。当锁定字节的值不是 0x55 时，存储体中的可锁定字节应为只读。	0xFF	0xFF[c]	RAM
[0x03,0xFE]	存储体内容[a]	[a]		任意[a]
0xFF	预留-未实现	应答 NO	无变化	n.a.

[a] 目标值、默认值/上电值/重置值和这些字节的存储访问应由制造商定义。

[b] “RESET MEMORY BANK”之后的重置值。

[c] 也用作上电值，除另有明确声明外。

每个存储体位置 0x00 的字节含有存储体的最后一个可访问的内存位置的地址。该值应在范围[0x03,0xFE]。

位置 0x01 的字节是制造商专有的。如果实施，应由制造商描述这个字节的使用及存储体的全部内容。

注 1：例如，如果存储体带静态内容，可用它来存储一个校验和。对由控制设备改变内容的存储体，使用校验和是没有用的。

位置 0x02 的字节应用作锁定写访问。存储位置 0x02 本身应从不被锁定写。当该内存位置含有任何与 0x55 不同的值时，对应存储体中标有“(可锁定)”的所有内存位置应是只读的。控制设备应不改变锁定字节值，除非由重启，或”RESET MEMORY BANK (*DTR 0*)”命令，或其他影响锁字节命令所导致。

位置 0xFF 是每个存储体的预留位置，不能访问。该位置不应作为一个常规的存储体使用。当处理时，控制设备的反应就应如同这个位置不存在一样，且应不增加“*DTR 0*”。

注 2：预留此地址是为了终止 DTR0 的自动递增。

9.10.3 选择存储体位置

为了选择存储体位置，要求对存储体的数量和存储体内部的位置进行组合。

应通过在“*DTR 1*”设置存储体号来选择存储体。而存储体中的位置应由“*DTR 0*”中的值来选择。

9.10.4 存储体读

可用命令“READ MEMORY LOCATION (*DTR 1*, *DTR 0*)”读取已选定存储体的位置。答复应为处于已赋予地址的存储体位置中的字节的值。

如果所选的存储体无效，则命令应被忽略。如果存储体存在，且所选的存储体位置为：

- 无效，或
- 在最后一个可访问的内存体位置的正上方。

应答应是 NO。

如果所选存储体位置低于位置 0xFE，则“*DTR 0*”应加 1，即使存储体位置无效。否则，“*DTR 0*”不得改变。这种机制使得连续读取存储体位置变得简单。

为确保从存储体读取多字节值时的数据连续性，建议执行一个机制：当读取多字节值的第一个字节时，锁定多字节值的所有字节；并且收到除“READ MEMORY LOCATION (*DTR 1*, *DTR 0*)”之外的任何命令时,解锁字节。

从一个存储体读取字节号后,应用程序控制器应检查“*DTR 0*”的值以验证它是在预期/所需位置。读取同时,任何失配都要指示其错误。

9.10.5 存储体写

写命令是特殊的命令,因此不可寻址。为了选择正确的控制设备,应使用可寻址命令“ENABLE WRITE MEMORY”。一旦接收到“ENABLE WRITE MEMORY”,已赋址的控制设备应把“*writeEnableState*”设置为启用。

只有当“*writeEnableState*”是启用,且已赋址的存储体有效,则控制设备应接收下列命令来写入所选的存储体位置:

- “WRITE MEMORY LOCATION (*DTR 1*, *DTR 0*, *data*)”:该控制设备应确认用一个等于值 *data* 的应答来写入存储位置;

注 1:可从存储体位置读出的值不一定是 *data*。

- “WRITE MEMORY LOCATION-NO REPLY (*DTR 1*, *DTR 0*, *data*)”:写一个内存位置应不会导致控制设备回复;
- “DIRECT WRITE MEMORY (*DTR 1*, *offset*, *data*)”:所选存储体内的内存位置地址由实例字节的内容给出。复制 offset 到“*DTR 0*”,此后,把命令视为“WRITE MEMORY LOCATION (*DTR 1*, *DTR 0*, *data*)”。控制设备应确认用一个等于 *data* 的回复来写入存储位置。

如果收到任何命令,控制设备应把“*writeEnableState*”设置为禁用,除非收到下列命令之一:

- “WRITE MEMORY LOCATION (*DTR 1*, *DTR 0*, *data*)”“WRITE MEMORY LOCATION-NO REPLY (*DTR 1*, *DTR 0*, *data*)”“ DIRECT WRITE MEMORY (*DTR 1*, *offset*, *data*)”;
- “DTR0 (*data*)”“DTR1 (*data*)”“DTR1:DTR0 (*data 1*, *data 0*)”,DTR2 (*data*),DTR2:DTR1 (*data 2*, *data 1*);
- “QUERY CONTENT DTR0”“QUERY CONTENT DTR1”“QUERY CONTENT DTR2”。

如果所选存储体位置:

- 无效,或
- 在最后访问的存储器位置正上方,或
- 锁定(见 9.10.2),或
- 不可写。

“WRITE MEMORY LOCATION (*DTR 1*, *DTR 0*, *data*)” 和“DIRECT WRITE MEMORY (*DTR 1*, *offset*, *data*)” 的应答应是 NO,且应不写入存储位置。

如果所选存储体位置低于 0xFF ,“*DTR 0*”应加 1。否则,“*DTR 0*”应不改变。这种机制使其容易连续写入存储体位置。

为确保把多字节值写入存储体时的数据连续性,建议执行一个机制:在已接收所有多字节值的字节之后,为了写入则只接受新多字节值。

把一些字节写入存储体后,应用程序控制器应检查“*DTR 0*”的值以验证它是在预期/所需位置。写入同时,任何失配都要指示其错误。

注 2:如果在 0xFF 达到之前,寻址到非执行的存储体位置,“*DTR 0*”也递加。

9.10.6 存储体 0

存储体 0 含有关于控制设备的信息。存储体 0 应在所有多主控制设备中实现。

存储体 0 应使用表 12 所示的存储映射来实现,至少实现的存储位置多达至 0x7F,但不包括预留位置。

表 12 内存库 0 存储器映射

地址	描述	默认值(工厂)	记忆类型
0x00	最后可访问存储单元的地址	工厂刻录	ROM
0x01	预留-未实现	answer NO	n.a.
0x02	最后存取存储器的数目	工厂刻录, 范围[0,0xFF]	ROM
0x03	GTIN byte 0 (MSB) [a]	工厂刻录	ROM
0x04	GTIN byte 1	工厂刻录	ROM
0x05	GTIN byte 2	工厂刻录	ROM
0x06	GTIN byte 3	工厂刻录	ROM
0x07	GTIN byte 4	工厂刻录	ROM
0x08	GTIN byte 5 (LSB)	工厂刻录	ROM
0x09	硬件版本(主要)	工厂刻录	ROM
0x0A	硬件版本(次要)	工厂刻录	ROM
0x0B	识别码字节 0 (MSB)	工厂刻录	ROM
0x0C	识别码字节 1	工厂刻录	ROM
0x0D	识别码字节 2	工厂刻录	ROM
0x0E	识别码字节 3	工厂刻录	ROM
0x0F	识别码字节 4	工厂刻录	ROM
0x10	识别码字节 5	工厂刻录	ROM
0x11	识别码字节 6	工厂刻录	ROM
0x12	识别码字节 7 (LSB)	工厂刻录	ROM
0x13	硬件版本(主要)	工厂刻录	ROM
0x14	硬件版本(次要)	工厂刻录	ROM
0x15	101 版本号 [b]	工厂刻录, 根据已实施的版本号	ROM
0x16	102 所有集成控制装置的版本号[b]	工厂刻录, 根据已实施的版本号	ROM
0x17	103 所有集成控制装置的版本号 [b]	工厂刻录, 根据已实施的版本号	ROM
0x18	在总线单元中的逻辑控制设备的序号	工厂刻录, 范围 [1,64]	ROM
0x19	在总线单元中的逻辑装置的序号	工厂刻录, 范围[0,64]	ROM
0x1A	控制设备单元的索引序号	工厂刻录, 范围[0,location 0x18 -1]	ROM

表 12（续）

地址	描述	默认值(工厂)	记忆类型
[0x1B,0x7F]	预留-未实现	应答 NO	n.a.
[0x80,0xFE]	额外的控制设备信息[c]	c	ROM
0xFF	预留-未实现	应答 NO	n.a.

[a] 建议该产品 GTIN 在安装后的预期寿命内未重新使用。
[b] 版本号格式定义在 IEC 62386-101,4.2 条中。如果未实现,这时通过 0xFF 表示。
[c] 这些字节的目的和(默认)值应由制造商规定。

如果一个总线装置接入多个逻辑单元,所有的逻辑单元应在存储器位置 0x03 到并包括 0x19 位置具有相同的值。

总线单元可能包含控制装置和控制设备,它们共享各种数字(例如 GTIN,识别号码等等)。为避免在读取时出现问题,且依据所使用的不同寻址计划而得到不同的答复,存储体直到并包括 0x19 位置对于控制装置和控制设备的布局都是相同的。数据也应是相同的。应用程序控制器可以使用 102 或 103 的命令,以识别所提供的已实现的基本数据。

在位置 0x03 到 0x08 的("GTIN 0"到"GTIN 5")字节须包含全球贸易项目代码(GTIN),如二进制 EAN。该字节应先保存为最高有效位并用前导零填充。

在 0x09 和 0x0A 位置("固件版本")的字节应包含总线装置的固件版本。

在 0x0B 中至 0x12 位置的字节("识别号码字节 0"至"识别号码字节 7")应包含 64 比特的总线单元的识别号码,最好是序列号。该标识号应存放在"识别号字节 8"中最低有效位和未使用的位应填充 0。

识别号码和 GTIN 号的组合应是唯一的。

在 0x13 and 0x14("硬件版本")位置的字节应包含总线装置的硬件版本。

在 0x15 位置的字节应包含总线单元的实施的 IEC 62386-101 版本号。

在 0x16 位置的字节应包含总线装置的实施的 IEC 62386-102 版本号。如果控制装置未执行,版本号应为 0xFF。

0x17 位置的字节应包含总线单元已实施的 IEC 62386-103 版本号。如果控制设备未执行,版本号应为 0xFF。

在 0x18 位置的字节应包括集成到总线装置的逻辑控制设备的数量。逻辑单元数应在 1 到 64 的范围内。

在 0x19 位置的字节应包含集成到总线单元的逻辑控制装置的数量。逻辑单元的数目应是在 0 到 64 的范围内。

0x1A 位置的字节应代表实现该存储体逻辑控制设备单元的唯一索引号。这个索引数的有效范围是 0 到在总线装置中逻辑控制装置总数减去一。

注:例如,可能有产品包含有三种不同短地址的三个逻辑设备。每个控制设备具有相同的 GTIN 和识别号码,每个都报告其设备数值 3,三个控制设备的索引分别为 0、1 或 2。根据 IEC62386-101,9.5.2(重叠落后帧)使用广播读取 0x1A 位置产生一个向后帧。

9.10.7 存储体 1

存储体 1 是预留给 OEM(原始设备制造商,例如灯具制造商)存储附加信息所使用,它对控制设备的功能没有影响。控制设备制造商可以实施存储体 1。

如果实施,存储体 1 至少应实施达到并包括地址 0x10 的存储位置。推荐的存储器映射如表 13 所示。

表 13 内存库 1 存储器映射

地址	描述	默认值(工厂)	重置值[b]	记忆类型
0x00	最后可访问存储单元的地址	factory burn-in,range [0x10,0xFE]	no change	ROM
0x01	指示字节[a]	[a]	[a]	any[a]
0x02	存储体 1 锁存字节 当地址在 0x55 中锁存字节有不同值时可锁存的字节在存储体中应当只读	0xFF	0xFF[c]	RAM
0x03	OEM GTIN byte 0 (MSB)	0xFF	no change	NVM (lockable)
0x04	OEM GTIN byte 1	0xFF	no change	NVM (lockable)
0x05	OEM GTIN byte 2	0xFF	no change	NVM (lockable)
0x06	OEM GTIN byte 3	0xFF	no change	NVM (lockable)
0x07	OEM GTIN byte 4	0xFF	no change	NVM (lockable)
0x08	OEM GTIN byte 5 (LSB)	0xFF	no change	NVM (lockable)
0x09	OEM 识别码字节 0 (MSB)	0xFF	no change	NVM (lockable)
0x0A	OEM 识别码字节 1	0xFF	no change	NVM (lockable)
0x0B	OEM 识别码字节 2	0xFF	no change	NVM (lockable)
0x0C	OEM 识别码字节 3	0xFF	no change	NVM (lockable)
0x0D	OEM 识别码字节 4	0xFF	no change	NVM (lockable)
0x0E	OEM 识别码字节 5	0xFF	no change	NVM (lockable)
0x0F	OEM 识别码字节 6	0xFF	no change	NVM (lockable)
0x10	OEM 识别码字节 7 (LSB)	0xFF	no change	NVM (lockable)
≥0x11	额外的控制设备信息[a]	[a]	[a]	[a]
0xFF	预留-未实现	answer NO	no change	n.a.

[a] 这些字节的目的,默认/开机/重置值和为存访问应由制造商规定。

[b] “RESET MEMORY BANK”后的重置值。

[c] 也用作开机值。

在位置 0x03 到 0x08(“OEM GTIN 0”到“OEM GTIN 5”)中的字节,应被用于识别包含控制装置的产品。如果字节被用于 GTIN,该字节应先保存为最高有效位并用前导零填充。这些字节应由 OEM

进行编程。

位置 0x09 到 0x10(“OEM 识别码字节 0”至“OEM 识别码字节 7”)中的字节应为含有 OEM 产品识别码的 64 位。如果这些字节被用于识别码,应把它用最低有效字节存储到“识别码字节 7”且未使用的位应用 0 填充。

OEM GTIN 和 OEM 识别号码的组合应是唯一的。

9.10.8 制造商专用存储体

制造商可使用 2 至 199 范围内的附加存储体来存储附加信息。附加存储体的存储映射应符合表 11。

9.10.9 保留存储体

存储体 200 到 255 被保留以供将来使用,并且不应当执行。

9.11 重置

9.11.1 重置操作

控制装置应执行重置操作,将所有设备变量和实例变量设置(见表 17,表 18)为它们的重置值。

注:对于一些变量,此操作可能没有任何效果。

重置操作最多需 300 ms 即可完成。在重置操作过程中,控制装置可以或可以不响应任何命令。然而,直到重置操作完成,受影响的变量都没有定义的值。

应用程序控制器可以使用“RESET”指令触发重置操作,并应至少等待 350 ms,以确保所有的控制设备已经完成了重置操作。

9.11.2 重置存储体操作

控制装置应执行重置操作,设置锁定存储体之后所有未锁定的存储体的内容(见 9.10)为它们的重置值。

注:对于某些存储体位置该操作可能没有任何效果可言。

重置操作最多 10 s 完成。在重置操作过程中,控制装置可以或可以不响应任何命令。然而,直到重置操作完成,受影响的存储器位置没有定义的值。

应用程序控制器可以触发特定存储体或所有执行存储体的重置操作,用“RESET MEMORY BANK(*DTR 0*)”指令,并应至少等待 1～10s 以确保所有设备已完成重置存储体操作。

9.12 开机行为

9.12.1 开机

在外部电源重启后(见 IEC 62386 -101:2014 的 4.11.1),该设备应保持其最新的配置,但下列情况除外:

- 对所有存储体应禁用“存储体写启用状态”,锁定字节应设置为 0xFF;
- 应取消静态模式(见 9.9.3);
- 所有正在运行的定时器应停止且取消/重置;
- “*powerCycleSeen*”应被设置为 TRUE;
- 可通过“QUERY DEVICE STATUS”查看“*powerCycleSeen*”。

为了查看后续电源循环,应用程序控制器应使用命令“RESET POWER CYCLE SEEN”来清除“*powerCycleSeen*”。

在具有多个应用程序控制器的系统中,所有应用程序控制器可能需要系统中其他控制设备的电源周期信息。清除"*powerCycleSeen*",需要考虑后再做。

9.12.2 电源掉电通知

在完成其外部电源掉电后,如果"*powerCycleNotification*"已启用,控制装置将产生一个电源掉电事件消息。

应用程序控制器可使用"ENABLE POWER CYCLE NOTIFICATION"和"DISABLE POWER CYCLE NOTIFICATION"来启用/禁用特定的控制设备电源循环事件。"*powerCycleNotification*"应默认为禁用。

注 1:电源掉电通知不被"*applicationActive*"也不由任何"*instanceActive*"抑制。

事件应使用如 11.2 所述的"POWER NOTIFICATION (*device*)"的消息来生成。一旦使用优先级 2,并在完成上电后伴随一个 1 s、3 s 和 5 s 之间的均匀分布延时,应发送事件消息。

注 2:应用随机的时滞有助于避免电源循环通知冲突。

9.13 优先级使用

9.13.1 概述

正向帧优先级的目的是促进多主机系统内的适当的系统行为。优先级保证时间关键系统反应的传输将优先于非时间关键系统操作的传输。

优先级 1 将用于一个事务中的所有正向帧(见 IEC 62386-101:2014 的 9.3),除了第一个正向帧。优先级 1,不应用于不属于事务部分的正向帧,也不得用于启动事务的正向帧。

优先级 2 应当被用于执行用户切换或调光的策动操作。这意味着相应的事件消息和电弧功率命令。优先级 2 也可能在调试(例如寻址)过程中使用。

注 1:例如,通过按钮或存在探测器触发的开关或调光。

优先级 3 应用于总线装置的配置和不被优先级 2 和优先级 4 覆盖的那些事件消息。

注 2:例如,对存储体写或反馈事件。

优先级 4 应当被用于执行切换或调光灯自动动作。这意味着,发送相应的事件消息和电弧功率命令。

注 3:例如,通过光传感器触发的开关或调光。

优先级 5,应用于周期性查询命令。

9.13.2 输入通知优先级

当发送事件消息来生成"INPUT NOTIFICATION (*device*/*instance*, *event*)"时,实例应使用等于优先级 4 的默认"*eventPriority*"。对于特定的实例类型,这种默认的优先级在本标准的第 3xx 部分有改变。

在一个系统中,应用程序控制器可使用"SET EVENT PRIORITY (*DTR 0*)"来拒绝默认的"*eventPriority*"。可使用"QUERY EVENT FRIORITY"来察看当前有效的"*eventPriority*"。

9.14 分配短地址

9.14.1 概述

"*shortAddress*"应源自取决于使用的命令的数据或"*DTR 0*"。一收到"PROGRAM SHORT ADDRESS (*data*)"或"SET SHORT ADDRESS (*DTR 0*)" 后,设置如下:

- 如果 data or "*DTR 0*"= MASK: MASK (effectively deleting the short address);
- 如果 data or "*DTR 0*"< 0x40: data or"*DTR 0*";

所有其他情况:没有变化。

9.14.2 随机地址分配

控制设备应执行一个初始化状态,仅在这时,除了本标准中确定的其他操作外,启用一组命令让应用程序控制器来检测并唯一标识总线上可用的控制设备,并给这些设备分配短地址。

初始化状态是一个用“INITIALISE (*device*)”命令进入的临时状态,在收到最后一个“INITIALISE(*device*)”命令后的 15 min±1.5 min 自动结束。此外,电源循环或命令“TERMINATE”应使控制设备立即脱离初始化状态。

对于“*initialisationState*”,控制设备应有三个可能的值:

- 禁用,不在初始化状态;
- 启用,在初始化状态;
- 撤回,在初始化状态,但经鉴别并撤回。

以下(特殊)命令为初始化命令:

- “RANDOMISE” “COMPARE” and“WITHDRAW”;
- “SEARCHADDRH (*data*)”“SEARCHADDRM (*data*)” 和“SEARCHADDRL (*data*)”;
- “PROGRAM SHORT ADDRESS (*data*)”“VERIFY SHORT ADDRESS (*data*)”和“QUERY SHORTADDRESS”;
- “IDENTIFY DEVICE”。

注:“IDENTIFY DEVICE”本身不是一个初始化命令,但通常在初始化时使用。

9.14.3 设备识别

在识别期间,变量应不受影响,除非另有明确规定。在适当情况下,可暂时忽略变量,以便识别结束后,没有任何副面影响。

一旦接收到除了 INITIALISE (*device*)或“IDENTIFY DEVICE”以外的任何指令,标识应停止。

可发送指令“IDENTIFY DEVICE”来启动识别。这应启动或重新启动一个 10 s±1 s 的计时器。当定时器运行时,应运行一个启用观察器识别所选控制设备的程序。如果超时,识别应停止。

注:实际的程序都是制造商特定。

当识别被应用程序控制器停止,相应的定时器应立即取消。

9.15 异常处理

控制设备和实例应显示通过设置(出错时)和重置(无错时)下列标示是否已经发生错误。

- 应用程序控制器应改变“*applicationControllerError*”。这种状态可以通过“查询装置状态”(见 9.16.2)进行查询。详细的错误信息可从“查询类应用程序控制器错误”(见 11.6.4)获得;
- 不是应用程序控制器的控制设备应将“*applicationControllerError*”设置为 FALSE;
- 输入设备应改变“*inputDeviceError*”。这种状态可以通过“查询装置状态”(见 9.16.2)进行查询。详细的错误信息可从“QUERY INPUT DEVICE ERROR”(见 11.6.5);
- 不是输入设备的控制设备应将“*inputDeviceError*”设置为 FALSE;
- 实例应改变“*instanceError*”。这种状态可以通过“QUERY INSTANCE STATUS”(见 9.16.2.1)进行查询。详细的错误信息可从“QUERY INSTANCE ERROR”(见 11.9.4)获得。

9.16 设备能力和状态信息

9.16.1 设备能力

各控制设备应按表 14 给定的设备能力组合显示其特征:

表 14 控制设备能力

位	描述	值	见条款
0	“*applicationControllerPresent*”为 TRUE?	"1" ="Yes"	9.1
1	“*numberOfInstances*”大于 0?	"1" = "Yes"	9.4.2
2-7	未使用	"0" = default value	

该设备的功能可以使用“查询设备能力”进行查询。

9.16.2 设备状态

各控制装置应按照表 15 给定的设备特性的组合暴露其状态:

表 15 控制设备状态

位	描述	值	见条款
0	“*inputDeviceError*”为 TRUE?	"1" = "Yes"	9.14.3
1	“*quiescentMode*”为 ENABLED?	"1" = "Yes"	9.9.3
2	“*shortAddress*”为 MASK?	"1" = "Yes"	9.5
3	“*applicationActive*”为 TRUE?	"1" = "Yes"	9.9.1
4	“*applicationControllerError*”为 TRUE?	"1" = "Yes"	9.14.3
5	“*powerCycleSeen*”为 TRUE?	"1" = "Yes"	9.12
6	“*resetState*”为 TRUE?	"1" = "Yes"	9.16.2.1
7	未使用	"0" =默认值	

设备状态可以用“查询装置状态”进行查询。

9.16.2.1 第 6 位:重置状态

“重新设置状态”应设置为 TRUE,如果表 17 中和表 18 中提到的所有 NVM 变量均为重置值,重新设置状态应设置为 TURE。标有在重置值列“没有变化”的 NVM 变量应不予考虑。在实施部分 3xx 的定义 NVM 变量应包括在内。

在其他情况下该位应设置为错误。

9.16.3 实例状态

每个实例应公开状态作为实例属性的组合,见表 16。

表 16 实例状态

位	描述	价值	见条款
0	“*instanceError*”为 TRUE?	"1" = "Yes"	9.14.3
1	“*instanceActive*”为 TRUE?	"1" = "Yes"	9.9.2
2～7	未使用	"0" =默认值	

该实例的状态可以用“QUERY INSTANCE STATUS”进行观察。

9.17 非易失性存储器

物理非易失性存储器支持的写入周期数量有限。由于许多变量是 NVM 类型,物理限制需要一定的关注。

控制设备应以其内容不会丢失且可达到设备预期寿命的方式进行存储。这意味着,物理上它不可能对一个变量立即写入每种变化。这可能存在控制设备不能将变量写入 NVM 的情况,特别是如果一个特定的 NVM 变量变化非常频繁时。

由于应用程序控制器不知道该控制装置用于物理存储永久变量的内部机制,指令"SAVE PERSISTENT VARIABLES"定义了强制控制装置将 NVM 类型的所有变量写入存储器。这条命令是 NVM 变量正常写入的附加条件。它的用途是确保由应用程序控制器做出的重要改变不丢失。例如:分配全部短地址或设置其他重要(稳定)的配置参数后。显然,并非每个值改变后都被使用。通常情况下,该命令在整个安装过程中极少被试用。

注:在控制设备的 NVM 物理损坏之前,这一命令可使用几千次。

保存在响应于该指令的变量应至多 300ms 内完成。而保存操作是持续的,控制装置可以或可以不响应任何命令。

应用程序控制器可以触发使用"SAVE PERSISTENT VARIABLES"指令的保存操作,并应至少等待 350 ms,以确保所有设备都运转完毕。

10 变量的声明

表 17 出示了预设值,重置值,有效值的范围和所定义的实例独立变量的存储类型。

表 18 出示了预设值,重置值,有效值的范围和所定义的每个实例变量的存储类型。

存储体本章节所宣称的变量应不能通过存储体进行写入。

表 17 设备变量声明

变量	预设值(工厂)	重置值	开机值	有效值范围	存储器类型
"*shortAddress*"	MASK (无寻址)	不变	不变	[0,63], MASK	NVM
"*deviceGroups*"	0x0000 0000	0x0000 0000	不变	[0,0xFFFF FFFF]	NVM
"*searchAddress*"	a	0xFF FF FF	0xFF FF FF	[0,0xFF FF FF]	RAM
"*randomAddress*"	0xFF FF FF	0xFF FF FF	不变	[0,0xFF FF FF]	NVM
"*DTR 0* "	a	不变	0x00	[0,0xFF]	RAM
"*DTR 1* "	a	不变	0x00	[0,0xFF]	RAM
"*DTR 2* "	a	不变	0x00	[0,0xFF]	RAM
"*operatingMode*"	工厂刻录	不变	不变	0, [0x80,0xFF]	NVM
"*quiescentMode*"	a	DISABLED	DISABLED	[ENABLED, DISABLED]	RAM
"*applicationActive*"	*applicationControl* *lerPreasent*	不变	不变	[TRUE, FALSE]	NVM
"*writeEnableState*"	a	DISABLED	DISABLED	[ENABLED, DISABLED]	RAM

表 17（续）

变量	预设值(工厂)	重置值	开机值	有效值范围	存储器类型
"*applicationControllerPresent*"	工厂刻录	不变	不变	[TRUE, FALSE]	ROM
"*powerCycleSeen*"	[a]	FALSE	TRUE	[TRUE, FALSE]	RAM
"*powerCycleNotification*"	DISABLED	不变	不变	[ENABLED, DISABLED]	NVM
"*initialisationState*"	[a]	DISABLED	DISABLED	[ENABLED, DISABLED, WITHDRAWN]	RAM
"*applicationControllerError*"	[a]	FALSE	FALSE [b]	[TRUE, FALSE]	RAM
"*inputDeviceError*"	[a]	FALSE	FALSE [b]	[TRUE, FALSE]	RAM
"*resetState*"	TRUE	TRUE	TRUE[b]	[TRUE, FALSE]	RAM

[a] 不适用。

[b] 该值应尽可能反映实际情况。

表 18　实例变量的声明

变量	预设值(工厂)	重置值	开机值	有效值范围	存储器类型
"*instanceGroup0*"	MASK	MASK	不变	[0,31], MASK	NVM
"*instanceGroup1*"	MASK	MASK	不变	[0,31], MASK	NVM
"*instanceGroup2*"	MASK	MASK	不变	[0,31], MASK	NVM
"*instanceActive*"	TRUE	不变	不变	[TRUE, FALSE]	NVM
"*instanceType*"	工厂刻录	不变	不变	[0,31]	ROM
"*resolution*"	工厂刻录	不变	不变	[1,255]	ROM
"*inputValue*"	[a]	不变	不变	[0,2^{N*8}-1][c]	RAM
"*instanceNumber*"	工厂刻录	不变	不变	[0,"*numberOfInstances*"—1]	ROM
"*eventFilter*"[d]	0xFF FF FF	0xFF FF FF	不变	[0, 0xFF FF FF]	NVM
"*eventScheme*"	0	C	不变	[0,4]	NVM
"*eventPriority*" [d]	4	不变	不变	[2,5]	NVM
"*instanceError*"	[a]	FALSE	FALSE [b]	[TRUE, FALSE]	RAM

[a] 不适用。

[b] 该值应尽可能反映实际情况。

[c] N 计算为("*resolution*"/8)，四舍五入到最接近的整数。

[d] 对于特定的实例类型，属于该变量的值可以通过本标准的 3xx 的部分进行修改。

11 命令的定义

11.1 概述

未使用的操作码是为未来的需求而保留。

11.2 概览表

表 19 至表 22 给出控制装置信息和命令的概述。

表 19 实例事件消息

事件信息名称	事件源信息	事件信息	引用	命令条款
输入通知(*设备/实例,事件*)	*设备/实例*	*事件*	9.6.2 和 9.7.4	11.3.1

表 20 设备事件消息

事件信息名称	位[23,13]	位[12,0]	引用	命令条款
电源通知(*设备*)	0x7F7	*设备*	9.6.2 和 9.12.2	11.3.2

表 21 标准命令

命令名称	地址字节	实例字节	操作码	应用程序控制	输入设备	DTR0	DTR1	DRT2	应答	二次发送	分条款	命令分条款
IDENTIFY DEVICE	*Device*	0xFE	0x00	√	√					√	9.14.3	11.4.2
RESET POWER CYCLE SEEN	*Device*	0xFE	0x01	√	√					√	9.12.1	11.4.3
RESET	*Device*	0xFE	0x10	√	√					√	9.11.1	11.5.2
RESET MEMORY BANK (*DTR 0*)	*Device*	0xFE	0x11	√	√	√				√	9.11.2	11.5.3
SET SHORT ADDRESS (*DTR 0*)	*Device*	0xFE	0x14	√	√	√				√		11.5.4
ENABLE WRITE MEMORY	*Device*	0xFE	0x15	√	√					√	9.10.5	11.5.5
ENABLE APPLICATION CONTROLLER	*Device*	0xFE	0x16	√						√	9.9.1	11.5.6
DISABLE APPLICATION CONTROLLER	*Device*	0xFE	0x17	√						√	9.9.1	11.5.7
SET OPERATING MODE (*DTR 0*)	*Device*	0xFE	0x18	√	√	√				√	9.9.4	11.5.8
ADD TO DEVICE GROUPS 0-15(*DTR 2*:*DTR 1*)	*Device*	0xFE	0x19	√	√		√	√		√		11.5.9
ADD TO DEVICE GROUPS 16-31(*DTR 2*:*DTR 1*)	*Device*	0xFE	0x1A	√	√			√	√	√		11.5.10
REMOVE FROM DEVICE GROUPS 0-15(*DTR 2*:*DTR 1*)	*Device*	0xFE	0x1B	√	√			√	√	√		11.5.11
REMOVE FROM DEVICE GROUPS 16-31(*DTR 2*:*DTR 1*)	*Device*	0xFE	0x1C	√	√			√	√	√		11.5.12
START QUIESCENT MODE	*Device*	0xFE	0x1D	√	√					√	9.9.3	11.5.13
STOP QUIESCENT MODE	*Device*	0xFE	0x1E	√	√					√	9.9.3	11.5.14
ENABLE POWER CYCLE NOTIFICATION	*Device*	0xFE	0x1F	√	√					√	9.12.2	11.5.15
DISABLE POWER CYCLE NOTIFICATION	*Device*	0xFE	0x20	√	√					√	9.12.2	11.5.16
SAVE PERSISTENT VARIABLES	*Device*	0xFE	0x21	√	√					√	9.17	11.5.17
QUERY DEVICE STATUS	*Device*	0xFE	0x30	√	√				√		9.16.2	11.6.3
QUERY APPLICATION CONTROLLER ERROR	*Device*	0xFE	0x31	√	√				√		9.14.3	11.6.4
QUERY INPUT DEVICE ERROR	*Device*	0xFE	0x32	√	√				√		9.14.3	11.6.5
QUERY INPUT DEVICE ERROR	*Device*	0xFE	0x33	√	√				√			11.6.6

表 21（续）

命令名称	地址字节	实例字节	操作码	应用程序控制	输入设备	DTR0	DTR1	DRT2	应答	二次发送	分条款	命令分条款
QUERY VERSION NUMBER	*Device*	0xFE	0x34	√	√				√		4.2	11.6.7
QUERY VERSION NUMBER	*Device*	0xFE	0x35	√	√				√		9.4	11.6.9
QUERY CONTENT DTR0	*Device*	0xFE	0x36	√	√	√			√			11.6.8
QUERY CONTENT DTR1	*Device*	0xFE	0x37				√					
QUERY CONTENT DTR2	*Device*	0xFE	0x38	√	√			√	√			11.6.11
QUERY RANDOM ADDRESS(H)	*Device*	0xFE	0x39	√	√				√			11.6.12
QUERY RANDOM ADDRESS(M)	*Device*	0xFE	0x3A	√	√				√			11.6.13
QUERY RANDOM ADDRESS(L)	*Device*	0xFE	0x3B	√	√				√			11.6.14
READ MEMORY LOCATION (*DTR 1*, *DTR 0*)	*Device*	0xFE	0x3C	√	√	√	√		√		9.10.4	11.6.15
QUERY APPLICATION CONTROL ENABLED	*Device*	0xFE	0x3D	√	√				√		9.9.1	11.6.16
QUERY OPERATING MODE	*Device*	0xFE	0x3E	√	√				√		9.9.4	11.6.17
QUERY OPERATING MODE	*Device*	0xFE	0x3F	√	√				√		9.9.4	11.6.18
QUERY QUIESCENT MODE	*Device*	0xFE	0x40	√	√				√		9.9.3	11.6.19
QUERY QUIESCENT MODE 0-7	*Device*	0xFE	0x41	√	√				√			11.6.20
QUERY DEVICE GROUPS 8-15	*Device*	0xFE	0x42	√	√				√			11.6.21
QUERY DEVICE GROUPS 8-15	*Device*	0xFE	0x43	√	√				√			11.6.22
QUERY DEVICE GROUPS 24-31	*Device*	0xFE	0x44	√	√				√			11.6.23
QUERY POWER CYCLE NOTIFICATTON	*Device*	0xFE	0x45	√	√				√		9.12.2	11.6.24
QUERY DEVICE CAPABILITIES	*Device*	0xFE	0x46	√	√				√		9.16.1	11.6.2
QUERY EXTENDED VERSION NUMBER(*DTR 0*)	*Device*	0xFE	0x47	√	√				√			11.6.25
QUERY RESET STATE	*Device*	0xFE	0x48	√	√				√		9.16.2.1	11.6.26
SET EVENT PRIORITY (*DTR 0*)	*Device*	*Instance*	0x61		√	√				√	9.13.2	11.8.8
ENABLE INSTANCE	*Device*	*Instance*	0x62		√					√	9.9.2	11.8.2
DISABLE INSTANCE	*Device*	*Instance*	0x63		√					√	9.9.2	11.8.3

表 21（续）

命令名称	地址字节	实例字节	操作码	应用程序控制	输入设备	DTR0	DTR1	DRT2	应答	二次发送	分条款	命令分条款
SET PRIMARY INSTANCE GROUP(*DTR 0*)	*Device*	*Instance*	0x64		√	√				√	9.4.5	11.8.4
SET INSTANCE GROUP/(*DTR 0*)	*Device*	*Instance*	0x65		√	√				√	9.4.5	11.8.5
SET INSTANCE GROUP 2(*DTR 0*)	*Device*	*Instance*	0x66		√	√				√	9.4.5	11.8.6
SET EVENT SCHEME(*DTR 0*)	*Device*	*Instance*	0x67		√	√				√	9.6.2	11.8.7
SET EVENT FILTER(*DTR 2*,*DTR 1*,*DTR 0*)	*Device*	*Instance*	0x68		√	√	√	√		√	9.6.4	11.8.9
QUERY INSTANCE TYPE	*Device*	*Instance*	0x80								9.4.3	11.9.2
QUERY RESOLUTION	*Device*	*Instance*	0x81		√				√		9.7.2	11.9.3
QUERY INSTANCE ERROR	*Device*	*Instance*	0x82		√				√		9.14.3	11.9.4
QUERY INSTANCE STATUS	*Device*	*Instance*	0x83		√				√		9.16.2.1	11.9.5
QUERY EVENT PRIORITY	*Device*	*Instance*	0x84		√				√		9.13.2	11.9.13
QUERY INSTANCE ENABLED	*Device*	*Instance*	0x86		√				√		9.9.2	11.9.6
QUERY PRINMARY INSTANCE GROVP	*Device*	*Instance*	0x88		√				√		9.4.5	11.9.7
QUERY INSTANCE GROUP 1	*Device*	*Instance*	0x89		√				√		9.4.5	11.9.8
QUERY INSTANCE GROUP 2	*Device*	*Instance*	0x8A		√				√		9.4.5	11.9.9
QUERY EVENT SCHEME	Device	Instance	0x8B		√				√		9.6.2	11.9.10
QUERY INPUT VALUE	Device	Instance	0x8C		√				√		9.7.3	11.9.11
QUERY INPUT VALUE LATCH	Device	Instance	0x8D		√				√		9.7.3	11.9.12
QUERY FEATURE TYPE	*Device*	*Instance*	0x8E		√				√		0	11.9.14
QUERY NEXT FEATURE TYPE	*Device*	*Instance*	0x8F		√				√		0	11.9.15
QUERY EVENT FILTER 0-7	*Device*	*Instance*	0x90		√				√		9.6.4	11.9.16
QUERY EVENT FILTER 0-7	*Device*	*Instance*	0x91		√				√		9.6.4	11.9.17
QUERY EVENT FILTER 16-23	*Device*	*Instance*	0x92		√				√		9.6.4	11.9.18

表 22　特殊命令(通过应用程序控制器和输入设备实现两者实现)

命令名称	地址字节	实例字节	操作码	DTR0	DTR1	DRT2	应答	二次发送	分条款	命令分条款
TERMINATE	0xC1	0x00	0x00							11.10.1
INITIALISE(*device*)	0xC1	0x01	device					√	9.14	11.10.3
RANDOMISE	0xC1	0x02	0x00					√	9.14	11.10.4
COMPARE	0xC1	0x03	0x00				√		9.14	11.10.5
WITHDRAW	0xC1	0x04	0x00						9.14	11.10.6
SEARCHADDRH(*data*)	0xC1	0x05	data						9.14	11.10.7
SEARCHADDRH(*data*)	0xC1	0x06	data						9.14	11.10.8
SEARCHADDRH(*data*)	0xC1	0x07	data						9.14	11.10.9
PROGRAM SHORT ADDRESS(*data*)	0xC1	0x08	data						9.14	11.10.10
VERIFY SHORT ADDRESS(*data*)	0xC1	0x09	data				√		9.14	11.10.11
QUERY SHORT ADDRESS	0xC1	0x0A	0x00				√		9.14	11.10.12
WRITE MEMORY LOCATION(*DTR 1*,*DTR 0*,*data*)	0xC1	0x20	data	√	√		√		9.10.5	11.10.13
WRITE MEMORY LOCATION-NO REPLY (*DTR 1*, *DTR 0*,*data*)	0xC1	0x21	data	√	√				9.10.5	11.10.14
DTR0(*data*)	0xC1	0x30	data	√						11.10.15
DTR1(*data*)	0xC1	0x31	data		√					11.10.16
DTR2(*data*)	0xC1	0x32	data			√				11.10.17
SEND TESTFRAME(*data*)	0xC1	0x33	data	√	√	√				11.10.21
DIRECT WRITE MEMORY(*DTR 1*,*offset*,*data*)	0xC5	offset	data	√	√		√		9.10.5	11.10.18
DTR1:DTR0(*data 1*,*data 0*)	0xC7	data1	data0	√	√					11.10.19
DTR2:DTR1(*data 2*,*data 1*)	0xC9	data2	data1		√	√				11.10.20

11.3 事件消息

11.3.1 INPUT NOTIFICATION(*device/instance*,*event*)

按本部分或 IEC 62386 第 3xx 部分相关实例“*instanceType*”的要求,对输入设备实例的一种或一系列“*inputValue*”变化进行事件消息通知。

实例发送应:

- 仅当“*instanceActive*”为真值 TURE 时,生成事件消息;
- 仅当防止操作不出错的条件下,生成事件消息(见 9.14.3);
- 使用当前有效的“*eventScheme*”;
- 使用要求的“*eventPriority*”。

进一步信息见 9.6 和 9.7。

11.3.2 POWER NOTIFICATION (*device*)

控制设备电源周期完成进行事件通知,并应按 9.12.2 中描述的要求生成事件。

11.4 设备控制指令

11.4.1 概述

设备控制指令用于修改控制设备的属性值。因此,应不执行设备控制指令,除非按 IEC 62386-101:2014 中 9.3 的要求收到两次该指令。

除非在特定装置控制指令的描述中有明确说明,否则下述成立:

- 如果本部分 9.5 规定有要求,则该指令应被忽略;
- 控制设备不得回复指令。

11.4.2 IDENTIFY DEVICE

控制设备应启动或重启一个 10 s±1 s 的识别程序,该程序可使观测器从任何不运行此程序的同类设备中识别出任何运行此程序的控制设备。

在收到“TERMINATE”或“WITHDRAW”指令时,标识应立即被终止。

在调试期间,为允许安装者把例如特定设备分配到一个特定的设备组,可使用识别。

该指示可以通过闪烁一个 LED,通过产生声音或其他视觉或听觉装置。用于识别的确切过程是制造商特定,并应在手册中进行说明。

注:该应用程序控制器使用“RESET”命令也可以停止识别过程。

进一步信息见 9.14。

11.4.3 重置显性电源周期

该命令应把接收命令的控制设备的“*powerCycleSeen*”重置到 FALSE。

进一步信息见 9.12.1。

11.5 设备配置指令

11.5.1 概述

设备配置说明用于改变配置和/或控制装置的操作模式。出于这个原因的设备配置指令不应执行,除非它按照 IEC 62386-101:2014 中 9.3 所述的要求接收到两次。

除非明确说明，否则在特定设备的配置指令的描述中，下式成立：

- 如果按照本标准的 9.5 的规定要求，该指令将被忽略；
- 控制设备不得回复指令。

11.5.2 RESET

所有变量都应当变为重置值。控制装置应在收到指令之后的 300ms 内对命令做出适当的反应。

如果在重置主电源发生故障时，它不能保证“RESET”完成。

见 9.11.1，表 17 和表 18 以获取更多信息。

11.5.3 RESET MEMORY BANK（*DTR 0*）

该命令将触发重置存储器内容的程序，重置程序如下：

- 如果“*DTR 0*”= 0：除了存储体 0，其余所有已经执行和未锁定存储体均应被重置；
- 在其他任何情况下：被执行了的和未锁存的存储体，只要含有“*DTR 0*”就需要重置。

见 9.11.2 以获取更多信息。

11.5.4 SET SHORT ADDRESS（*DTR 0*）

“*shortAddress*”应当被设置为“*DTR 0*”。

如果“*DTR 0*”不包含一个有效的“*shortAddress*”值，该命令将被忽略。

见 9.14.1 以获取更多信息。

11.5.5 ENABLE WRITE MEMORY

“*writeEnableState*”应被设置为启用。

注：没有命令来明确禁止存储器写访问，因为任何不直接涉及写入存储器的命令会将“*writeEnableState*”重置回禁用状态。

见 9.10.5 以获取更多信息。

11.5.6 ENABLE APPLICATION CONTROLLER

如果“*applicationControllerPresent*”为真，“*applicationActive*”应设置为 TRUE，否则此命令将被忽略。

见 9.9.1 获取更多信息。

11.5.7 DISABLE APPLICATION CONTROLLER

如果“*applicationControllerPresent*”为真，“*applicationActive*”应被设置为 FALSE，否则该命令将被忽略。

见 9.9.1 获取更多信息。

11.5.8 SET OPERATING MODE（*DTR 0*）

“*operatingMode*”应当被设置为“*DTR 0*”。

如果“*DTR 0*”不对应于一个实施操作模式，该命令将被忽略。

见 9.9.4 获取更多信息。

11.5.9 ADD TO DEVICE GROUPS 0-15（*DTR 2*：*DTR 1*）

在[“*DTR 1*：*DTR 2*”]设置的比特位，控制设备应在“*deviceGroups [15:0]*”中设置成相同的值。

其他位不得变更。

11.5.10 ADD TO DEVICE GROUPS 16-31 (*DTR 2*:*DTR 1*)

在["*DTR 1*:*DTR 2*"]设置的比特位,控制设备应在"*deviceGroups [31:16]*"中设置成相同的值。其他位不得变更。

11.5.11 REMOVE FROM DEVICE GROUPS0-15 (*DTR 2*:*DTR 1*)

在["*DTR 1*:*DTR 2*"]设置的比特位,控制设备应在"*deviceGroups [15:0]*"中清除这些位。其他位不得变更。

11.5.12 REMOVE FROM DEVICE GROUPS16-31(*DTR 2*:*DTR 1*)

在["*DTR 1*:*DTR 2*"]设置的比特位,控制设备应在"*deviceGroups [31:16]*"中清除这些位。其他位不得变更。

11.5.13 START QUIESCENT MODE

该控制装置将通过设置"*quiescentMode*"为允许状态来启动或重新启动静态模式,并(重新)触发计时器。

见 9.9.3 获取更多信息。

11.5.14 STOP QUIESCENT MODE

"*quiescentMode*"应被设置为禁用。

见 9.9.3 获取更多信息。

11.5.15 ENABLEPOWER CYCLE NOTIFICATION

"*powerCycleNotification*"应被设置为启用。

见 9.12.2 获取更多信息。

11.5.16 DISABLE POWER CYCLE NOTIFICATION

"*powerCycleNotification*"应被设置为禁用。

见 9.12.2 获取更多信息。

11.5.17 SAVE PERSISTENT VARIABLES

控制设备应以物理方式保存所有设备,以及由表 17 和表 18 中定位为非易失性存储器(NVM)所有实例变量。这包括在 3XX 部分中定义的所有设备及实例 NVM 变量。

控制设备在接收到重复的命令后,可能不做响应。控制设备应在接收到指令后 300ms 内做出适当的响应。

该命令通常推荐在调试后使用。由于持久存储器写周期的数量有限,应用程序控制器应限制使用该命令。当执行此命令数据的内部处理可能会被暂停。

见表 17,表 18 和 9.17 了解更多信息。

11.6 设备查询

11.6.1 概述

设备查询指令用于获取控制装置的属性值。寻址控制装置在后续帧中返回所查询的属性值。

除非明确说明,否则在特定设备询问的描述中,下式成立:

- 如果本标准 9.5 有相关规定,则查询不被执行。

当适用时,该查询应被忽略,如果任何参数值(在"*DTR 0*","*DTR 1*"和"*DTR 2*")是被寻址设备的变量的有效范围以外,如表 17 给出。

11.6.2 QUERY DEVICE CAPABILITIES

应答应是控制设备功能的组合。

参见 9.16.1 以获取更多信息。

11.6.3 QUERY DEVICE STATUS

应答应是状态,这是由控制装置性能的组合而形成。

见 9.16.2 以获取更多信息。

11.6.4 QUERY APPLICATIONCONTROLLER ERROR

应答应是有关的应用程序控制器详细的错误信息:

- 如果发生在应用程序控制器的错误(用"*applicationControllerError*"所指示的),但该设备是不能够得到详细的错误信息:MASK;
- 如果没有发生应用程序控制器错误:没有。

详细的错误信息是特定制造商的,应在产品文档来描述。

见 9.14.3 以获取更多信息。

11.6.5 QUERY INPUT DEVICE ERROR

应答应是有关输入设备详细的错误信息:

- 如果发生在输入设备的错误(用"*inputDeviceError*"所指示的),但该设备是不能够得到详细的错误信息:MASK;
- 如果未发生输入设备错误:没有。

详细的错误信息是特定制造商的,应在产品文档来描述。

见 9.14.3 以获取更多信息。

11.6.6 QUERY MISSING SHORT ADDRESS

应答应是,如果"*shortAddress*"等于 MASK,否则为 NO。

注:由于控制装置仅在无短地址存储时给出应答,因此该命令仅在广播模式或设备组地址可获取的情况下是有效的。

11.6.7 QUERY VERSION NUMBER

应答应是存储体 0 的位置 0x17 里的内容。

见表 12 以获取更多信息。

11.6.8 QUERY CONTENT DTR0

应答应是"*DTR 0*"。

11.6.9 QUERY NUMBER OF INSTANCES

应答应是"*numberOfInstances*"。

见 9.4 了解更多信息。

11.6.10 QUERY CONTENT DTR1

应答应是“*DTR 1*”。

11.6.11 QUERY CONTENT DTR2

应答应是“*DTR 2*”。

11.6.12 QUERYRANDOM ADDRESS(H)

应答应是“*randomAddress* [*23:16*]”。

11.6.13 QUERY RANDOM ADDRESS(M)

应答将是“*randomAddress* [*15:8*]”。

11.6.14 QUERY RANDOM ADDRESS(L)

应答将是“*randomAddress* [*7:0*]”。

11.6.15 READ MEMORY LOCATION(*DTR 1*,*DTR 0*)

若是由“*DTR 1*”定义的存储器未运行,则该查询命令不被执行。

如果执行,应答将是由存储器“*DTR 1*”中偏移“*DTR 0*”所定义存储单元内容。

控制装置应应答 NO 如果指定的存储单元未实现。

注 1:这允许在存储体执行的孔。

若该偏移量小于 0xFF 的位置在银行,控制装置将增加“*DTR 0*”。

注 2:这允许在一个事务中有效的多字节读取。

见 9.10.4 以获取更多信息。

11.6.16 QUERY APPLICATION CONTROL ENABLED

应答应是,如果“*applicationActive*”是真,否则为 NO。

见 9.9.1 获取更多信息。

11.6.17 QUERY OPERATING MODE

应答应是“*operatingMode*”。

见 9.9.4 获取更多信息。

11.6.18 QUERY MANUFACTURER SPECIFIC MODE

应答应是,当“*operatingMode*”的范围为[0x80,0xFF],否则为 NO。

11.6.19 QUERY QUIESCENT MODE

应答应是,如果“*quiescentMode*”已启用,否则为 NO。

见 9.9.3 获取更多信息。

11.6.20 QUERY DEVICE GROUPS 0-7

应答将是“*deviceGroups* [*7:0*]”。

11.6.21 QUERYDEVICE GROUPS 8-15

应答将是“*deviceGroups [15:8]*”。

11.6.22 QUERY DEVICE GROUPS 16-23

应答应是“*deviceGroups [23:16]*”。

11.6.23 QUERY DEVICE GROUPS 24-31

应答应是“*deviceGroups [31:24]*”。

11.6.24 QUERY POWER CYCLE NOTIFICATION

应答应是,如果“*powerCycleNotification*”已启用,否则为 NO。

见 9.12.2 获取更多信息。

11.6.25 QUERY EXTENDED VERSION NUMBER(*DTR 0*)

应答应是 IEC 62386-103 标准 3xx 部分的版本号,其中 xx 部分取决于 *DTR 0*。

应答应是:

- 如果由 DTR0 给出的 3xx 部分未实施:无;
- 如果由 DTR0 给出的零件 3xx 的实现:所述零件的 3xx 的版本号。

见 IEC 62386 中 3xx 的 4.2 获取更多信息。

11.6.26 QUERY RESET STATE

应答应是,如果“*resetState*”为 TRUE 和 NO。

11.7 实例控制指令

实例控制指令是用于修改输入设备的一个实例的属性值。

除非明确说明,否则在特定实例控制指令的描述中,下式成立:

- 该指令将被忽略,如果这样要求,本标准 9.5.3 的规定;
- 输入设备不得回复指令。

注:103 部分的这个版本的标准中没有描述任何情况下控制指令。然而,上述规定也适用于零部件 3xx 的描述实例说明。

11.8 实例配置指令

11.8.1 概述

实例配置命令用于更改配置和/或输入设备中实例的工作模式。出于这个原因一个实例配置指令不得被执行,除非它是根据在 IEC 62386-101:2014 9.3 所述的要求接收到两次。

除非在特定情况下的配置指令的描述明确规定,否则,下式成立:

- 如经本标准 9.5.3 的规定所需要的指令应被忽略;
- 输入设备不得回复指令。

11.8.2 ENABLE INSTANCE

“*instanceActive*”必须被设置为 TRUE。

见 9.9.2 获取更多信息。

11.8.3 DISABLE INSTANCE

"*instanceActive*"应被设置为 FALSE。

见 9.9.2 获取更多信息。

11.8.4 SET PRIMARY INSTANCE GROUP(*DTR 0*)

实例应具有的主要成员分配或删除,通过设置"*instanceGroup 0*"到"*DTR 0*"实例组。

如果"*DTR 0*"不是在范围[0,31]和从 MASK 不同的命令将被忽略。

见 9.4.5 获取更多信息。

11.8.5 SET INSTANCE GROUP 1(*DTR 0*)

实例应当有一个额外的成员分配或删除,通过设置"*instanceGroup 1*"到"*DTR 0*"实例组。

如果"*DTR 0*"不是在范围[0,31]和从 MASK 不同的命令将被忽略。

见 9.4.5 获取更多信息。

11.8.6 SET INSTANCE GROUP 2(*DTR 0*)

实例应当有一个额外的成员分配或删除,通过设置"*instanceGroup 2*"到"*DTR 0*"实例组。

如果"*DTR 0*"不是在范围[0,31]和从 MASK 不同的命令将被忽略。

见 9.4.5 获取更多信息。

11.8.7 SET EVENT SCHEME(*DTR 0*)

实例证明,如果在 9.6.2 确定的规定允许的话,通过设置"*eventScheme*"到"*DTR 0*"为后续的"INPUT NOTIFICATION(*device/instance*,*event*)"事件申请一个新的寻址计划。

注:情况可能要求的操作不能被授予的接收情况,这意味着应答对应的"QUERY EVENT 计划",可以从这里请求事件方式不同。

如果"*DTR 0*"是不是在区间[0,4]的命令将被忽略。

见 9.6.2 获取更多信息。

11.8.8 SETEVENT PRIORITY(*DTR 0*)

实例应适用新的消息优先级为随后的"INPUT NOTIFICATION (*device/instance*, *event*)"设置"*eventPrioirty*"到"*DTR 0*"事件。

如果"*DTR 0*"不是在范围[2,5]该命令应当被忽略。

见 9.13 获取更多信息。

11.8.9 SET EVENT FILTER(*DTR 2*,*DTR 1*,*DTR 0*)

该控制装置应设置"*eventFilter [23:0]*"为["*DTR 2:DTR 1:DTR 0*"]。

11.9 实例查询

11.9.1 概述

实例查询用来从输入设备的一个实例中检索实例属性值。被寻址的输入设备通过一个后向帧返回属性值。

除非明确说明,否则在特定实例查询的描述中,下式成立:

- 查询应被忽略,如果这样要求,本标准 9.5.3 的规定;

- 如果查询地址输入设备中的多个实例,查询必须应答,如果每个实例是一个逻辑设备(见 IEC 62386-101:2014 的 9.5.2)。

11.9.2 QUERY INSTANCE TYPE

应答应是"*instanceType*"。

见 9.4.3 获取更多信息。

11.9.3 QUERY RESOLUTION

应答应是"*resolution*"。

见 9.5 了解更多信息。

11.9.4 QUERY INSTANCE ERROR

应答应是详细的错误信息:

- 如果发生了错误(用"*instanceError*"所指示的),但该实例是不能够得到详细的错误信息:MASK。
- 如果没有发生错误:没有。

注:详细的错误信息,比如特定的类型和零件本标准 3xx 的描述。

见 9.14.3 以获取更多信息。

11.9.5 QUERY INSTANCE STATUS

该命令用于查询实例属性的组合的状态。

见 9.16.2.1 了解更多信息。

11.9.6 QUERY INSTANCE ENABLED

如果在至少一个寻址的实例中"*instanceActive*"为真,应答应是 YES,否则输出 NO。

见 9.9.2 获取更多信息。

11.9.7 QUERY PRIMARY INSTANCE GROUP

应答应是"*instanceGroup 0*"。

见 9.4.5 获取更多信息。

11.9.8 QUERY INSTANCE GROUP 1

应答应是"*instanceGroup 1*"。

见 9.4.5 获取更多信息。

11.9.9 QUERY INSTANCE GROUP 2

应答应是"*instanceGroup 2*"。

见 9.4.5 获取更多信息。

11.9.10 QUERY EVENT SCHEME

应答应是"*eventScheme*"。

见 9.6 了解更多信息。

11.9.11 QUERY INPUT VALUE

实例将锁定一个新的"*inputValue*",并用锁存输入值的最显著字节回复。

如果查询地址输入装置内的多个实例,它应被忽略。

见 9.7.3 获取更多信息。

11.9.12 QUERY INPUT VALUE LATCH

该实例应用锁定"*inputValue*"下一个字节回复。

继锁存输入值的最低显著字节,应答应是否定的,直到一个新的"QUERY INPUT VALUE"已执行。

如果查询地址输入装置内的多个实例,它应被忽略。

见 9.7.3 获取更多信息。

11.9.13 QUERY EVENT PRIORITY

应答应是"*eventPriority*"。

见 9.13 获取更多信息。

11.9.14 QUERY FEATURE TYPE

应答应是:

- 如果没有功能 3xx 的实现:254;
- 如果一个设备/实例支持此功能:该设备/实例功能号码;
- 如果有一个以上的设备/实例功能支持:MASK。

见 9.4.4 了解更多信息。

11.9.15 QUERY NEXT FEATURE TYPE

应答应是:

- 如果优先于"QUERY FEATURE TYPE",和多个设备/实例支持此功能:第一个和最低的设备/实例功能号码;
- 如果优先于"QUERY NEXT FEATURE TYPE",而不是所有的设备/实例功能已被报道:下一个最低的设备/实例功能号码;
- 如果优先于"QUERY NEXT FEATURE TYPE",和所有设备类型的报道:254;
- 在所有其他情况:无。

命令的次序被接受,只要它们使用相同的地址字节实例字节组合。多主发射也应传送次序。

见 9.4.4 了解更多信息。

11.9.16 QUERY EVENT FILTER 0-7

应答应是"*eventFilter [7:0]*"。

11.9.17 QUERY EVENT FILTER 8-15

应答应是"*eventFilter [8:15]*"。

11.9.18 QUERY EVENT FILTER 16-23

应答应是"*eventFilter [16:23]*"。

11.10 特殊命令

11.10.1 概述

除非明确说明,否则所有特殊模式下的命令,应解释为指令。

11.10.2 TERMINATE

以下进程一收到命令应立即被终止:

- 初始化,"*initialisationState*"应设置为禁用;
- 识别,作为标准操作("IDENTIFY DEVICE")。

该命令还可以终止其他在相关的3xx的部分中识别的进程。

11.10.3 INITIALISE (*device*)

此命令不应当被执行的,除非根据IEC 62386-101:2014.的9.3陈述的要求接收到两次。

只有当设备匹配给定设备将响应命令,如表23所示:

表23 设备寻址"INITIALISE (device)"

device	Responsive device(s)
00AAAAAAb	Device(s) with "shortAddress" equal to 00AAAAAAb
01111111b	Devices with "shortAddress" equal to MASK
MASK	All devices
Other	None

该命令将启动或延长初始化状态,如果它被禁用则通过设置"初始状态"来启用,并(重新)触发计时。应没有应答。

见9.14获取更多信息。

11.10.4 RANDOMISE

该指令应不被执行,除非它是根据IEC 62386-101:2014的9.3所述的要求接收到两次。

如果"*initialisationState*"等于禁用指令将被忽略。

如果执行,该指令将生成一个随机值用于"*randomAddress*",在范围[0x000000,0xFFFFFE]内,它应在100ms内使用。

如果有多个逻辑单元存在并使用广播寻址接收到命令,总线单元内所产生的随机地址应是唯一的,即每一个逻辑单元应具有一个未在任何总线单元内包含的其他逻辑单元内找到的随机地址。

该指令应无任何应答。见9.14获取更多信息。

11.10.5 COMPARE

除非"*initialisationState*"已启用,否则该指令将被忽略。

如果执行,控制装置应应答:

- 如果"*randomAddress*"≤"*searchAddress*":是;
- 在所有其他情况:无。

见9.14获取更多信息。

11.10.6 WITHDRAW

该指令将被忽略,除非以下条件成立:

- "*initialisationState*"等于启用;
- "*randomAddress*"等于"*searchAddress*"。

如果该指令被执行,控制装置应把"*initialisationState*"改成撤回。

注1:在撤回控制装置前,应用程序控制器可能想要将它分配一个短地址,用"PROGRAM SHORT ADDRESS (*data*)"。

注2:效果是,控制装置被排除在随后的"比较"操作外,从而允许应用程序控制器在所有设备进行一次(二进制)搜索操作,直到总线上的(来自任何控制装置)"COMPARE"查询导致无应答。

见9.14获取更多信息。

11.10.7 SEARCHADDRH(*data*)

如果"*initialisationState*"等于禁用指令将被忽略。

如果指令执行,"*searchAddress* [23:16]"应被设置成已知数据。

见9.14获取更多信息。

11.10.8 SEARCHADDRM(*data*)

如果"*initialisationState*"等于禁用,指令将被忽略。

如果指令执行,"*searchAddress* [15:8]"应被设置成已知数据。

见9.14获取更多信息。

11.10.9 SEARCHADDRL(*data*)

如果"*initialisationState*"等于禁用,指令将被忽略。

如果指令执行,"*searchAddress* [7:0]"应被设置成已知数据。

见9.14获取更多信息。

11.10.10 PROGRAM SHORT ADDRESS(*data*)

该指令将被忽略,除非以下条件成立:

- "*initialisationState*"等于启用或已撤回;
- "*randomAddress*"等于"*searchAddress*";
- 数据包含一个有效的"*shortAddress*"值。

如果该指令被执行时,"*shortAddress*"应被设置成数据。

见9.14获取更多信息。

11.10.11 VERIFY SHORT ADDRESS(*data*)

如果"*initialisationState*"等于禁用,查询应被忽略。

如果执行查询,应答应是,如果"*shortAddress*"等于已知数据,应答 NO。

见9.14获取更多信息。

11.10.12 QUERY SHORT ADDRESS

查询应被忽略,如果:

- "*initialisationState*"等于禁用,或
- "*randomAddress*"不等于"*searchAddress*"。

如果执行查询,应答应为"*shortAddress*"。

见 9.14 获取更多信息。

11.10.13 WRITE MEMORY LOCATION(*DTR 1*,*DTR 0*,*data*)

该指令将被忽略,如果任何的以下的条件成立:

- 寻址存储器组没有执行,或
- "*writeEnableState*"被禁用。

注 1:本操作是广播操作。选择性控制设备寻址可以通过设置写启用选择性条件来实现。

如果命令被执行,控制装置应把数据写到内存储器区块,在存储区块"*DTR 1*"内通过偏移"*DTR 0*"识别,并返回数据作为一个应答。

注 2:同时写入多个控制设备可能会导致由于应答碰撞导致的成帧错误。

注 3:可以从存储器区块位置读取的值不是必要的数据。

如果所选存储位置是:

- 不执行,或
- 上述的最后访问的存储器位置,或
- 锁定(见 9.10.2),或
- 不可写。

写存储位置(*DTR 1*,*DTR 0*,*data*)应答应为 NO 且没有存储位置被写入。

若寻址的偏移量在存储区位置 0xFF 以下,控制装置将增加"*DTR 0*"到一。

注 4:这允许在一个事务中有效的多字节写入。

见 9.10.5 以获取更多信息。

11.10.14 WRITE MEMORY LOCATION-NO REPLY(*DTR 1*, *DTR 0*, *data*)

该指令等同于"WRITE MEMORY LOCATION(*DTR 1*, *DTR 0*, *data*)"。

命令(见 11.10.13),除了接收控制装置不应回复命令。

见 9.10.5 以获取更多信息。

11.10.15 DTR0(*data*)

"*DTR 0*"应被设置成已知数据。

11.10.16 DTR1(*data*)

"*DTR 1*"应被设置成已知数据。

11.10.17 DTR2(*data*)

"*DTR 2*"应被设置成已知数据。

11.10.18 DIRECT WRITE MEMORY(*DTR 1*,*offset*,*data*)

该命令将被忽略,如果任何的以下的条件成立:

- 由"*DTR 1*"识别的存储区没有执行,或
- "*writeEnableState*"被禁用。

注 1:本操作是广播操作。选择性控制设备寻址可以通过设置写激活条件选择性地来实现。

如果命令被执行,控制装置应复制偏移值到"*DTR 0*",则数据应被写入到在"*DTR 1*"存储区由"*DTR 0*"识别的内存储器区块,并返回数据作为一个应答。

注 2:同时写入多个控制设备可能会导致由于应答碰撞导致的成帧错误。

如果所选存储位置:

- 不执行,或
- 上述的最后访问的存储器位置,或
- 锁定(见 9.10.2),或
- 不可写。

WRITE MEMORY LOCATION(*DTR 1*,*DTR 0*,*data*)的应答应为 NO 且没有存储位置被写入。

若寻址的偏移量在存储区内小于 0xFF 的位置,控制装置将增加"*DTR 0*"到一。

注 3:这允许在一个事务中有效的多字节写入。

见 9.10.5 以获取更多信息。

11.10.19 DTR1:DTR0(*data 1*,*data 0*)

"*DTR 1*"应被设置成已定 *data 1*,"*DTR 0*"应被设置成已定的 *data 0*。

11.10.20 DTR2:DTR1(*data 2*,*data 1*)

"*DTR 2*"应被设置成已定的 *data 2*,"*DTR 1*"应被设置成已定的 *data 1*。

11.10.21 SENDTESTFRAME(*data*)

数据应被解释为 *data*(CTARRPPPb)。

该指令应被执行,除非以下任一条件成立:

- CB≠0;
- PPPb>5;
- PPPb<1;
- AB=1 和"application Controller Present"=FALSE。

如果执行,和 AB = 0:24 位前进帧应包含以下内容发送:

- 地址字节:"*DTR 0*";
- 实例字节:"*DTR 1*";
- 操作码字节:"*DTR 2*"。

如果执行,和 Ab = 1:16 位前进帧应包含以下内容发送:

- 地址字节:"*DTR 0*";
- 操作码字节:"*DTR 1*"。

由于该命令不是址的,该命令执行应当每一总线装置独立于实例数量和逻辑装置。

远期帧应使用优先级 PPPb 发送,并应重复 RRB 次数。如果 Tb=1,则帧应当在事务中发送。如果 Tb=0,则重复帧应当使用优先级由 PPPb 设定发送。

注:此命令用于内部测试程序,以测试碰撞检测的多主机的应用程序控制器和输入设备。

12 测试程序

12.1 测试一般注意事项

12.1.1 概述

IEC 62386-101:2014 的要求,12.1 也适用于控制设备的测试。

12.1.2 测试执行

12.2 子程序是用来 DUT 检测,通过如下步骤:

- 设置全局变量；
- 分配一个短地址给每个逻辑单元；
- 获取待测试逻辑单元的信息。

每个测试程序指示是否并行运行所有逻辑设备还是运行单独待选的逻辑设备。

如果总线供电设备包含内部总线供电，则需对这部分进行电源供应测试，这样的设备应在所有测试中作为总线供电设备来处理。在测试过程中，不得有外接电源，以确保内部总线电源关闭。

如果设备中包含总线供电，应执行如 IEC 62386-101 定义的测试。

在执行测试之前，应恢复标称电压 *GLOBAL_internalVoltage* 和电流 *GLOBAL_Ibus*。

12.1.3 数据传输

12.1.3.1 根据测试种类的设备寻址

如果没有额外说明，必须选址一个以下的设备寻址模式来发送命令：

- 广播模式，是在所有逻辑单元上的并行测试；
- 短地址逻辑单元测试模式，是在特定逻辑单元上运行的单独测试。

当一个命令被发送到不同的设备地址，地址应按照如下形式给出：

- 命令，发送到设备*地址字节*。

12.1.3.2 实例寻址

当需要发送实例命令，实例命令的地址应如下给出：

- 命令，发送到实例的*实例字节*。

12.1.3.3 特征寻址

当需要发送一个功能命令，特征命令的地址应如下给出：

- 命令，发送到实例特征*实例字节*；
- 命令，发送到设备特征*地址字节*。

12.1.3.4 根据命令的类型

如果没有额外说明，配置命令应发送两次。当命令需要发送一次，它被记录为：

- 命令，发送一次。

12.1.4 测试设置

DUT 应连接到总线接口和主电源(如果适用)。

电源应被设置为 12.2 中定义的值：GLOBAL_VBusHigh，GLOBAL_VBusLow，GLOBAL_Ibus 。

如果没有额外说明，测试者应使用全局变量给定的下降时间，上升时间，半位时间，全位时间和稳定时间(任意一帧和前一帧之间)。此外，电源应调整为全局变量定义的值。

12.1.5 测试输出

在逻辑单元上测试的每个输出消息之前必须加上字符串“LogicalUnit”，其次是测试中逻辑单元的短地址。输出的消息如下：

error number LogicalUnit 1：string

report number LogicalUnit 1：string

warning number LogicalUnit 1：string

halt number LogicalUnit 1：string

12.1.6 测试符

12.1.6.1 命令表

破折号（"—"）在任何一个"命令表"中应被解释为"发送空命令"。

12.1.6.2 发送特殊波形

这个指令用于发送带有特殊时间要求的波形，如特定的稳定时间或脉冲时间。

发送完整波形后下一帧波形返回。如果直到超时还没有反应，就不返回任何东西。

next_frame =SendWaveform（命令，如具体的稳定时间，另一个命令，…）。

这个函数是用来定义由测试人员发送活跃状态脉冲的触发条件。

此外，触发事件和脉冲开始之间的时间可以被定义为脉冲持续时间。一旦触发条件满足，并且与其他触发条件不重复，脉冲发送。

SetPulseTrigger（触发条件，脉冲启动延迟，脉冲持续时间）。

12.1.6.3 总线记录

这个命令用于启动总线的记录供以后记录信号的分析。这个命令清除以前的记录。

StartBusRecording（记录名称）。

另外可以提供一个触发条件来定义准确的记录的起点。该命令也清除以前的记录。

StartBusRecordingTrigger（触发条件，记录名称）。

这个命令用于立即停止一个活跃的记录。

StopBusRecording（记录名称）。

12.1.6.4 信号分析

这个命令是用来分析特定命令的记录。返回值应当是这部分记录的特定命令出现的次数，如果没出现返回值为0。

NumberContained =FindFrame（记录名称、帧）。

这个命令返回一个记录内时间差，这个时间差是指一个指定参考点的时间和其之后特定帧首次发生的下降沿的开始时间之差。如果在记录参考点之后没有包含搜索帧，命令返回一个负值。

Time= FindFrameStart（触发条件，记录名称，帧）。

这个命令返回一个时间差，这个时间差是指定参考点和指定参考点后一个记录内第一次出现终止条件的开始时间差。如果总线在参考点已经处于闲置状态，并在终止时间内继续闲置，该命令返回0。

如果记录中的参考点后没有包含终止条件，命令将返回一个负数。

Time=FindStopConditionStart（触发条件，记录名称）。

这个命令是用来分析中断条件（最低1 ms、2 ms活动状态）的记录。如果记录至少包含一次中断条件，返回值为真，否则为假。

Contains=FindBreakCondition（记录）。

这个命令返回一个时间差，这个时间差是指定的参考点的时间和其之后中断条件（最低1 ms、2 ms活动状态）首次发生的开始时间之间的时差。如果总线在参考点已经处于活动状态，并且在中断时间内继续空闲，该命令将返回0。

如果记录中的参考点之后不包含中断状态，命令将返回一个负数。

Time=FindBreakConditionStart（触发条件，记录）。

这个命令返回记录中两个特定参考点之间的时间差。该时间差是根据触发条件 2 的时间 - 触发条件 1 的时间计算的。

Time=TimeDifference(触发条件 1,触发条件 2,记录)。

12.1.7 测试执行的限制

当前测试程序可以在 DUT 最多 63 个逻辑单元上执行。短地址 63 保留以用于测试目的。

12.1.8 测试结果

只有在所有逻辑单元上做过测试并且没有发生任何错误的条件下,一个 DUT 才被认为与 IEC 62386 标准兼容。

12.1.9 异常处理

在测试过程中每当有意外的发生,继续测试下去是没有意义的,正在测试的程序,或一系列的其他测试过程,应当立即中止。

12.1.10 意外的应答

测试过程中每当发送命令,都有可能输出一系列如下的结果:

- 后向帧;
- 无应答;
- 失效(位定时,帧序列,帧大小)。

根据命令,应答必须遵循一定的约束:

- 值查询必须返回一个有效后向帧,包含一个有效范围内的值;
- 是/否查询必须回答"No Answer"或一个包含 255 的有效后向帧;
- 其他命令无应答。

如果有任何意外输出,报告一般错误之后进行异常处理(见 12.1.9)。

通常此类意外并不意味着是一个违背当前测试程序的故障,通常只是通信问题。

表 24 显示了所有命令和他们意外输出结果。

表 24 意外输出

命令名称	意外的应答		
	失效	值	无应答
QUERY DEVICE STATUS	√	[64, 255]	√
QUERY APPLICATION CONTROLLER ERROR	√		
QUERY INPUT DEVICE ERROR	√		
QUERY MISSING SHORT ADDRESS	√	[0, 254]	
QUERY VERSION NUMBER	√	[0, 7], [8, 255]	√
QUERY NUMBER OF INSTANCES	√	[32, 255]	√
QUERY CONTENT DTR0	√		√
QUERY CONTENT DTR1	√		√
QUERY CONTENT DTR2	√		√
QUERY RANDOM ADDRESS (H)	√		√

表 24（续）

命令名称	意外的应答		
	失效	值	无应答
QUERY RANDOM ADDRESS (M)	√		√
QUERY RANDOM ADDRESS (L)	√		√
READ MEMORY LOCATION (*DTR 1*, *DTR 0*)	√		
QUERY APPLICATION CONTROL ENABLED	√	[0, 254]	
QUERY OPERATING MODE	√		√
QUERY MANUFACTURER SPECIFIC MODE	√	[0, 254]	
QUERY QUIESCENT MODE	√	[0, 254]	
QUERY DEVICE GROUPS 0-7	√		√
QUERY DEVICE GROUPS 8-15	√		√
QUERY DEVICE GROUPS 16-23	√		√
QUERY DEVICE GROUPS 24-31	√		√
QUERY POWER CYCLE NOTIFICATION	√	[0, 254]	
QUERY DEVICE CAPABILITIES	√	0, [4, 255]	√
QUERY EXTENDED VERSION NUMBER (*DTR 0*)			
QUERY RESET STATE			
QUERY INSTANCE TYPE	√	[32, 255]	√
QUERY RESOLUTION	√	0	√
QUERY INSTANCE ERROR	√		
QUERY INSTANCE STATUS	√	[4, 255]	√
QUERY EVENT PRIORITY	√	[0, 1], [6, 255]	√
QUERY INSTANCE ENABLED	√	[0, 254]	√
QUERY PRIMARY INSTANCE GROUP	√	[32, 254]	√
QUERY INSTANCE GROUP 1	√	[32, 254]	√
QUERY INSTANCE GROUP 2	√	[32, 254]	√
QUERY EVENT SCHEME	√	[5, 255]	√
QUERY INPUT VALUE	√		√
QUERY INPUT VALUE LATCH	√		
QUERY FEATURE TYPE	√	[0, 31], [97, 253]	√
QUERY NEXT FEATURE TYPE	√	[0, 31], [97, 253], 255	
QUERY EVENT FILTER 0-7	√		

表 24（续）

命令名称	意外的应答		
	失效	值	无应答
QUERY EVENT FILTER 8-15	√		
QUERY EVENT FILTER 16-23	√		
COMPARE	√	[0, 254]	
VERIFY SHORT ADDRESS(*data*)	√	[0, 254]	
QUERY SHORT ADDRESS	√	[64, 254]	
WRITE MEMORY LOCATION(*DTR 1*, *DTR 0*, *data*)	√		
DIRECT WRITE MEMORY(*DTR 1*, *offset*, *data*)			√
SEND TESTFRAME(*data*)			
Any other command	√	[0,255]	

如果在某些情况下一个测试程序必须要检查异常，如当使用一个不是 DUT 配置的地址时无应答，通过使用“accept”声明，紧随其后的是非常态的异常。然后将异常返回给函数调用者，进行单独处理。

12.2 前序

12.2.1 测试前序

测试前序设置全局参数，如果厂商是新设备，需要检查默认值，并给每个逻辑单元赋予一个等于其索引短地址。存储每个逻辑单元的以下信息：

- 实例类型（一个显示实现的实例类型数组）；
- 特征类型（一个实例子数组，显示实现的特征类型）；
- 扩展的版本号（一个 103 和 3xx 部分的扩展版本号码的数组）。

运行测试（表明是否在对应的逻辑单元上测试）。

此测试程序应当对所有逻辑单元并行运行。

测试程序：

```
// Set global parameters
GLOBAL_VbusHigh = 16// in V - Default high voltage for testing
GLOBAL_VbusLow = 0// in V - Default low voltage for testing
GLOBAL_Ibus = 250// in mA - Default current for testing
GLOBAL_fallTime = 3// inµs - Default fall time
GLOBAL_riseTime = 3// inµs - Default rise time
GLOBAL_halfBitTime = 417// inµs - Default half bit time
GLOBAL_doubleHalfBitTime = 833// inµs - Default double half bit time
GLOBAL_settlingTime = 15// in ms - Default settling time, between any frame and a forwardframe
GLOBAL_busPowered =UserInput(Is DUT a bus -powered device?,YesNo)GLOBAL_internalBPS =
UserInput(Has device a bus power supply unit integrated?,YesNo)GLOBAL _MultiMasterControlDevice
=UserInput(Is the device a multi master controldevice?, YesNo)
if (GLOBAL_internalBPS == Yes)
    if (GLOBAL_busPowered ==
```

```
        Yes) GLOBAL_internalBPS = No
        UserInput (This DUT shall not be connected to any external power supply for alltests, OK )
        continueWith101tests =UserInput(Shall the 103 test being aborted in order toexecute the 101
        test procedures on the integrated bus power supply? YesNo)
        if (continueWith101tests == Yes)
            if (GLOBAL_MultiMasterControlDevice ==Yes)
                UserInput (Please consider, that afterwards the DUT will not be factorynew any
                more, OK)
                ResetDevice (false)
            endif
            halt 1 The 103 test was aborted in order to execute the 101 test procedures. Incase of a
            multi master control device the DUT has been prepared for the 101 tests by means of disa-
            bling any application controller and input device instances.
        endif
    else
        GLOBAL_internalVoltage =UserInput(Enter the open circuit voltage of the internalbus power
        supply, value [V])
        GLOBAL_internalCurrent =UserInput(Enter the specified maximum current of theinternal bus
        power supply, value [mA])
        GLOBAL_VbusHigh =GLOBAL_internalVoltage
        GLOBAL_Ibus = 250 -GLOBAL_internalCurrent
    endif
endif
UserInput (Set power supply such to haveGLOBAL_VbusHighV bus high andGLOBAL_IbusmA and con-
nect the DUT,OK )
if (GLOBAL_MultiMasterControlDevice == No)
    SingleMasterApplicationControllerPING ()
    halt 2 No further test procedures are applicable to a single master application controller.
else
    answer = QUERY DEVICE CAPABILITIES
    if (answer == NO)
        halt 2 DUT not found
    endif
endif
// Test factory default values - this part is optional
operatingMode = -1
factoryNewDevice =UserInput(Is DUT factory new ?,YesNo )
if (factoryNewDevice == Yes)
    (operatingMode ) = CheckFactoryDefault103 ()
else
    report 1 The check for factory default variables will be skipped for this DUT since thedevice is not
    factory new.
    operatingMode = QUERY OPERATING MODE
```

```
endif
// Ask user which operating mode to use for further testing
if (operatingMode ! = 0)
    keepOperatingMode =UserInput(Use current operating mode ('No' forces operatingmode 0)?,
    YesNo )
    if (keepOperatingMode == Yes)
        keepOperatingMode =UserInput(Are all instructions defined in this standardimplemented in
        all manufacturer specific modes and is the memory bank 0 the same for all manufacturer specif-
        ic modes?, YesNo )
    endif
    if (keepOperatingMode == No)
        // Force DUT to standard mode
        DTR0 (0)
        SET OPERATING
    MODE endif
endif
// Abort testing if device has 64 logical units
GLOBAL_numberOfLogicalUnits =GetNumberOfLogicalUnits()
if (GLOBAL_numberOfLogicalUnits == 64)
    warning 1 Bus unit has 64 logical units. Short address 63 is used for testing; thereforetesting of this
    device is aborted.
else
    // Assign a short address to each logical unit, short address shall be equal to the index of the logi-
    cal unit
    GLOBAL_numberShortAddresses =AddressPreamble()
    if (GLOBAL_numberShortAddresses == 0)
        error 1 No units found.
    else if (GLOBAL _numberShortAddresses >= 64)
        error 2 Too many units found.
    else
        if (GLOBAL_numberShortAddresses ! =numberOfLogicalUnits )
            error 3 Number assigned short addresses differs from number of logical unitsavailable in
            the bus unit. Expected: numberOfLogicalUnits . Actual:
            GLOBAL_numberShortAddresses .
        endif
        // Get information per logical unit and store them as global parameters
        for (i = 0;i< 97;i ++)
            GLOBAL_logicalUnit [j ].extendedVersions [i ] = -1
        endfor
        // query 103 version (same as for instance type 0) GLOBAL_ logicalUnit
        [j ].extendedVersions [0] =GetVersionNumber()
        for (j = 0;j<GLOBAL_numberShortAddresses ; j++)
            GLOBAL_logicalUnit [j ].numberOfInstances = QUERY NUMBER OFINSTANCES, send
```

```
to device (ShortAddress (j))
for (i = 0;i <GLOBAL_lcgicalUnit [j].numberOfInstances ;i + +)
    // query instance type
    answer = QUERY INSTANCE TYPE, send to deviceShortAddress(j),send to instance InstanceNumber (i)
    GLOBAL_logicalUnit [j].instanceTypes [i] =answer
    // query instance type version
    if (GLOBAL_logicalUnit [j].extendedVersions [answer] = = -1)
        DTR0 (answer)
        GLOBAL_ logicalUnit [j]. extendedVersions [answer] = QUERYEXTENDED VERSION NUMBER, send to device ShortAddress (j)
    endif
    // query feature type
    for (k = 0;k < 65;k + +)
        GLOBAL_logicalUnit [j].instance [i].featureTypes [k] = -1
    endfor
    answer = QUERY FEATURE TYPE, send to deviceShortAddress(j), sendto instance InstanceNumber (i)
    if (answer = = 254)
        // no feature implemented
    else if (answer >= 32 ANDanswer <= 96)
        GLOBAL_logicalUnit [j]. instance [i].featureTypes [0] =answer
        if (GLOBAL_logicalUnit [j].extendedVersions [answer] = = -1)
            DTR0 (answer)
            GLOBAL_ logicalUnit [j]. extendedVersions [answer] = QUERYEXTENDED VERSION NUMBER, send to device ShortAddress (j)
        endif
    else
        k = 0
        do
            answer = QUERYNEXTFEATURETYPE, sendtodeviceShortAddress (j), send to instance InstanceNumber (i)
            if (answer = =254 ORanswer = = No Answer)
                if (k < 2)
                    error 4 QUERY NEXT FEATURE returned just one oreven no feature type at all, but QUERY FEATURE returned to be more than one feature implemented.
                endif
                break
            else
                GLOBAL_logicalUnit [j]. instance [i].featureTypes [k] =answer
                if (GLOBAL_logicalUnit [j].extendedVersions [answer] = = -1)
                    DTR0 (answer)
```

```
                        GLOBAL_logicalUnit[j].extendedVersions[answer] =
                        QUERY EXTENDED VERSION NUMBER, send to device Short-
                        Address(j)
                    endif k++
                endif
            while
            (k<65)
        endif
    endfor
endfor
// Test factory default values of the variables which are different per logical unit
if (factoryNewDevice == Yes)
    for (logicalUnitAddress = 0;logicalUnitAddress<GLOBAL_numberOfLogicalUnits;logi-
    calUnitAddress++)
        CheckFactoryDefault103PerLogicalUnit(logicalUnitAddress;operatingMode)
    endfor
endif
//Define a variable to be used for further testing, to know which logical unit is under test
GLOBAL_currentUnderTestLogicalUnit = 0
//If multiple logical units are available in the bus unit, ask the user if tests shall be run for all
logical units or for specific ones
if (GLOBAL_numberOfLogicalUnits != 1)
    answer = UserInput(Shall the tests be run for all logical units?, YesNo)
    if (answer == Yes)
        for (i =
            0;i<GLOBAL_numberOfLogicalUnits;i++)GLOBAL
            _logicalUnit[i].runTests = true
        endfor
    else
        for (i = 0;i<GLOBAL_numberOfLogicalUnits;i++)
            answer = UserInput(Shall the tests be run for logical unit with index
            i?, YesNo)
            if (answer == Yes)
                GLOBAL_logicalUnit[i].runTests = true
            else
                GLOBAL_logicalUnit[i].runTests = false
            endif
        endfor
    endif
else
    // Tests shall be run for the only one logical unit available in the bus unit GLOB-
    AL_logicalUnit[0].runTests = true
endif
```

```
    endif
endif
```

12.2.1.1 **CheckFactoryDefault**103

此测试程序检查103规定的工厂默认变量。

不同的操作模式可能对应不同的逻辑单元，所以每个逻辑单元可以用此测试程序，或者在每个逻辑地址赋予使用CheckFactoryDefault103PerLogicalUnit()子测试程序的短地址之后也使用此测试程序。

此测试程序应当对所有逻辑单元并行运行。

测试程序：

```
(operatingMode) = CheckFactoryDefault103 ()
// Verify operating mode of DUT
operatingMode = -1
answer = QUERY OPERATING MODE, acceptViolation
if (answer == Violation)
    report 1 Multiple logical units with different default operating modes are available in onephysical
    device.
    answer =UserInput(Are all instructions defined in this standard implemented in allmanufacturer
    specific modes and is the memory bank 0 the same for all manufacturer specific modes?, YesNo )
    if (answer == No)
        warning 1 Default operating mode for all logical devices cannot be verified. DUT isforced to
        operating mode 0x00.
        DTR0 (0)
        SET OPERATING MODE
        operatingMode = 0
    else
        report 2 Default operating mode needs to be tested after each logical device has ashort ad-
        dress assigned.
    endif
else
    if (answer == 0)
        report 3 DUT is in the 0x00 operating
        mode.operatingMode =answer
    else
        if (0x01 <=answerANDanswer <= 0x7F)
            error 1 DUT is in a reserved operating mode. Actual: answer . Expected: 0,[0x80,
            0xFF]. DUT is forced to operating mode 0x00.
            DTR0 (0)
            SET OPERATING MODE
            operatingMode = 0
        else
            report 4 DUT is in a manufacturer specific mode, operating
            modeanswer .operatingMode =answer
        endif
    endif
```

```
endif
  //Check default value of the 103 device variables
  for (i = 0;i <= 11;i ++)
     answer = query [i],acceptViolation, Value
     if (answer == Violation)
         error 3 Multiple logical units returned different default values forvariable [i].
     else
         if (answer != expectedAnswer [i])
             error 4 Wrong default value forvariable [i]. Answer:answer .
             Expected:expectedAnswer [i].
         endif
     endif
     if (variable [i] == randomAddress)
         randomAddress = answer
     endif
endfor
 Verify initialiseState variable
answer = QUERY SHORT ADDRESS
if (answer != NO)
     error 5 At least one logical unit has an incorrect default initialisation state. Found:ENABLED or
     WITHDRAWN. Expected: DISABLED.
endif
answer = COMPARE
if (answer != NO)
     error 6 At least one logical unit has an incorrect default initialisation state. Found:ENABLED. Expec-
     ted: DISABLED.
endif
// Verify shortAddress variable
INITIALISE (MASK)
answer = QUERY SHORT ADDRESS,acceptViolation, Value
if (answer == Violation)
     error 7 Multiple logical units returned different default values for shortAddress.
else
     if (answer != 255)
         error 8 Wrong default value for shortAddress. Answer:answer . Expected: 255.
     endif
endif
// Verify searchAddress variable
     if (randomAddress == 0xFF FF
     FF)answer = COMPARE
     if (answer == NO)
         error 9 Wrong default value for searchAddress since no answer was received
         fromCOMPARE command
```

```
    endif
else
    warning 2 Default value for searchAddress variable not verified.
endif
TERMINATE
return (operatingMode)
```

表 25　检查 103 工厂默认值测试参数

测试步骤	查　询	变量	期望值
0	GetRandomAddress()	randomAddress	0xFFFFFF
1	QUERY POWER CYCLE NOTIFICATION	powerCycleNotification	NO
2	QUERY DEVICE GROUPS 0-7	deviceGroups	0x00
3	QUERY DEVICE GROUPS 8-15	deviceGroups	0x00
4	QUERY DEVICE GROUPS 16-23	deviceGroups	0x00
5	QUERY DEVICE GROUPS 24-31	deviceGroups	0x00
6	QUERY CONTENT DTR0	DTR0	0x00
7	QUERY CONTENT DTR1	DTR1	0x00
8	QUERY CONTENT DTR2	DTR2	0x00
9	QUERY QUIESCENT MODE	quiescentMode	NO
10	QUERY APPLICATION CONTROLLER ERROR	applicationControllerError	NO
11	QUERY INPUT DEVICE ERROR	inputDeviceError	NO

12.2.1.2　AddressPreamble

此测试清除所有的短地址，然后在总线中查找有效的逻辑单元，然后根据目录表给与它们一个短地址。随后返回所发现逻辑单元的数量值。

此测试程序应当对所有逻辑单元并行运行。

测试程序：

```
numAssignedShortAddresses = AddressPreamble()
searchCompleted = false
numAssignedShortAddresses = 0
assignedAddresses[63] = false
highestAssigned = -1
// Clear all short addresses, then detect all units and assign them short addresses
DTR0(MASK)
SET SHORT ADDRESS
INITIALISE (MASK)
RANDOMISE
wait 100 ms // after stop condition of RANDOMISE command
while (! searchCompleted)
    // Check if any unit is still unaddressed
```

```
SetSearchAddress
(0xFFFFFF)answer = COMPARE
if (answer ==
    NO)searchCompleted =
    true
endif
if (! searchCompleted )
    if (numAssignedShortAddresses <
        63)searchAddress = 0xFFFFFF
        for (i = 23;i >= 0;i -- )mask
            = (1 <<i )
            searchAddress =searchAddress & (~mask )
            SetSearchAddress (searchAddress )
            answer = COMPARE
            if (answer == NO)
                // No unit in the requested random address range => revert mask
                searchAddress =searchAddress | mask
            else
                // At least one unit is there => keep
            mask endif
        endfor
        // Last bit reached => set valid searchAddress
        SetSearchAddress
        (searchAddress )answer = COMPARE
        if (answer == YES)
            // Valid single unit found => program short address, where short address is the
            index of the logical unit
            PROGRAM SHORT ADDRESS (ShortAddress (63))
            address =GetIndexOfLogicalUnit(63)
            if (address < 63)
                if (assignedAddresses[address]== true)
                    halt 1 Unexpected duplicate index number found. Actual:address
                else
                    PROGRAM SHORT ADDRESS (ShortAddress (address )) WITHDRAW
                    numAssignedShortAddresses ++
                    assignedAddresses[address] = true
                    if (address >highestAssigned )
                        highestAssigned =
                    address endif
                endif
            else
                halt 2 Unexpected high index number found in memorybank 0.
                Actual:address Expected: <63
```

```
                endif
            else
                halt 3 No unit found at last search
            address endif
        endif
    endif
    INITIALISE (0111 1111b)
endwhile
TERMINATE
if
    (numAssignedShortAddresses -1 ! =highe
    stAssigned ) for
    (i = .0;i <highestAssigned ;i+ + )
        if (assignedAddresses [i ] ==
            true) report 1 Address
            assigned:i
        else
            report 2 Address not
        assigned:i endif
    endfor
    halt 4 Unexpected gap in assignec short addresses
detected. endif
return numAssignedShortAddresses
```

12.2.1.3 **CheckFactoryDefault103PerLogicalUnit**

此测试检查每个逻辑单元操作模式的默认值，以防止之前没有进行过测试。

应对根据地址变量分配了短地址的逻辑单元执行子程序。

测试程序：

```
CheckFactoryDefault103PerLogicalUnit (address ;operatingMode )
if (operatingMode == -1)
    answer = QUERY OPERATING MODE, send to deviceShortAddress(address )
    if (answer == 0)
        report 1 Logical unitaddressis in the 0x00 operating mode.
    else
        if (0x01 <=answerANDanswer <= 0x7F)
            error 1 Logical unitaddress : Logical unit is in a reserved operating mode. Actual:
            answer . Expected: 0, [0x80,0xFF].
            report 2 In order tɔ proceed with testing, logical unitaddressis set to
            operatingmode 0x00.
            DTR (0)
            SET OPERATING MODE, send to device ShortAddress (address )
        else
            report 3 LogicalUnitaddress : Logical unit is in a manufacturer specific mode,operating
```

```
            mode answer .
        endif
    endif
endif
// Check default value of the 103 device variables
answer = QUERY DEVICE CAPABILITIES, send to deviceShortAddress(address ),acceptValue
answer2 = QUERY DEVICE STATUS, send to deviceShortAddress(address ),acceptValue
if (answer ! = 0000 00XXb)
    error 2 Unused bytes not set to zero. Answer:answer . Expected:
0000 00XXb. endif
if (answer == XXXX XXX1b)
    GLOBAL _logicalUnit [address ].applicationController == true
    report 4 Application controller present.
else
    GLOBAL _logicalUnit [address ].applicationController == false
    report 5 No Application controller present.
endif
if (answer2== 0XX0 X000b)
    error 3 Wrong value for device status. Answer:answer . Expected:
0XX0 X000b. endif
if (answer == XXXX XXX0b ANDanswer2== XXXX 1XXXb)
    error 4 Non existing application controller is reported active. Answer:answer2.Expected: XXXX
    0XXXb.
endif
if (answer == XXXX XXX1b ANDanswer2== XXXX 0XXXb)
    error 5 Wrong default value for application controller status. Answer:answer2. Expected:XXXX
    1XXXb (enabled).
endif
// Check default value of the 103 instance variables
for (i = 0;i<GLOBAL_logicalUnit [address ].numberOfInstances ;i ++)
     for (j = 0;j<= 6;j ++)
        answer = query[j], send to deviceShortAddress(address ), send to instance
        InstanceNumber (i ), accept Value
        if (answer ! =expectedAnswer [j ])
            error 6 Wrong default value at instanceiforvariable [j ]. Answer:answer .Expected: ex-
            pectedAnswer [j ].
        endif
    endfor
    answer = QUERY INSTANCE TYPE, send to deviceShortAddress(address ), send toinstance In-
    stanceNumber (i ), accept Value
    if (answer >= 32)
        error 7 Wrong instance type number at instancei . Answer:answer . Expected: [0,31].
    else if (answer == 0)
```

```
        eventFilter =GetEventFilter(send to deviceShortAddress(address), send toinstance In-
        stanceNumber (i))
        if (eventFilter ! = 0xFFFFFF)
            error 8 Wrong event filter at instancei . Answer:answer . Expected:
        0xFFFFFF. endif
    endif
    answer = QUERY RESOLUTION, send to deviceShortAddress(address), send toinstance In-
    stanceNumber (i), accept Value
    if (answer == 0)
        error 9 Wrong resolution at instancei . Answer:answer . Expected: [1, 255].
    endif
endfor
return
```

表 26　测试程序的参数　用于检查每个逻辑单元的 103 工厂默认值

测试步骤	查　询	变量	期望值
0	QUERY PRIMARY INSTANCE GROUP	*"instanceGroup0"*	MASK
1	QUERY INSTANCE GROUP 1	*"instanceGroup1"*	MASK
2	QUERY INSTANCE GROUP 2	*"instanceGroup2"*	MASK
3	QUERY INSTANCE ENABLED	*"instanceActive"*	YES
4	QUERY EVENT SCHEME	*"eventScheme"*	0
5	QUERY EVENT PRIORITY	*"eventPriority"*	4
6	QUERY INSTANCE ERROR	*"instanceError"*	NO

12.2.1.4　SingleMasterApplicationControllerPING

为了排除安装故障,单主应用程序控制器是用来发送循环 PING 消息。此子测试序列检测通电后 5 min～10 min 之间第一个发送的 PING,10 min 后(时间误差为 10%)会循环重复检查。

同时该测试还会在所有重复的 PING 信息上面检测单主机传输位时序。

此测试程序应当对所有逻辑单元并行运行。

测试程序:

```
SingleMasterApplicationControllerPING ()
// Wait for first PING after power up occurs between 5 min and 10 min
PowerCycleAndWaitForDecoder (5)
StartBusRecording (record) start _
timer (timer)
do
    pingFound =FindFrame(record , PING)
    timestamp =get_timer(timer)// time in seconds
while (pingFound == 0 ANDtimestamp < 600)
if (pingFound == 0)
    error 1 Single master application ccntroller did not sent PING command within 10 minafter
```

```
        power up.
else
        if (timestamp < 300)
                error 2 Single master application controller sent PING before 5 min after power up.Actual: timestamp s. Expected: >= 300s.
        else
                report 1 Single master application controller sent PINGtimestamps after
        power up. endif
        for (k = 0;k < 2;k ++)
                // Wait for next PING occurs between 10 min +/- 10%
                StartBusRecording (record)
                start_timer (timer)
                do
                        pingFound =FindFrame(record, PING)
                        timestamp =get_timer(timer)// time in seconds
                while (pingFound == 0 ANDtimestamp < 660)
                if (pingFound == 0)
                        error 3 Single master application controller did not repeated PING commandwithin 10 min +10%.
                else
                        if (timestamp < 540)
                                error 4 Single master application controller repeated PING before 10 min -10%. Actual: timestamp s. Expected: >= 540s.
                        else
                                report 2 Single master application controller repeated PING aftertimestamp s.
                        endif
                        for (i = 0;i < 6;i ++)
                                timeTe =Measure(Time of period[i]of PING frame at 8 V inμs)
                                if (TeNo[i] == 1)
                                        if (timeTe < 336 ORtimeTe > 467)
                                                error 5 Incorrect half bit timing atperiod[i]in PING. Actual: timeTe μs. Expected: 336μs <= half bit time <= 467μs.
                                        else
                                                report 3 Half bit timing atperiod[i]in PING. Actual:timeTeμs.
                                        endif
                                endif
                                if (TeNo[i] == 2)
                                        if (timeTe < 733 ORtimeTe > 934)
                                                error 6 Incorrect double half bit timing atperiod [i] in PING. Actual: timeTeμs. Expected: 733 μs <= double half bit time <=934 μs.
                                        else
                                                report 4 Double half bit timing at period[i] in PING. Actual: timeTeμs.
                                        endif
```

```
        endif
    endfor
    for (i = 0;i < 6;i + +)
        timeTe =Measure(Time of period[i]of PING frame at 8 V inμs)
        if (TeNo[i] == 1)
            if (timeTe < 336 ORtimeTe > 467)
                error 5 Incorrect half bit timing atperiod[i]in PING. Actual:
                timeTe μs. Expected: 336 μs <= half bit time <= 467 μs.
            else
                report 3 Half bit timing atperiod[i]in PING. Actual:timeTeμs.
            endif
        endif
        if (TeNo[i] == 2)
            if (timeTe < 733 ORtimeTe > 934)
                error 6 Incorrect double half bit timing atperiod [i] in PING. Actual:
                timeTeμs. Expected: 733 μs <= double half bit time <=934 μs.
            else
                report 4 Double half bit timing atperiod[i]in PING. Actual:timeTeμs.
            endif
        endif
    endfor
    for (j = 0;j < 2;j + +)
        fallTimeRelative = Measure(Time between 10% and 90% of the signalvoltage
        swing for edge[i] falling edge in PING frame in μ s)
        riseTimeRelative = Measure(Time between 10% and 90% of the signalvoltage
        swing for edge[i] rising edge in PING frame in μs)
        if (fallTimeRelative < 3)
            error 7 Wrong fall time atGLOBAL_ VbusHighV and 250 mA inedge[i]falling
            edge in PING frame. Actual: fallTimeRelativeμs. Expected: >=3 μs.
        endif
        if (riseTimeRelative < 3)
            error 8 Wrong rise time atGLOBAL _VbusHighV and 250 mA inedge[i]rising
            edge in PING frame. Actual:riseTimeRelative μs.
            Expected: >= 3 μs.
        endif
    endfor
    for (j = 0;j < 2;j + +)
        voltage =Measure(Last high voltage of signal before edge[i]edge in V)
        if (voltage < 12)
            fallTimeAbsolute =Measure(Timebetween(GLOBAL_ VbusHigh -0,5)V and
            4,5 V of edge[i] falling edge in backward frame in μs)
            riseTimeAbsolute =Measure(Time between 4,5 V and(GLOBAL_VbusHigh -
            0,5) V of edge[i] rising edge in backward framein μs)
```

```
            else
                fallTimeAbsolute  =Measure(Time between  11,5 V and 4,5 V of
                edge [i]falling edge in backward frame inμs)
                riseTimeAbsolute  =Measure(Time between 4,5 V and 11,5 V of
                edge [i]rising edge in backward frame inμs)
            endif
            if (fallTimeAbsolute > 25)
                error 9 Wrong fall time atGLOBAL_VbusHighV and 250 mA inedge [i]falling
                edge in PING frame. Actual: fallTimeAbsoluteμs. Expected: <=25 μs.
            endif
            if (riseTimeAbsolute > 25)
                error 10 Wrong rise time atGLOBAL_VbusHighV and 250 mA inedge [i]rising
                edge in PING frame. Actual:riseTimeAbsolute μs.
                Expected: <= 25 μs.
            endif
        endfor
    endif
  endfor
endif
StopBusRecording (record)
```

表 27　位时序测试序列的参数

步骤	周期	测试号
0	第一个低位期	1
1	第一个高位期	1
2	第二个低位期	1
3	第二个低位期	2
4	最后一个低位期	1
5	最后一个高位期	1

步骤	边界
0	第一个
1	最后一个

12.3　物理运行参数

12.3.1　极性测试

此子测试程序检测 DUT 对总线接口连接的极性是否敏感。测试程序适用于没有或者不活跃集成总线电源的 DUTs

此测试程序应当对所有逻辑单元并行运行。

测试程序：

```
if (GLOBAL_internalBPS == No)
    answer = QUERY DEVICE CAPABILITIES,acceptNo Answer
    if (answer != NO)
        report 1 Communication possib e at current polarity.
    else
        error 1 No communication at current
    polarity. endif
    Change (Swap data wires at DUT bus interface)
    wait 100ms
    answer = QUERY DEVICE CAPABILITIES,acceptNo Answer
    if (answer != NO)
        report 2 Communication possib e at inverted polarity.
    else
        error 2 No communication at inverted polarity.
        Change (Swap data wires at DUT bus interface)
        wait 100ms
    endif
else
    report 3 Polarity test not executed due to presence of internal
power supply. endif
```

12.3.2 **最大和最小系统电压**

此测试用来检查界面是否能承受最大和最小电压的额定值。

此测试程序应当对所有逻辑单元并行运行。

测试程序：

```
if (GLOBAL_Ibus == 0)
    report 1 Test not executed since device under test does not allow for additional externalpower supplies.
else
    Apply (Current ofGLOBAL_IbusmA + 10 mA on bus interface)
    for (i = 0;i < 2;i ++)
        Vbus = voltage[i]
        Apply (Disconnect interface)
        Apply (Voltage ofVbusV on bus interface)
        Apply (Reconnect interface)
        // The voltage may change
        wait 1 min
        Apply (Voltage ofGLOBAL_VbusHighV on bus interface)DTR0
        (13)
        for (j = 0;j < 12;j ++)DTR0
            (value[j])
            answer = QUERY CONTENT DTR0
            if (answer != value[j])
```

```
                    error 1 No successful operation after applying rating of Vbus V at businterface for
                    1 min. Actual: answer . Expected: value [j].
                endif
            endfor
        endfor
endif
```

表 28 系统电压最大和最小值测试参数

测试步骤	0	1
电压[V]	22.5	−6,5

测试步骤	0	1	2	3	4	5	6	7	8	9	10	11
值	0	1	2	4	8	16	32	64	85	128	170	255

12.3.3 过压保护测试

检测接口的过电压保护是否满足外部系统的最大额定电压要求。

测试程序应当对所有逻辑单元并联运行。

测试程序：

```
overvoltageProtection = UserInput(Is overvoltage protection supported by DUT?, YesNo )
if (overvoltageProtection == Yes)
    maximumVoltage = UserInput(Enter the maximum rated external voltage supported byDUT, value
    [V])
    maximumFrequency = UserInput(Enter the maximum rated external frequencysupported by DUT,
    value [Hz])
    answer = QUERY DEVICE CAPABILITIES, accept No Answer
    if (answer == NO)
        error 1 No communication possible.
    else
        if (GLOBAL_busPowered == Yes)
            Disconnect (Bus interface of DUT from the tester)
        else
            Switch_off (external power)
            Disconnect (External power and bus interface of DUT
        from the tester) endif
        Apply (Overvoltage of maximumVoltage V with a frequency of maximumFrequency Hz on bus in-
        terface)
        wait 1 min
        Remove (Overvoltage from bus interface)
        if (GLOBAL_busPowered == Yes)
            Connect (Bus interface of DUT to the tester)
        else
            Connect (External power and bus interface of DUT to the tester)
```

```
            Switch_on (external power)
        endif
        start_timer (timer )
        do
            answer = QUERY DEVICE CAPABILITIES,acceptNo Answer times-
            tamp =get_timer(timer )
            if (answer ! = NO)
                report 1 Overvoltage protection supported by DUT.
                break
            endif
        while (timestamp <= 1 min)
        if (answer == NO)
            error 2 No communication after 1 min after applyingmaximumVoltageV /maximumFre-
            quency Hz on bus interface.
        endif
    endif
else
    report 2 Overvoltage protection is not
supported by DUT. endif
```

建议此测试在最大及最小操作温度的范围内重复执行。

12.3.4 标称电流测试

此测试检查总线在空闲状态下的电流消耗。

测试程序应当对所有逻辑单元并行运行。

测试程序：

```
if (GLOBAL _internalBPS == Yes)
    report 1 Test is not
        applicable.
else
    currentLimit = 2
    if (GLOBAL_busPowered )
        currentLimit =UserInput(Enter the current consumption shown on the label orstated in the lit-
        erature,value [mA])
    endif
    Apply (Linear voltage change from 0 V to 22,5 V within 10 s to bus terminals asillustrated in Phase
    1 ofFigure 2)
    QUERY CONTENT DTR0
    // Voltage drop shall be applied directly after valid stop condition of forward frame to discharge in-
    ternal capacitor of the receiver
    Apply (Immediate voltage drop from 22,5 V to 0 V - seeFigure 2)
    Apply (Voltage of 0 V during 20 s - see Phase 2 inFigure 2)
    Apply (Immediate voltage change from 0 V to 22,5 V at end of Phase 2 ofFigure 2)
    current1 =Measure(Maximum current consumption in mA at bus terminals during Phase1)
```

current2 = **Measure**（Current consumption in mA at bus terminals during the immediatevoltage change at end of Phase 2）

if（*current1*<=*currentLimit*）

report 2 Maximum current consumption measured during Phase1 is*current1*mA.Expected：<= *currentLimit* mA.

else

error 1 Wrong maximum current consumption during Phase1. Actual：*current1*mA.Expected：<= *currentLimit* mA.

endif

if（*current2*<=*currentLimit*）

report 3 Maximum current consumption measured at end of Phase 2 is*current2*mA.Expected：<= *currentLimit* mA.

else

error 2 Wrong maximum current consumption at end of Phase 2. Actual：*current2*mA. Expected：<= *currentLimit* mA.

endif

endif

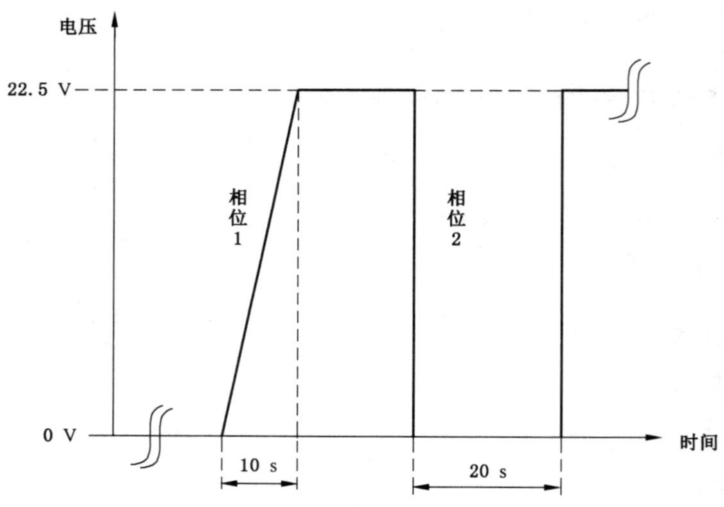

图 2　额定电流测试

建议此测试在最大及最小操作温度的范围内重复执行。

12.3.5　发送电压

测试序列核查：

- 设备是否响应不同的电压和电流设置；
- 在传输激活状态时的低电压；
- 后向帧时的高电压。

此测试程序应当对所有逻辑单元并行运行。

测试程序：

//250 mA if allowed，internal current in case of single internal BPS. Maximum current allowed is provided.

```
Apply (Current ofGLOBAL_IbusmA on bus interface)
//Test at minimum voltage and maximum current
    if
        (GLOBAL_inter
        nalBPS ) Vbus
        = 12
Apply (Clamp bus voltage toVbusV on bus interface)
else
    Vbus = 10
    Apply ( Voltage ofVbusV on bus
interface) endif
CheckTxVoltages ( Vbus ;GLOBAL_Ibus )
if (GLOBAL_Ibus > 0)
    // Test at 20.5 V and maximum current. GLOBAL_Ibus = 0 in case of single internal BPS
    Apply (Voltage of 20.5 V on bus interface)
    CheckTxVoltages
(20.5;GLOBAL_Ibus ) endif
if (GLOBAL_internalBPS )
    //Test at internal bus power supply voltage and maximum current if allowed
    Apply (Voltage ofGLOBAL_internalVoltageV on bus interface)
    CheckTxVoltages (GLOBAL_internalVoltage ;GLOBAL_Ibus )
    //Test using only internal bus power supply
    if (GLOBAL_Ibus > 0)
        // Switch off test power supply, minimum current
        Apply (Current of 0 mA on bus interface)
        CheckTxVoltages
    (GLOBAL_internalVoltage ; 0) endif
else
    // Test for current of 8 mA and different voltages
    Apply (Current of 8 mA on bus interface)
    Apply (Voltage of 10 V on bus interface)
    CheckTxVoltages (10; 8)
    Apply (Voltage of 20.5 V on bus interface)
    CheckTxVoltages
(20.5; 8) endif
```

建议此测试在最大及最小操作温度的范围内重复执行。

12.3.5.1 检查 TX 电压

测试程序：

```
CheckTxVoltages ( Vbus ;Ibus )
for (i = 0;i < 4;i + +)
    DTR0 (value [i ])
    current = Ibus + GLOBAL_internalCurrent
```

```
    answer = QUERY CONTENT DTR0,acceptNo Answer
    if (answer == NO)
        error 1 No reply received atVbusV andcurrentmA for QUERY CONTENT DTR0.
    else
        // Once the bus voltage has crossed 4,5 V for a low level or 10 V for a high level, this level
        shall be crossed once in the opposite direction at the end of the high or low period
        levelOkLow =UserInput(Are active low periods of answer within interval [-4,5 V;4,5 V]?,
        YesNo )
        levelOkHigh =UserInput(Is voltage high level of answer within interval [10 V; 22,5V]?,
        YesNo )
        if (levelOkLow == No)
            error 2 Active low voltage period outside -4,5 V < Vlow < 4.5 V atVbusV andcurrent
            mA in backward frame value[i].
        endif
        if (levelOkHigh == No)
            error 3 High level voltage period outside 10 V < Vhigh < 22,5 V atVbusV andcurrent
            mA in backward frame value[i].
        endif
    endif
endfor
return
```

表 29 电压传输测试程序的参数

测试步骤	值
0	255
1	170
2	85
3	0

12.3.6 信号发送上升和下降沿

在不同的电压和电流设置下，测试程序评估后向帧第一个和最后一个上升沿及下降沿的正确性。此测试程序应当对所有逻辑单元并行运行。

测试程序：

```
// Test at 12 V and maximum current
Apply (Current ofGLOBAL_IbusmA on bus interface)
Vbus = 12
if (GLOBAL_internalBPS )
    Apply (Clamp bus voltage toVbusV on bus interface)
else
    Apply (Voltage ofVbusV on bus
interface) endif
```

```
CheckMaximumTxRiseFallTimes (12;GLOBAL_Ibus)
//Test at 10 V and 250 mA if possible
if (! GLOBAL_internalBPS)
    Apply (Voltage of 10 V on bus interface)
    CheckMaximumTxRiseFallTimes
(10;GLOBAL_Ibus) endif
//Test using maximum voltage if possible
if (GLOBAL_Ibus > 0)
    Apply (Voltage of 20,5 V on bus interface)
    CheckMaximumTxRiseFallTimes (20, 5; GLOBAL _ Ibus)
    CheckMinimumTxRiseFallTimes (20,5;GLOBAL_Ibus)
endif
if (GLOBAL_internalBPS)
    //Test at internal bus power supply voltage and maximum current
    Apply (Voltage ofGLOBAL_internalVoltageV on bus interface)
    CheckMaximumTxRiseFallTimes (GLOBAL_internalVoltage ;GLOBAL_Ibus ])
    //Test using only internal bus power supply if not covered by previous step
    if (GLOBAL_Ibus > 0)
        // Switch off test power supply
        Apply (Current of 0 mA on bus interface)
        CheckMaximumTxRiseFallTimes (GLOBAL_internalVoltage ; 0)
    else
        CheckMinimumTxRiseFallTimes
    (GLOBAL_internalVoltage ; 0)
    endif
else
    // Test for current of 8 mA and different voltages
    Apply (Current of 8 mA on bus interface)
    Apply (Voltage of 10 V on bus interface)
    CheckMaximumTxRiseFallTimes (10; 8)
    Apply (Voltage of 12 V on bus interface)
    CheckMaximumTxRiseFallTimes (12; 8)
    Apply (Voltage of 20,5 V on bus interface)
    CheckMaximumTxRiseFallTimes
    (20,5; 8)
endif
```

表 30　发送上升与下降沿测试程序参数

测试步骤	边界
0	第一个
1	最后一个

建议这个测试在最大和最小操作温度的范围内重复进行。

12.3.6.1 检查 Tx 端的上升下降时间最小值

此测试程序用来检测一个由发送器发送的信号的最小上升和下降时间。

测试程序：

```
CheckMinimumTxRiseFallTimes (Vbus ;Ibus )
for (i = 0;i < 2;i ++)
    DTR0 (95)
    current = Ibus + GLOBAL_internalCurrent
    answer = QUERY CONTENT DTR0,acceptNo Answer
    if (answer == NO)
        error 1 No reply received atVbusV andcurrentmA for QUERY CONTENT DTR0.
    else
        fallTimeRelative = Measure(Time between 10% and 90% of the signal voltageswing for edge
        [i] falling edge in backward frame in μs)
        riseTimeRelative = Measure(Time between 10% and 90% of the signal voltageswing for
        edge [i] rising edge in backward frame in μs)
        if (fallTimeRelative < 3)
            error 2 Wrong fall time atVbusV andcurrentmA inedge [i]falling edge inbackward frame.
            Actual: fallTimeRelativeμs. Expected: >= 3 μs.
        endif
        if (riseTimeRelative < 3)
            error 3 Wrong rise time atVbusV andcurrentmA inedge [i]rising edge inbackward
            frame. Actual: riseTimeRelativeμs. Expected: >= 3 μs.
        endif
    endif
endfor
return
```

12.3.6.2 检查 Tx 的升降时间最大值

这个测试程序用来检测一个由发射器发送的信号最大上升与下降时间。

测试程序：

```
CheckMaximumTxRiseFallTimes (Vbus ; Ibus )
for (i = 0;i < 2;i ++)
    DTR0 (95)
    current = Ibus + GLOBAL_internalCurrent
    answer = QUERY CONTENT DTR0,acceptNo Answer
    if (answer == NO)
        error 4 No reply received atVbusV andcurrentmA for QUERY CONTENT DTR0.
    else
        voltage = Measure(Last high voltage of signal before edge [i]edge in V)
        if (voltage < 12)
            fallTimeAbsolute = Measure(Time between (Vbus - 0,5) V and 4,5 V of edge
            [i]falling edge in backward frame in μs)
```

```
            riseTimeAbsolute = Measure(Time between 4,5 V and (Vbus − 0,5) V of edge [i]rising edge in backward frame in μs)
        else
            fallTimeAbsolute = Measure(Time between 11,5 V and 4,5 V of edge [i]fallingedge in backward frame in μs)
            riseTimeAbsolute = Measure(Time between 4,5 V and 11,5 V of edge [i]risingedge in backward frame in μs)
        endif
        if (fallTimeAbsolute > 15)
            error 5 Wrong fall time atVbusV andcurrentmA inedge [i]falling edge in backward frame. Actual: fallTimeAbsoluteμs. Expected: <= 15 μs.
        endif
        if (riseTimeAbsolute > 15)
            error 6 Wrong rise time atVbusV andcurrentmA inedge [i]rising edge in backward frame. Actual: riseTimeAbsoluteμs. Expected: <= 15 μs.
        endif
    endif
endfor
return
```

12.3.7 数据发送比特时序

这个测试序列检查在有限条件内的半字节和全字节传输时间。

测试程序应当对所有逻辑单元并行运行。

程序测试：

```
Apply (Current ofGLOBAL_IbusmA on bus interface)
if (GLOBAL_internalBPS)
    Vbus = 12
    Apply (Clamp bus voltage toVbusV on bus interface)
else
    Vbus = 10
    Apply (Voltage ofVbusV on bus interface)
endif
// Test for maximum current and minimum voltage
CheckTxBitTiming (Vbus ;GLOBAL_Ibus)
if (GLOBAL_Ibus > 0)
    // Test for 20,5 V and maximum current if possible
    Apply (Voltage of 20,5 V on bus interface)
    CheckTxBitTiming (20,5;GLOBAL_Ibus)
endif
if (GLOBAL_internalBPS)
    //Test at internal bus power supply voltage and maximum current if applicable
    Apply (Voltage ofGLOBAL_internalVoltageV on bus interface)
    CheckTxBitTiming (GLOBAL_internalVoltage ;GLOBAL_Ibus)
```

```
        //Test using only internal bus power supply if not covered by previous step
        if (GLOBAL_Ibus > 0)
            // Switch off test power supply
            Apply (Current of 0 mA on bus interface)
            CheckTxBitTiming (GLOBAL_internalVoltage ; 0)
        endif
else
        // Test for current equal to 8 mA and different voltages
        Apply (Current of 8 mA on bus interface)
        Apply (Voltage of 10 V on bus interface)
        CheckTxBitTiming (10; 8)
        Apply (Voltage of 20,5 V on bus interface)
        CheckTxBitTiming (20,5; 8)
endif
```

建议此测试在最大及最小操作温度的范围内重复执行。

12.3.7.1 检查 Tx 位时序

此程序用来检查发射器发出信号的位时序。

测试程序:

```
CheckTxBitTiming (Vbus ; Ibus )
for (i = 0;i < 24;i ++)
    DTR0
      (value [i ]
      )
    current = Ibus + GLOBAL_internalCurrent
    answer = QUERY CONTENT DTR0,acceptNo Answer
    if (answer == NO)
        error 1 No reply received atVbusV andcurrentmA for QUERY CONTENT DTR0.
    else
        // Note: high level measurements apply only after the start bit and before the stop condition
        timeTe =Measure(Time of period [i ]of backward frame at 8 V inμs)
        if (TeNo [i ] == 1)
            if (timeTe < 400 ORtimeTe > 434)
                error 2 Incorrect half bit timing atperiod [i ]invalue [i ]. Actual:timeTeμs.
                Expected: 400 μs <= half bit time <= 434 μs.
            else
                report 1 Half bit timing atperiod [i ]invalue [i ]. Actual:timeTeμs.
            endif
        endif
        if (TeNo [i ] == 2)
            if (timeTe < 800 ORtimeTe > 867)
                error 3 Incorrect double half bit timing atperiod [i ]invalue [i ]. Actual:
                timeTe μs. Expected: 800μs <= double half bit time <= 867 μs.
```

```
            else
                report 2 Double half bit timing atperiod[i]invalue[i]. Actual:timeTeμs.
            endif
        endif
    endif
endfor
return
```

表 31 发送位时序的测试序列参数

测试步骤	周　　期	值	测试号
0	第一个低位期	0	1
1	第一个高位期	0	2
2	第二个低位期	0	1
3	第二个低位期	0	1
4	最后一个低位期	0	1
5	最后一个高位期	0	1
6	第一个低位期	85	1
7	第一个高位期	85	1
8	第二个低位期	85	1
9	第二个高位期	85	2
10	最后一个低位期	85	2
11	最后一个高位期	85	2
12	第一个低位期	170	1
13	第一个高位期	170	1
14	第二个低位期	170	1
15	第二个高位期	170	2
16	最后一个低位期	170	1
17	最后一个高位期	170	2
18	第一个低位期	255	1
19	第一个高位期	255	1
20	第二个低位期	255	1
21	第二个高位期	255	1
22	最后一个低位期	255	1
23	最后一个高位期	255	1

12.3.8 传送帧时序

测试序列检查限定条件内的应答时间。

测试序列应当对所有逻辑单元并行运行。

测试程序：

minTime = 100

```
maxTime = 0
for (i = 0;i<
    12;i ++)DTR0
    (value[i])
    for (j = 0;j< 10;j ++)
      answer = QUERY CONTENT DTR0
      answerTime = Measure(Settling time between forward frame and backward frame ofQUERY
      CONTENT DTR0 in ms)
      // Test transmitter forward backward frame settling time according to Table 17 IEC62386－101
      Ed2.0
      if (answerTime < 5,5 ORanswerTime > 10,5)
          error 1 Incorrect answer time at test step (i,j) = (i ,j). Actual:answerTimems.Expected:
          5,5 ms <= settling time <= 10,5 ms.
      endif
      if
          (answerTime <minTi
          me )minTime =
          answerTime
      endif
      if
          (answerTime >maxTime )
          maxTime =answerTime
      endif
   endfor
endfor
report 1 Minimum measured settling time isminTimems.
report 2 Maximum measured settling time ismaxTimems.
```

表 32 接收帧时序测试序列的参数

测试步骤	0	1	2	3	4	5	6	7	8	9	10	11
值	0	1	2	4	8	16	32	64	85	128	170	255

建议这个测试在最大和最小的操作温度下重复执行。

12.3.9 接收器启动行为

如发生以下情况，此子程序测试将执行：

- 如果控制装置忽略了 40 ms 的总线电源中断，此子程序测试将执行，并测试四次；
- 外部电源正常启动后，测试四次，防止不是由内部总线供电引起的四次不同变化；
- 总线供电失败后的启动行为是正确的；

测试序列应当对所有逻辑单元并行运行。

测试程序：

```
for (i = 0;i< 4;i ++)
    // 40 ms bus power interruption
```

```
wait 7 s
Apply (Voltage of 0 V on bus interface)
wait 40 ms
if (GLOBAL_internalBPS )
    Apply (Clamp voltage to 12 V on bus interface)
else
    Apply (Voltage of 10 V on bus interface)
endif
wait 2,4 ms // stop condition
answer = QUERY DEVICE CAPABILITIES,acceptNo Answer
if (answer = = NO)
    error 1 No communication after 40 ms bus power supply interruption at test step i = i .
endif
// External power cycle start-up
if (! GLOBAL_internalBPS )
    Apply (Voltage of 0 V on bus interface)
endif
base =PowerCycleAndWaitForBusPower(60)
start_timer (timer )
if (GLOBAL_internalBPS )
    Apply (Clamp voltage to 12 V on bus interface)
else
    wait delayTime [i] ms
    Apply (Voltage of 10 V on bus interface and a current supply
of 8 mA) endif
value = base + get _ timer ( timer )// Get time in ms between power cycle and bus
powersupply restored
if (GLOBAL_busPowered )
    waitTime = 1200// Maximum boot time
else
    // Check for footnote e, Table 6, IEC 62386-101:2014
    if (value < 350)
        waitTime = 450 - value
    else
        waitTime = 100
    endif
endif
wait waitTimems // Device should be ready now, all circumstances
checkedanswer
= QUERY DEVICE CAPABILITIES,acceptNo Answer
if (answer = = NO)
    error 2 No communication afterwaitTimems after bus power supply available afterexternal
    power cycle at test step i = i .
```

```
    endif
    // Bus power failure start-up
    wait 1 200 ms
    Apply (Voltage of 0 V on bus interface)
    wait busPowerDown[i] ms
    if (GLOBAL_internalBPS)
        Apply (Clamp voltage to 12 V on bus interface)
    else
        Apply (Voltage of 10 V on bus interface)
    endif
    if
        (GLOBAL_busPo
        wered)
        waitTime = 1200
    else
        waitTime =
    100
    endif
    wait waitTimems
    answer = QUERY DEVICE CAPABILITIES, acceptNo Answer
    if (answer == NO)
        error 3 No communication afterwaitTimems after bus power down period ofbusPowerDown[i]
        ms at test step i =i.
    endif
endfor
```

表 33 接收机启动测试序列参数

测试步骤	0	1	2	3
延时时间[ms]	50	250	340	500
总线电源中断事件[ms]	100	500	1000	2000

建议此测试在最大及最小操作温度的范围内重复执行。

12.3.10 接收器阈值

此测试程序检查接收器阈值是否在正常的范围内。

此测试程序应当对所有逻辑单元并行运行。

测试程序：

```
for (Vbus = 9,5; Vbus <= 10; Vbus =
    Vbus + 0,5) for (i = 0; i < 20; i ++)
        DTR0 (55)
        Apply (Voltage ofVbusV on bus interface)
        Apply (DTR0 (255) with low voltage of 6,5 V)
```

```
        Apply (Voltage ofGLOBAL_VbusHighV on bus interface)
        answer = QUERY CONTENT DTR0,acceptNo Answer
        if (answer != 255)
            if (Vbus <
                10)
                warning 1 DTR0 (255) not executed correctly for a bus high voltage ofVbus V and a
                bus low voltage of 6,5 V. Loop:i Actual:answer . Expected:255.
            else
                error 1 DTR0 (255) not executed correctly for a bus high voltage ofVbusVand a bus
                low voltage of 6,5 V. Loop: i Actual: answer . Expected: 255.
            endif
        endif
    endfor
endfor
```

建议这个测试在最大和最小的操作温度范围内重复执行。

12.3.11 接收位时序

此测试程序检查接收解码位时序是否兼容：

- 对于不同的半位时序；
- 半位和全位时序冲突；
- 对于不同的高和低总线电压。

此测试程序应当对所有逻辑单元并行运行。

测试程序：

```
Vbus =GLOBAL_VbusHigh
for (i = 0;i < 4;i ++)
    // Command byte send with nominal timing; boundary combinations in 2nd byte.
    for (m = 0;m < 5;m ++)
        lowTime =TeLowTime[m]
        for (n = 0;n < 5;n ++)
            highTime =TeHighTime[n]
            for (j = 0;j < 10;j ++)
                DTR0 (0)
                // All other commands shall be executed with nominal timing
                Apply (command[i] with bit timings given in Table)
                answer = QUERY CONTENT DTR0
                if (answer != expectation[i])
                    error 1 command[i] not correctly executed at half bit high time
                    highTime μs half bit low time lowTime μs. Actual:answer . Expected:expectation
                    [i].
                endif
            endfor
        endfor
    endfor
```

```
endfor
for (i = 4;i < 11;i ++)
    //step 4: no violation
    //step 5: 750 μs half bit violation high bit 5
    //step 6: 750 μs half bit violation low bit 2
    //step 7: 1250 μs double half bit violation low bit 4 and 3
    //step 8: 1250 μs double half bit violation low bit 8 and 7
    //step 9: 1200 μs double half bit violation low bit 4 and 3
    // step 10: 1200 μs double half bit violation low bit 8 and 7
    for (l = 0;l < 2;l ++)
        if (GLOBAL _internalBPS )
            if (l == 1)
                Vbus = 12
            endif
        else
            Vbus = busVoltage [l ]
        endif
        for (j = 0;j < 10;j ++)
            DTR0 (0)
            Apply (command [i ] with bit timings and voltages given in Table)
            answer = QUERY CONTENT DTR0
            if (answer ! = expectation [i ])
                error 2 command [i ] not correctly processed for bus voltage ofVbusV atstep i .
                Actual: answer .
                Expected: expectation [i ].
            endif
        endfor
    endfor
endfor
```

表 34 接收位时序的测试序列参数

测试步骤 m	0	1	2	3	4
TeLowTime [μs]	334	375	416	458	500

测试步骤 n	0	1	2	3	4
TeHighTime [μs]	334	375	416	458	500

测试步骤 l	0	1
busVoltage [V]	10	20,5

测试步骤	0		1		2		3		4		5		6		7		8		9		10	
命令	DTR0 (240)		DTR0 (15)		DTR0 (85)		DTR0 (255)		DTR0 (15)		DTR0 (15)		DTR0 (15)		DTR0 (15)		DTR0 (15)		DTR0 (15)		DTR0 (15)	
期望值	240		15		85		255		15		0		0		0		0		0		0	
电压/时间	总线电压 [V]	8 V 时间 [μs]	总线电压 [V]	8 V 时间 [μs]	总线电压 [V]	8 V 时间 [μs]	总线电压 [V]	8 V 时间 [μs]	总线电压 [V]	8 V 时间 [μs]	总线电压 [V]	8 V 时间 [μs]	总线电压 [V]	8 V 时间 [μs]	总线电压 [V]	8 V 时间 [μs]	总线电压 [V]	8 V 时间 [μs]	总线电压 [V]	8 V 时间 [μs]	总线电压 [V]	8 V 时间 [μs]
开始位	0	416	0	416	0	416	0	416	0	334	0	334	0	334	0	334	0	334	0	334	0	334
	VBus	416	VBus	416	VBus	416	VBus	416	VBus	500	VBus	500	VBus	500	VBus	500	VBus	500	VBus	500	VBus	500
位 15	0	416	0	416	0	416	0	416	0	334	0	334	0	334	0	334	0	334	0	334	0	334
	VBus	416	VBus	416	VBus	416	VBus	416	VBus	500	VBus	500	VBus	500	VBus	500	VBus	500	VBus	500	VBus	500
位 14	VBus	416	VBus	416	VBus	416	VBus	416	VBus	334	VBus	334	VBus	334	VBus	334	VBus	334	VBus	334	VBus	334
	0	416	0	416	0	416	0	416	0	500	0	500	0	500	0	500	0	500	0	500	0	500
位 13	0	416	0	416	0	416	0	416	0	500	0	500	0	500	0	500	0	500	0	500	0	500
	VBus	416	VBus	416	VBus	416	VBus	416	VBus	334	VBus	334	VBus	334	VBus	334	VBus	334	VBus	334	VBus	334
位 12	VBus	416	VBus	416	VBus	416	VBus	416	VBus	500	VBus	500	VBus	500	VBus	500	VBus	500	VBus	500	VBus	500
	0	416	0	416	0	416	0	416	0	334	0	334	0	334	0	334	0	334	0	334	0	334
位 11	VBus	416	VBus	416	VBus	416	VBus	416	VBus	500	VBus	500	VBus	500	VBus	500	VBus	500	VBus	500	VBus	500
	0	416	0	416	0	416	0	416	0	334	0	334	0	334	0	334	0	334	0	334	0	334
位 10	VBus	416	VBus	416	VBus	416	VBus	416	VBus	334	VBus	334	VBus	334	VBus	334	VBus	334	VBus	334	VBus	334
	0	416	0	416	0	416	0	416	0	334	0	334	0	334	0	334	0	334	0	334	0	334
位 9	0	416	0	416	0	416	0	416	0	500	0	500	0	500	0	500	0	500	0	500	0	500
	VBus	416	VBus	416	VBus	416	VBus	416	VBus	500	VBus	500	VBus	500	VBus	500	VBus	500	VBus	500	VBus	500
位 8	0	416	0	416	0	416	0	416	0	500	0	500	0	500	0	500	0	500	0	500	0	500
	VBus	416	VBus	416	VBus	416	VBus	416	VBus	500	VBus	500	VBus	500	VBus	500	VBus	500	VBus	500	VBus	600
位 7	0	低位时间	VBus	高位时间	VBus	高位时间	0	高位时间	VBus	334	VBus	334	VBus	334	VBus	334	VBus	750	VBus	334	VBus	600
	VBus	高位时间	0	低位时间	0	低位时间	VBus	低位时间	0	500	0	500	0	500	0	500	0	500	0	500	0	500
位 6	0	低位时间	VBus	高位时间	0	高位时间	0	高位时间	VBus	500	VBus	500	VBus	500	VBus	500	VBus	500	VBus	500	VBus	500

测试步骤	0		1		2		3		4		5		6		7		8		9		10	
位 6	VBus	高位时间	0	低位时间	VBus	低位时间	VBus	低位时间	0	500	0	500	0	334	0	500	0	500	0	500	0	500
位 5	0	低位时间	VBus	高位时间	VBus	高位时间	0	高位时间	VBus	334	VBus	750	VBus	334	VBus	334	VBus	334	VBus	334	VBus	334
	VBus	高位时间	0	低位时间	0	低位时间	VBus	低位时间	0	334	0	334	0	334	0	334	0	500	0	500	0	334
位 4	0	低位时间	VBus	高位时间	0	高位时间	0	高位时间	VBus	334	VBus	334	VBus	334	VBus	334	VBus	334	VBus	334	VBus	334
	VBus	高位时间	0	低位时间	VBus	低位时间	VBus	低位时间	0	500	0	500	0	500	0	500	0	500	0	600	0	500
位 3	VBus	高位时间	0	低位时间	VBus	低位时间	0	低位时间	0	500	0	500	0	500	0	750	0	500	0	600	0	500
	0	低位时间	VBus	高位时间	0	高位时间	VBus	高位时间	VBus	334	VBus	334	VBus	334	VBus	334	VBus	334	VBus	334	VBus	334
位 2	VBus	高位时间	0	低位时间	0	低位时间	0	低位时间	0	500	0	500	0	750	0	500	0	500	0	500	0	500
	0	低位时间	VBus	高位时间	VBus	高位时间	VBus	高位时间	VBus	500	VBus	500	VBus	500	VBus	500	VBus	500	VBus	500	VBus	500
位 1	VBus	高位时间	0	低位时间	VBus	低位时间	0	低位时间	0	334	0	334	0	334	0	334	0	334	0	334	0	334
	0	低位时间	VBus	高位时间	0	高位时间	VBus	高位时间	VBus	334	VBus	334	VBus	334	VBus	334	VBus	334	VBus	334	VBus	334
位 0	VBus	高位时间	0	低位时间	0	低位时间	0	低位时间	0	334	0	334	0	334	0	334	0	334	0	334	0	334
	0	低位时间	VBus	高位时间	VBus	高位时间	VBus	高位时间	VBus	500	VBus	500	VBus	500	VBus	500	VBus	500	VBus	500	VBus	500

建议此测试在最大和最小操作温度间进行重复执行。

12.3.12 扩展接收位时序

所有时长(半比特和全比特)设置为相同的值。其中一时长设置为特殊的测试值,产生一个持续有效的波形或者引起一位无效的时序。重复测试不同空闲总线电压。

测试程序:

```
waveForm[28] ={417, 417, 417, 833, 833, 833, 417, 417, 417, 417,833, 417, 417, 833, 417,
              417, 417, 417, 417, 417,833, 417, 417, 417, 417, 417, 417, 417}
              // nominal timing for command DTR0(15)
for (i = 0;i <= 1;i ++)
    for (j = 0;j <= 8;j ++)
        for (k = 0;k <= 27;k ++)// k selects phase position to modify
            // assemble the test frame
            expected =expect[j]
            for (x = 0;x <= 27;x ++)
                if (x ==k )
                    // insert the modified phase length at the selected phase position
                    if (phase[x] == H)
                        // if a half bit starts in the middle of a logical bit it shall not be extended as
                        it would result in an valid double half bit and not in a bit timing violation.
                        if (expect[j] == accept ORbitstart[x] == Y)
                            waveForm[x] =modHalf[j]
                        else
                            waveForm[x] =
                            half[j]expected = accept
                        endif
                    else
                        waveForm[x] =modDouble[j]
                    endif
                else
                    // use a valid phase length at all other phase positions
                    if (phase[x] == H)
                        waveForm[x] =half[j]
                    else
                        waveForm[x] =double[j]
                    endif
                endif
            endfor
            // send the test frame
            for (x = 0;x < 10;x ++)
                DTR0(0)
                // All other commands shall be executed with nominal timing
                if (i == 0)
                    // minimum voltage
```

```
                if (GLOBAL_internalBPS )
                    Apply (Clamp voltage to 12 V on bus interface)bus
                    Voltage = 12
                  else
                    Apply (Voltage of 10 V on bus interface)bus
                    Voltage = 10
                  endif
              else
                  // maximum voltage
                  if (GLOBAL_Ibus = = 0)
                    Apply (Voltage ofGLOBAL_VbusHighV on bus interface)
                    busVoltage =GLOBAL_VbusHigh
                  else
                    Apply (Voltage of 20,5 V on bus interface)
                    busVoltage = 20,5
                  endif
              endif
              Apply (waveForm [])
              Apply (Voltage ofGLOBAL_VbusHighon bus interface)
              answer = QUERY CONTENT DTR0
              if (expected = = accept)
                if (answer ! = 15)
                    error 1 Test command DTR0 (15) not correctly executed with ahalf
                    bit time half [j ]μs and double half bit time double [j ]μs and a modi-
                    fied half bit time modHalf [j ] μs respectively double half bit time
                    modDouble [j ]μs at signal phase k . Bus Voltage: busVoltage .
                    Actual: answer . Expected: 15.
                endif
            else
                if (answer ! = 0)
                    error 2 Test command DTR0 (15) not ignored or executed falselywith
                    a half bit time half [j ]μs and double half bit time double [j ]μs and a
                    modified half bit time modHalf [j ]μs respectively double half bit time
                    modDouble [j ]μs at signal phase k . Bus Voltage:
                    busVoltage . Actual:answer . Expected: 0.
                endif
            endif
        endfor
    endfor
  endfor
endfor
```

表 35 扩展接收位时序测试的参数

测试步骤 j	半比特	全比特	修正半比特	修正全比特	期望值
0	417 μs	833 μs	500 μs	1 000 μs	accept
1	417 μs	833 μs	334 μs	667 μs	accept
2	334 μs	667 μs	500 μs	1 000 μs	accept
3	500 μs	1 000 μs	334 μs	667 μs	accept
4	334 μs	1 000 μs	500 μs	667 μs	accept
5	500 μs	667 μs	334 μs	1 000 μs	accept
6	417 μs	833 μs	750 μs	1 200 μs	ignore
7	334 μs	667 μs	750 μs	1 200 μs	ignore
8	500 μs	1 000 μs	750 μs	1 200 μs	ignore

周期 x	0	1	2	3	4	5	6	7	8	9	10	11	12	13	14	15	16	17	18	19	20	21	22	23	24	25	26	27
周期	H	H	H	D	D	D	H	H	H	H	D	H	H	D	H	H	H	H	H	H	D	H	H	H	H	H	H	H
起始比特位	Y	N	Y	N	N	N	N	Y	N	Y	N	N	Y	N	N	Y	N	Y	N	Y	N	N	Y	N	Y	N	Y	N

建议此测试在最大和最小操作温度间进行重复执行。

12.3.13 接收器前向帧无效

此测试序列用来检查，当接收到非标准的前导帧时，接收机是否有能力恢复正常。

测试序列应当对所有逻辑单元并联运行。

测试程序：

```
for (i = 0;i < 4;i + +)
    for (j = 0;j < 10;j + +)
        DTR0 (value[i])
        // waveform sent with directly after last rising edge of DTR0 command
        answer = waveform[i]
        if (answer ! = value[i])
            error 1 text[i]. Loop:j.Actual:answer . Expected:value[i].
        endif
    endfor
endfor
```

表 36 测试序列接收器帧无效和帧尺寸无效后恢复的参数

测试步骤 i	值	波 形	注 释
0	7	2 400 μs+11010001111110000b+2 400 μs+1 11111111 11111110 00110110b	根据 102 部分 DTRO(240)的 16 位帧不可忽略
1	10	2 400 μs+1010b+2 400 μs + 1 11111111 11111110 00110110b	几位序列(帧尺寸无效)改变 DTRO 内容

表 36(续)

测试步骤 i	值	波 形	注 释
2	0	2 400 μs+1 11000001 00110000 00001111 0b +2 400 μs+1 11111111 11111110 00110110b	25 位帧包含 DTRO(15)的前 24 位不可忽略
3	0	2 400 μs+1 11000001 00110000 00001111 01010101b+2 400 μs + 1 11111111 11111110 00110110b	32 位帧包含 DTRO(15)的前 24 位不可忽略

12.3.14 接收器矫正时序

如果以下条件成立则执行测试：

- 带有有效矫正时序的 FF-FF 帧被接受时；
- 带有无效矫正时序的 FF-FF 帧被拒绝时；
- 带有有效矫正时序的 BF-FF 帧被接收时；
- 带有无效矫正时序的 BF-FF 帧被拒绝时。

测试程序：

```
// FF- FF frame tests
for (i = 0;i< 4;i ++)
    for (j = 0;j< 12;j ++)
        DTR0 (13)
        DTR1 (13)
        DTR0 (value[j])
        wait settlingTime[i] ms // settling time between FF-FF
        DTR1 (value[j])
        answer0 = QUERY CONTENT DTR0
        answer1 = QUERY CONTENT DTR1
        if (i< 2)
            if (answer0! =value[j])
                error 1 Unexpected value for DTR0 for FF-FF settling time set tosettlingTime[i]
                ms. Actual:answer0. Expected:value[j].
            endif
            if (answer1! =value[j])
                error 2 Unexpected value for DTR1 for FF-FF settling time set tosettlingTime[i]
                ms. Actual:answer1. Expected:value[j].
            endif
        else
            if (answer0! = 13)
                error 3 Unexpected value for DTR0 for FF-FF settling time set tosettlingTime[i]
                ms. Actual:answer0. Expected: 13.
            endif
            if (answer1! = 13)
                error 4 Unexpected value for DTR1 for FF-FF settling time set tosettlingTime[i]
```

```
                    ms. Actual:answer1. Expected: 13.
                endif
            endif
        endfor
endfor
// BF- FF frame tests
for (i = 0;i< 4;i ++)
    for (j = 0;j< 12;j ++)
        DTR1 (13)
        answer0 = QUERY CONTENT DTR0
        wait settlingTime[i] ms // settling time between BF-FF
        DTR1 (value[j])
        answer1 = QUERY CONTENT DTR1
        if (i< 2)
            if (answer1! =value[j])
                error 5 DTR1 not accepted for BF-FF settling time set tosettlingTime[i]ms. Actu-
                al: answer1. Expected: value[j].
            endif
        else
            if (answer1! = 13)
                error 6 DTR1 not ignored for BF-FF settling time set tosettlingTime[i] ms.Actual:
                answer1. Expected: 13.
            endif
        endif
    endfor
endfor
```

表 37 接收帧时序测试参数

测试步骤 i	0	1	2	3
设定事件[ms]	3	2,4	1,4	1,2

测试步骤 j	0	1	2	3	4	5	6	7	8	9	10	11
值	0	1	2	4	8	16	32	64	85	128	170	255

建议此测试在最大和最小操作温度范围内重复进行。

12.3.15 接收帧 FF-FF 时序发送 2 次

以下条件成立则执行测试：

- 发送的 2 次最大帧和发送的最大稳定时间之间前向帧是否被正确接收；
- 在两次发送的命令之间的最小稳定时间的命令是否被忽略；

测试程序：

```
DTR2 (0)
```

```
for (value = 0;value < 16;value ++)
    // Correct reception for maximum send twice settling time
    DTR1 (value)
    ADD TO DEVICE GROUPS 0-15
    DTR1 (value + 1)
    ADD TO DEVICE GROUPS 0-15, send once
    wait 94 ms // settling time
    ADD TO DEVICE GROUPS 0-15, send once
    answer = QUERY DEVICE GROUPS 0-7
    if (answer != value + 1)
        error 1 Send twice ADD TO DEVICE GROUPS 0-15 within 94 ms settling timebetween forward
        frames not accepted. Actual: answer . Expected: value + 1.
    endif
    // Ignore send twice for too long send twice settling time
    DTR1 (value)
    ADD TO DEVICE GROUPS 0-15
    DTR1 (value + 1)
    ADD TO DEVICE GROUPS 0-15, send once
    wait 105 ms // settling time
    ADD TO DEVICE GROUPS 0-15, send once
    answer = QUERY DEVICE GROUPS 0-7
    if (answer != value)
        error 2 Send twice ADD TO DEVICE GROUPS 0-15 within 105 ms settling timebetween forward
        frames not ignored. Actual: answer . Expected: value.
    endif
endfor
// Ignore send twice command for command in-between with minimum settling times
for (value = 0;value < 16;value ++)
    DTR1 (value)
    DTR0 (255)
    ADD TO DEVICE GROUPS 0-15
    DTR1 (value + 1)
    ADD TO DEVICE GROUPS 0-15, send once
    wait 13,5 ms // settling time
    DTR0 (value)
    wait 13,5 ms // settling time
    ADD TO DEVICE GROUPS 0-15, send once
    answer = QUERY DEVICE GROUPS 0-7
    if (answer != value)
        error 3 Send twice not ignored for command in-between at test step = value . Actual:
        answer . Expected: value.
    endif
    answer = QUERY CONTENT DTR0
```

```
    if (answer != value)
        error 4 Command in-between DTR0 (value) not correctly executed at test step = value.
        Actual: answer. Expected: value.
    endif
endfor
// Ignore send twice command for command in-between with minimum settling times, accept 2nd
send twice
for (value = 0; value < 16; value++)
    DTR1 (value)
    DTR0 (255)
    ADD TO DEVICE GROUPS 0-15
    DTR1 (value + 1)
    ADD TO DEVICE GROUPS 0-15, send once
    wait 13,5 ms // settling time
    DTR0 (value)
    wait 13,5 ms // settling time
    ADD TO DEVICE GROUPS 0-15, send once
    wait 80 ms // settling time
    ADD TO DEVICE GROUPS 0-15, send once
    answer = QUERY DEVICE GROUPS 0-7
    if (answer != value + 1)
        error 5 Second send twice ignored for command in-between at test step = value. Actual: an-
        swer. Expected: value + 1.
    endif
    answer = QUERY CONTENT DTR0
    if (answer != value)
        error 6 Command in-between DTR0 (value) not correctly executed at test step = value.
        Actual: answer. Expected: value.
    endif
endfor
```

此测试建议在最大和最小操作温度内重复操作。

12.3.16 根据优先级避免信号发射冲突

此测试程序需要以一个2到5的优先级来发送一个测试帧。在每次测试帧发送之前，发送器会发送一个比当前优先等级高一级的请求测试帧进行确认，以避免各测试帧之间产生冲突。

测试序列应当对所有逻辑单元并行运行。

测试程序：

```
ResetDevice
(false) pulseStartDelayStep
= 1
for (i = 0; i < 2; i++)
    for (priority = 1; priority <= 5; priority++) counter
    = 0
```

```
    for (value = 0;value < 10;value ++)
        // send waveform and receive next frame
        SetupTestFrame (frame [i])
        next_ frame  = SendWaveform(SEND TESTFRAME (priority, 0), settling time idletime ,
        DTR0 (value))
        if (next_frame ! =frame [i])
            counter ++
        endif
        answer = QUERY CONTENT DTR0
        if (answer ! =value )
            counter ++
        endif
    endfor
    if (counter > 0)
        error 1 No successful operation at prioritypriority (idletime) settling time ofIdletime ms.
        Actual:counter errors. Expected: 0.
    endif
  endfor
endfor
ResetDevice (false)
```

表 38　根据优先级避免信号发射冲突测试参数

测试步骤 i	帧
0	0x000000
1	0xFFFFFF

优先级	空闲时间
1	10.5 ms
2	14.7 ms
3	16.1 ms
4	17.7 ms
5	19.3 ms

12.3.17　截断空闲阶段的发射冲突测试

在这个测试程序中，某个 DUT 信号的某个空闲时间位被测试者开始传送的激活信号所截断。

在截断空闲相的上升沿之后(或者在最大全位时间 866 μs+50 μs 的 916 之后)，测试系统的截断低脉冲以 483 μs 结束(最大半位时间为 433 μs+50 μs)。

如果通过截断的结果空闲相位包括：

- 大于 400 μs(或全位的 800 μs)，DUT 应当继续执行传送操作；
- 小于 356 μs(或全位的 723 μs)，DUT 应当终止传送操作，并且销毁帧；
- 在 356 μs～400 μs 间(或全位的 723 μs～800 μs 间)，DUT 可能在上述任一情况进行响应。

在测试期间,测试系统记录总线信号,检查 DUT 测试帧的终止或可能销毁:

- 中断条件存在(激活周期大于 1.2 ms);
- 反应时间(截断的空闲相位的下降沿时间与截断条件的下降沿时间接近 xy ms);
- 恢复时间(从中断的上升沿到重发送帧第一个下降沿时间之间);
- 重发送帧(请求测试帧完成传送),或者持续传送;
- DUT 测试帧完成传送。

此测试程序应当对所有逻辑单元并行运行。

测试程序:

```
ResetDevice (false)
pulseStartDelayStep = 1
for (i = 0;i < 2;i ++)
    SetupTestFrame (frame [i])
    for
    (pulseStartDelay = initPulseStartDelay [i];pulseStartDelay <maxPulsStartDelay [i];pulseStart-
    Delay += pulseStartDelayStep )
        pulseLength = pulseStopReference [i] - pulseStartDelay
        SetPulseTrigger (first rising edge after first frame,pulseStartDelay ,pulseLength )
        StartBusRecordingTrigger (after first frame,record )
        SEND TESTFRAME (2, 0)
        // wait here until two complete 24 bit frames are received: The first one is the "SEND
        TESTFRAME" of the test system and the second one is the test frame itself if no collision was
        detected or the repeated test frame after the first test frame was invalidated by a break condi-
        tion
        wait until two 24 bit frames are received
        StopBusRecording (record )
        testFrameFound =FindFrame(record ,frame [i])
        testFrameStart =FindFrameStart(reference point is first falling edge,record ,frame [i])
        stopConditionStart = FindStopConditionStart ( reference point is second rising
        edge,record )
        bitDuration =TimeDifference(first rising edge, second falling edge,record )
        breakConditionFound =FindBreakCondition(record )
        breakConditionStart = FindBreakConditionStart ( reference point is first rising
        edge,record )
        if (testFrameFound == 0)
            error 1 Testframe not received
        else
            if (bitDuration >bitOkDuration [i])
                //here the test frame should be ok, the DUT can react in two ways:
                //a) continue with transmission
                //b) retreat the transmission
                //check if break condition which is not allowed in both cases
            if (breakConditionFound )
                error 2 Break condition detected at bit duration:bitDurationμs
```

```
        endif
        if (stopConditionStart = = 0)
            //case b)
            //DUT has retreated because stop condition occurred directly after releasing
            the bus by the test system
        else
            //case a)
            //DUT has continued transmission because stop condition // occurred later
            than the rising edge which releases the bus => check if test frame was sent
            correctly from the beginning, which means that test frame started at first falling
            edge otherwise the test frame is a repeated one
            if (testFrameStart ! = 0)
                //st frame is a repeated one
                error 3 Test frame is a repeated one and the first test frame was
                not continued at bit duration: bitDurationμs
            endif
        endif
    else if (bitDuration <bitNotOkDuration [i])
        /here the test frame should be a repeated one, so that before the DUT has:
        // retreated or
        // destroyed the first test frame
        if (! breakConditionFound )
            //case a)
            //here the DUT retreated so that the stop condition is expected directly after
            the pulse otherwise the reaction is not correct
            if (stopConditionStart ! = 0)
                error 4 DUT has not retreated the transmission nor send a break
                condition at bit duration: bitDurationμs
            endif
        else
            //case b)
            //here the DUT has send a break condition to destroy the first test frame =>
            check if break condition timing is ok
            if (breakConditionStart >maximumBreakConditionDelay [i])
                error5 Thebreakconditionwassettolateatbitduration:bitDuration μs
            endif
        endif
    else
        //only informative because of grey zone
        //case a) continue the transmission
        //case b) retreat the transmission
        //case c) destroy the transmission
        if (breakConditionFound )
```

```
                //case c)
                //here the DUT has send a break condition to destroy the first test frame =>
                check if break condition timing is ok
                if (breakConditionStart >maximumBreakConditionDelay [i ])
                    error6 Thebreakconditionwassettolate@bitduration:bitDuration μs
                endif
            else
                if (stopConditionStart = = 0)
                    //case b)
                    //DUT has retreated because stop condition occurred directly after relea-
                    sing the bus by the test system
                else
                    case a)
                    DUT has continued transmission because stop condition occurred later
                    than the rising edge which releases the bus => check if test frame was
                    sent correctly from the beginning which means that test frame started at
                    first falling edge otherwise the test frame is a repeated one
                    if (testFrameStart ! = 0)
                        // test frame is a repeated one
                        error Test frame is a repeated one and the first test frame
                        was not continued at bit duration: bitDurationμs
                    endif
                endif
            endif
        endif
    endif
  endfor
endfor
ResetDevice (false)
```

表 39 截断空闲相的发送碰撞检测参数

测试步骤 i	帧	初始化脉冲长度	最大脉冲长度	脉冲开始延时	比特 OK 持续时间	比特非 OK 持续时间	最大终止条件延时
0	0xFFFFFF	300	450	483	400	356	476+416
1	0x000000	670	850	916	800	723	943+416

12.3.18 扩展激活状态的传输碰撞检测

在这个测试程序中，某个 DUT 信号的某个空闲时间位被测试者开始传送的激活信号锁扩展。

对于 DUT 即将扩展的活跃期，来自测试系统的低脉冲会从 DUT 启动 50 μs 之后下降沿开始扩展。

如果通过延长活跃期：

- 小于 433(或全位的 866)，DUT 应当持续传送；

- 大于 476(或全位的 943),DUT 应当终止传送,并销毁帧;
- 在 433～476 间(或全位的 866～943),DUT 可能在上述任一情况进行响应。

在测试期间,测试系统记录了总线信号,并且检测 DUT 测试帧可能终止与销毁:

- 终止条件存在(激活期间大于 1.2 ms);
- 反映时间(截断空闲相位的下降沿接与终止条件下的下降沿接近 xy ms);
- 恢复时间(终止条件下的上升沿到第一个重发帧的下降沿);
- 重发帧(请求测试帧完成传送)或持续发送;
- DUT 测试帧完成持续传送。

此测试程序应当对所有逻辑单元并行运行。

测试程序:

```
ResetDevice (false)
pulseLengthStep = 1
for (i = 0;i < 2;i ++)
    SetupTestFrame (frame[i])
    for
    (pulseLength = initPulseLength[i];pulseLength <maxPulsLength[i];pulseLength += pulseLengthStep)
        SetPulseTrigger (second falling edge after first frame,pulseStartDelay[i],pulseLength)
        StartBusRecordingTrigger (after first frame,record)
        SEND TESTFRAME (2, 0)
        //wait here until two complete 24 bit frames are received: The first one is the "SEND
        TESTFRAME" of the test system and the second one is the test frame itself if no collision was
        detected or the repeated test frame after the first test frame was invalidated by a break condi-
        tion
        wait until two 24 bit frames are received
        StopBusRecording (record)
        testFrameFound = FindFrame(record,frame[i])
        testFrameStart = FindFrameStart(reference point is second falling edge,record,frame[i])
        stopConditionStart = FindStopConditionStart(reference point is second rising edge,record)
        bitDuration = TimeDifference(second falling edge, second rising edge,record)breakCondi-
        tionFound = FindBreakCondition(record)
        breakConditionStart = FindBreakConditionStart(reference point is second fallingedge, re-
        cord)
        if (testFrameFound == 0)
            error 1 Testframe not received
        else
            if (bitDuration <bitOkDuration[i])
                //here the test frame should be ok, the DUT can react in two ways:
                //a) continue with transmission
                //b) retreat the transmission
                //check if break condition which is not allowed in both cases
                if (breakConditionFound)
                    error 2 Break condition detected at bit duration:bitDurationμs
                endif
```

```
        if (stopConditionStart == 0)
            //case b)
            //DUT has retreated because stop condition occurred directly after releasing
            the bus by the test system
        else
            //case a)
            //DUT has continued transmission because stop condition occurred later than
            the rising edge which releases the bus => check if test frame was sent cor-
            rectly from the beginning which means that test frame started at first falling
            edge otherwise the test frame is a repeated one
            if (testFrameStart != 0)
                // test frame is a repeated one
                error 3 Test frame is a repeated one and the first test frame wasnot con-
                tinued at bit duration: bitDurationμs
            endif
        endif
    else if (bitDuration >bitNotOkDuration[i])
        //here the test frame should be a repeated one, so that before the DUT has:
        //a) retreated or
        //b) destroyed the first test frame
        if (! breakConditionFound)
            //case a)
            //here the DUT retreated so that the stop condition is expected directly after
            the pulse otherwise the reaction is not correct
            if (stopConditionStart != 0)
                error 4 DUT has not retreated the transmission nor send a break
                condition at bit duration: bitDurationμs
            endif
        else
              case b)
              here the DUT has send a break condition to destroy the first test frame =>
            check if break condition timing is ok
            if (breakConditionStart >maximumBreakConditionDelay[i])
                error 5 The break condition was set to late at bit duration:
                bitDuration μs
            endif
        endif
    else
        //only informative because of grey zone
        //case a) continue the transmission
        //case b) retreat the transmission
        //case c) destroy the transmission
        if (breakConditionFound)
```

```
                    //case c)
                    //here the DUT has send a break condition to destroy the first test frame =>
                    check if break condition timing is ok
                    if (breakConditionStart > maximumBreakConditionDelay [i])
                        error6 Thebreakconditionwassettolateatbitduration:bitDuration μs
                    endif
                else
                    if (stopConditionStart == 0)
                        //case b)
                        //DUT has retreated because stop condition occurred directly after re-
                        leasing the bus by the test system
                    else
                        //case a)
                        //DUT has continued transmission because stop condition occurred later
                        than the rising edge which releases the bus => check if test frame was
                        sent correctly from the beginning which means that test frame started at
                        first falling edge otherwise the test frame is a repeated one
                        if (testFrameStart ! = 0)
                            //test frame is a repeated one
                            Error 7 Test frame is a repeated one and the first test frame
                            was not continued @ bit duration: bitDurationμs
                        endif
                    endif
                endif
            endif
        endif
    endfor
endfor
ResetDevice (false)
```

表 40 扩展激活状态下的传输碰撞检测的测试参数

测试步骤 i	帧	初始化脉冲长度	最大脉冲长度	脉冲开始延时	比特 OK 持续时间	比特非 OK 持续时间	最大终止条件延时
0	0xFFFFFF	330	480	50	433	476	476+416
1	0x7FFFFF	760	950	50	866	943	943+416

12.4 设备配置指令

12.4.1 设备组重置

在此测试中被设成非重置值。在发送一个 RESET 命令后或将设备组设置成重置值后，设备组应当检查它们的重置值。当每次设备组改变后，DUT 的重置值和状态应被检查。

此测试程序应当对所有逻辑单元并行运行。

测试程序：

```
ResetDevice ()
answer = QUERY DEVICE STATUS
if (answer ! = X1XX XXXXb)
    error 1 Wrong answer at QUERY DEVICE STATUS after RESET command. Actual: answer . Expected: X1XX XXXXb.
endif
for (i = 0; i < 32; i ++)
    for (j = 0; j < 2; j ++)
        mask = (0x00000001 << i)
        AddDeviceGroups (mask )
        answer = QUERY RESET STATE
        if (answer ! = NO)
            error 2 Wrong answer at QUERY RESET STATE at test step (i,j) = (i ,j ). Actual: answer . Expected: NO.
        endif
        answer = QUERY STATUS
        if(answer ! = X0XX XXXXb)
            error 3 Wrong answer at QUERY STATUS at test step (i,j) = (i ,j ). Actual: answer .
            Expected: X0XX XXXXb
        endif
        if (j = = 0)
            ResetDevice ()
        else
            RemoveDeviceGroups (mask )
        endif
        answer = GetDeviceGroups()
        if (answer ! = 0x00000000)
            error 4 No RESET of deviceGroups at test step (i, j) = (i , j ). Actual: answer .
            Expected: 0x00000000.
        endif
        answer = QUERY RESET STATE
        if (answer ! = YES)
            error 5 Wrong answer at QUERY RESET STATE at test step (i,j) = (i ,j ). Actual: answer . Expected: YES.
        endif
        answer = QUERY DEVICE STATUS
        if (answer ! = X1XX XXXXb)
            error 6 Wrong answer at QUERY STATUS at test step (i,j) = (i ,j ). Actual: answer .
            Expected: X1XX XXXXb.
        endif
    endfor
endfor
```

12.4.2 重置静态模式

在此测试程序中,静态模式被设为非重置值。当发送一个重置命令或设置成静态模式到重置值后,应当检查静态模式的重置值。在静态模式的每次改变后,同样需要检查重置状态和 DUT 的状态。

此测试程序应当对所有逻辑单元并行运行。

测试程序:

```
ResetDevice ()
answer = QUERY DEVICE STATUS
if (answer ! = X1XX XXXXb)
    error 1 Wrong answer at QUERY DEVICE STATUS after RESET command. Actual:answer . Expected: X1XX XXXXb.
endif
for (j = 0;j < 2;j ++)
    START QUIESCENT MODE
    answer = QUERY RESET STATE
    if (answer ! = NO)
        error 2 Wrong answer at QUERY RESET STATE at test step (j) = (j ). Actual:answer . Expected: NO.
    endif
    answer = QUERY STATUS
    if (answer ! = X0XX XXXXb)
        error 3 Wrong answer at QUERY STATUS at test step (j) = (j ). Actual:answer .Expected: X0XX XXXXb.
    endif
    if (j == 0)
        ResetDevice ()
    else
        STOP QUIESCENT MODE
    endif
    answer = QUERY QUIESCENT MODE
    if (answer ! = NO)
        error 4 No RESET of quiescentMode at test step (j) = (j ). Actual:answer . Expected:NO.
    endif
    answer = QUERY RESET STATE
    if (answer ! = YES)
        error 5 Wrong answer at QUERY RESET STATE at test step (j) = (j ). Actual:answer . Expected: YES.
    endif
    answer = QUERY DEVICE STATUS
    if (answer ! = X1XX XXXXb)
        error 6 Wrong answer at QUERY STATUS at test step (j) = (j ). Actual:answer .Expected: X1XX XXXXb.
    endif
```

```
endfor
```

12.4.3 重置实例组

在此测试程序中,实例组被设为非重置值。当发送一个重置命令或将实例组设回重置值后,应当检查实例组的重置值。每次改变实例组后,同样需要检查重置状态和 DUT 状态。

此测试程序应当对所有逻辑单元并行运行。

测试程序:

```
ResetDevice ()
answer = QUERY DEVICE STATUS
if (answer ! = X1XX XXXXb)
    error 1 Wrong answer at QUERY DEVICE STATUS after RESET command. Actual:answer . Expected: X1XX XXXXb.
endif
numberOfInstances =GetNumberOfInstances()
if (numberOfInstances = = 0)
    report 1 No instances available
else
    for (i = 0;i <numberOfInstances ;i + +)
        for (c = 0;c < 3;c + +)
            for (j = 0;j < 2;j + +)
                for (k = 0;k < 32;k =k + 8)
                    DTR0 (k ) setCommand [c ]
                    answer = QUERY RESET STATE
                    if (answer ! = NO)
                        error 2 Wrong answer at QUERY RESET STATE at test step (i, j,k, c) = (i, j, k, c ). Actual: answer . Expected: NO.
                    endif
                    answer = QUERY STATUS
                    if (answer ! = X0XX XXXXb)
                        error 3 Wrong answer at QUERY STATUS at test step (i, j, k, c) =(i, j, k, c ). Actual: answer . Expected: X0XX XXXXb.
                    endif
                    if (j = = 0)
                        ResetDevice ()
                    else
                        DTR0 (MASK)
                        setCommand [c ]
                    endif
                    answer =queryCommand [c ]
                    if (answer ! = MASK)
                        error 4 No RESET of instanceGroups at test step (i, j, k, c) = (i, j,k, c ). Actual:answer . Expected: MASK.
                    endif
```

```
                answer = QUERY RESET STATE
                if (answer ! = YES)
                    error 5 Wrong answer at QUERY RESET STATE at test step (i, j,k, c) =
                    (i, j, k, c). Actual: answer . Expected: YES.
                endif
                answer = QUERY DEVICE STATUS
                if (answer ! = X1XX XXXXb)
                    error 6 Wrong answer at QUERY STATUS at test step (i, j, k, c) =(i, j,
                    k, c). Actual: answer . Expected: X1XX XXXXb.
              endif
            endfor
        endfor
    endfor
  endfor
endif
```

表 41　重置实例组测试参数

测试步骤 c	设 置 命 令	查询命令
0	SET PRIMARY INSTANCE GROUP	QUERY PRIMARY INSTANCE GROUP
1	SET INSTANCE GROUP 1	QUERY INSTANCE GROUP 1
2	SET INSTANCE GROUP 2	QUERY INSTANCE GROUP 2

12.4.4　重置事件过滤器

在此测试中实例事件过滤器被设成非重置值。当发送重置命令后或将实例事件过滤器设回重置值后，应当检查实例事件过滤器的重置值。在改变实例事件过滤器后，同样需要检查重置状态和 DUT 状态。

此测试程序应当对所有逻辑单元并行运行。

测试程序：

```
ResetDevice ()
answer = QUERY DEVICE STATUS
if (answer ! = X1XX XXXXb)
    error 1 Wrong answer at QUERY DEVICE STATUS after RESET command. Actual:answer . Expec-
    ted: X1XX XXXXb.
endif
numberOfInstances =GetNumberOfInstances()
if (numberOfInstances == 0)
    report 1 No instances available
else
    for (i = 0;i <numberOfInstances ;i ++)
        answer = QUERY INSTANCE TYPE, send to instanceInstanceNumber(i )
        if (answer == 0)
```

```
        for (j = 0;j < 2;j + +)
            for (k = 0;k < 24;k + +)
                setEventFilter (~(0x000001 << k))
                answer = QUERY RESET STATE
                if (answer ! = NO)
                    error 2 Wrong answer at QUERY RESET STATE at test step (i, j,k) =
                    (i, j, k). Actual: answer . Expected: NO.
                endif
                answer = QUERY STATUS
                if (answer ! = X0XX XXXXb)
                    error 3 Wrong answer at QUERY STATUS at test step (i, j, k) =(i, j,
                    k). Actual: answer . Expected: X0XX XXXXb.
                endif
                if (j == 0)
                    ResetDevice ()
                else
                    setEventFilter (0xFFFFFF)
                endif
                answer =getEventFilter()
                if (answer ! = 0xFFFFFF)
                    error 4 No RESET of eventFilter at test step (i, j, k) = (i, j, k).Actual:
                    answer . Expected: MASK.
                endif
                answer = QUERY RESET STATE
                if (answer ! = YES)
                    error 5 Wrong answer at QUERY RESET STATE at test step (i, j,k) =
                    (i, j, k). Actual: answer . Expected: YES.
                endif
                answer = QUERY DEVICE STATUS
                if (answer ! = X1XX XXXXb)
                    error 6 Wrong answer at QUERY STATUS at test step (i, j, k) =(i, j,
                    k). Actual: answer . Expected: X1XX XXXXb.
                endif
            endfor
        endfor
    endif
  endfor
endif
```

12.4.5 重置事件计划

在此测试中,实例事件计划被设置成非重置值。当发送一个重置命令后或将实例计划设为重置值后,应当检查实例事件计划的重置值。在每次实例事件计划改变后,同样需要检查重置状态和 DUT 状态。

此测试程序应当对所有逻辑单元并行运行。

测试程序：

```
ResetDevice ()
answer = QUERY DEVICE STATUS
if (answer ! = X1XX XXXXb)
    error 1 Wrong answer at QUERY DEVICE STATUS after RESET command. Actual:answer . Expected: X1XX XXXXb.
endif
numberOfInstances =GetNumberOfInstances()
if (numberOfInstances == 0)
    report 1 No instances available
else
    for (i = 0;i <numberOfInstances ;i ++)
        for (j = 0;j < 2;j ++)
            for (k = 1;k < 5;k ++)
                DTR0 (k )
                SET EVENT SCHEME
                answer = QUERY RESET STATE
                if (answer ! = NO)
                    error 2 Wrong answer at QUERY RESET STATE at test step (i, j, k) =(i, j, k ). Actual: answer . Expected: NO.
                endif
                answer = QUERY STATUS
                if (answer ! = X0XX XXXXb)
                    error 3 Wrong answer at QUERY STATUS at test step (i, j, k) = (i, j,k ). Actual:answer . Expected: X0XX XXXXb.
                endif
                if (j == 0)
                    ResetDevice ()
                else
                    DTR0 (0)
                    SET EVENT SCHEME
                endif
                answer = QUERY EVENT SCHEME
                if (answer ! = MASK)
                    error 4 No RESET of quiescentMode at test step (i, j, k) = (i, j, k ).Actual: answer . Expected: MASK.
                endif
                answer = QUERY RESET STATE
                if (answer ! = YES)
                    error 5 Wrong answer at QUERY RESET STATE at test step (i, j, k) =(i, j, k ). Actual: answer . Expected: YES.
                endif
```

```
            answer = QUERY DEVICE STATUS
            if (answer ! = X1XX XXXXb)
                error 6 Wrong answer at QUERY STATUS at test step (i, j, k) = (i, j,k ). Actual:answer . Expected: X1XX XXXXb.
            endif
        endfor
    endfor
endfor
endif
```

12.4.6 **重置:超时/间隔命令**

重置命令接收到2次的才应当执行。

此测试在以下条件下检查DUT行为:

- 1个重置命令被发送,而不是2个同样的命令;
- 在105 ms的稳定时间内,重置命令被发送2次,此时间已超过了所定义的稳定时间;
- 重置命令由1个中间帧发送,此帧包括一些位,但不是一个命令;
- 重置命令由1个中间命令发送,比命令是由广播发送;
- 重置命令由1个中间命令发送,比命令是发送到1个特定的组地址;
- 重置命令由1个中间命令发送,比命令是发送到1个特定的短地址;
- 重置命令由1个中间命令发送,比命令是再次发送。

在前6个情况下,重置命令不应执行。在最后一个情况下重置命令应执行。在给定的情况下,之间的命令应被接收。

此测试程序应当对所有逻辑单元并行运行。

测试程序:

```
ResetDevice ()
// Test send RESET once
START QUIESCENT MODE
RESET,send once
wait 400 ms //100 ms for "virtual" send-twice + 300 ms needed for RESET
answer = QUERY QUIESCENT MODE
if (answer ! = YES)
    error 1 RESET sent once executed. Actual:answer . Expected: YES.
endif
// Test send RESET with timeout
START QUIESCENT MODE
RESET,send once
wait 105 ms // settling time
RESET,send once
wait 300 ms
answer = QUERY QUIESCENT MODE
if (answer ! = YES)
    error 2 RESET with timeout executed. Actual:answer . Expected: YES.
endif
//Test send RESET with a frame in-between
```

```
START QUIESCENT MODE
//The following 3 steps must be sent within 75 ms,counted from the last rise bit of first "RESET,send once" command until first fall bit of second "RESET,send once" command
RESET,send once
idle 13 ms + 110010 + idle 13 ms // settling time: idle 13 ms followed by a frame,followed by13 ms
RESET,send once
wait 300 ms
answer = QUERY QUIESCENT MODE
if (answer ! = YES)
    error 3 RESET with few bits in-between executed. Actual:answer . Expected: YES.
endif
//Test send RESET with broadcast command in-between
START QUIESCENT MODE
DTR0 (0)
//The following 3 steps must be sent within 75 ms,counted from the last rise bit of first "RESET,send once" command until first fall bit of second "RESET,send once" command
RESET,send once
DTR0 (1)
RESET,send once
wait 300 ms
answer = QUERY QUIESCENT MODE
if (answer ! = YES)
    error 4 RESET with command in-between executed. Actual:answer . Expected: YES.
endif
answer = QUERY CONTENT DTR0
if (answer ! = 1)
    error 5 Command in-between RESET not executed. Actual:answer . Expected: 1.
endif
//Test send RESET with group command in-between
START QUIESCENT MODE
//The following 3 steps must be sent within 75 ms,counted from the last rise bit of first "RESET,send once" command until first fall bit of second "RESET,send once" command
RESET,send once
answerCmdInBetween = QUERY DEVICE CAPABILITIES, send to deviceGroupAddress(0), accept No Answer
RESET,send once
wait 300 ms
answer = QUERY QUIESCENT MODE
if(answer ! = YES)
    error 6 RESET with command in-between executed. Actual:answer . Expected: YES.
endif
if (answerCmdInBetween ! = NO)
    error 7 Command in-between RESET executed. Actual:answerCmdInBetween .Expected: NO.
endif
```

```
//Test send RESET with short command in-between
START QUIESCENT MODE
//The following 3 steps must be sent within 75 ms,counted from the last rise bit of first "RESET,send once" command until first fall bit of second "RESET,send once" command
RESET,broadcast,send once
answerCmdInBetween = QUERY DEVICE CAPABILITIES,send to deviceShortAddress(63)
RESET,broadcast,send once
wait 300 ms
answer = QUERY QUIESCENT MODE
if (answer ! = YES)
    error 8 RESET with command in-between executed. Actual:answer . Expected: YES.
endif
if (answerCmdInBetween ! = NO)
    error 9 Command in-between RESET executed. Actual:answerCmdInBetween .Expected: NO.
endif
//Test send RESET with broadcast command in-between,and again a new RESET command sent once
START QUIESCENT MODE
DTR0 (0)
//The following 4 steps must be sent within 75 ms,counted from the last rise bit of first "RESET,send once" command until first fall bit of third "RESET,send once" command
RESET,send once
DTR0 (1)
RESET,send once
RESET,send once
wait 300 ms
answer = QUERY QUIESCENT MODE
if (answer ! = NO)
    error 10 RESET command not executed. Actual:answer . Expected: NO.
endif
answer = QUERY CONTENT DTR0
if (answer ! = 1)
    error 11 Command in-between RESET not executed. Actual:answer . Expected: 1.
endif
```

12.4.7 两次发送超时

所有配置指令在接收到两次后应当被执行。

在这个测试序列中，所有 DUT 的用户可编程参数的改变，受以下条件限制：

- 一个命令被发送，而不是相同的 2 个，因此参数不应当被改变；
- 在 105 ms 的稳定时间内命令被发送 2 次，此时间已大于定义的稳定时间，因此参数不应当被改变；
- 在前面 2 个命令间的 105 ms 和下两个命令的 50 ms 稳定时间间隔内，命令被发送 3 次。因此第一个命令应当被忽略，下面 2 个命令应当被当作 2 次命令。因此参数因当被改变。

测试程序应当为每个选定的逻辑单元进行测试。测试程序：

```
oldAddress =GLOBAL_currentUnderTestLogicalUnit
for (i = 0;i < 13;i ++)
```

```
for (j = 0;j < 3;j ++)
    ResetDevice ()
    DTR0 (0)
    DTR1 (1)
    command1[i]
        if (j == 0)// Test send command once
            command2[i],send once
        else if (j == 1)// Test send command with timeout
            command2[i],send once
            wait 105 ms // settling time
            command2[i],send once
        else // Test send command with timeout followed by a new
            command
            command2[i],send once
            wait 105 ms // settling time
            command2[i],send once
            wait 50 ms // settling time
            command2[i],send once
        endif
        if (j < 2)
            answer = query [i]
            if (answer ! = value1[i])
                error 1 Wrong setting oferrorText [i] at test step (i,j) = (i ,j). Actual:an-
                swer .Expected: value [i].
            endif
        else
            if (i < 12)
                answer = query [i]
            else
                    answer = query [i],send to deviceShortAddress(63),acceptNo
            Answer
            endif
            if (answer ! = value2[i])
                error 2 Wrong setting oferrorText [i] at test step (i,j) = (i ,j). Actual:an-
                swer .Expected: value [i].
            endif
        endif
        if (i == 10 ORi == 11)
            TERMINATE
        endif
    endfor
endfor
SetShortAddress (63;oldAddress )
```

表 42 发送 2 次超时的测试参数

测试步骤 i	命令 1	命令 2	查询	值 1	值 2	错误码
0	—	ADD TO DEVICE GROUPS 0-15	QUERY DEVICE GROUPS 8-15	0x00	0x01	gearGroups0-15
1	ADD TO DEVICE GROUPS 0-15	REMOVE FROM DEVICE GROUPS 0-15	QUERY DEVICE GROUPS 8-15	0x01	0x00	gearGroups0-15
2	—	ADD TO DEVICE GROUPS 16-31	QUERY DEVICE GROUPS 24-31	0x00	0x01	gearGroups16-31
3	ADD TO DEVICE GROUPS 16-31	REMOVE FROM DEVICE GROUPS 16-31	QUERY DEVICE GROUPS 24-31	0x01	0x00	gearGroups16-31
4	DISABLE APPLICATION CONTROLLER	ENABLE APPLICATION CONTROLLER	QUERY APPLICATION CONTROLLER ENABLED	NO	YES	applicationActive
5	ENABLE APPLICATION CONTROLLER	DISABLE APPLICATION CONTROLLER	QUERY APPLICATION CONTROLLER ENABLED	YES	NO	applicationActive
6	START QUIESCENT MODE	STOP QUIESCENT MODE	QUERY QUIESCENT MODE	YES	NO	quiescentMode
7	STOP QUIESCENT MODE	START QUIESCENT MODE	QUERY APPLICATION CONTROLLER ENABLED	NO	YES	quiescentMode
8	DISABLE POWER CYCLE NOTIFICATION	ENABLE POWER CYCLE NOTIFICATION	QUERY POWER CYCLE NOTIFICATION	NO	YES	powerCycleNotification
9	ENABLE POWER CYCLE NOTIFICATION	DISABLE POWER CYCLE NOTIFICATION	QUERY POWER CYCLE NOTIFICATION	YES	NO	powerCycleNotification
10	—	INITIALISE(*oldAddress*)	QUERY SHORT ADDRESS	NO	*oldAddress*	initialisationState
11	INITIALISE(*oldAddress*)	RANDOMISE	**GetRandomAddress**	0xFF FF FF	! 0xFF FF FF	randomAddress
12	DTR0(63)	SET SHORT ADDRESS	QUERY DEVICE CAPABILITIES	NO	! NO	shortAddress

12.4.8 发送2次超时(实例)

任何配置指令在收到两次后应当被执行。

在这个测试程序中,所有DUT的用户可编程参数的改变,应受以下条件限制:

- 一个命令被发送,而不是相同的2个,因此参数不应当被改变;
- 在105 ms的稳定时间内命令被发送2次,此时间已大于定义的稳定时间,因此参数不应当被改变;
- 在前2个命令的105 ms和下2个命令的50 ms的稳定时间间隔内,命令被发送3次。因此第一个命令应当被忽略,下面2个命令应当被当作2次命令。因此参数因当被改变。

测试程序应当为每个选定的逻辑单元进行测试。

测试程序:

```
oldAddress = GLOBAL_currentUnderTestLogicalUnit
numberOfInstances = GetNumberOfInstances()
if (numberOfInstances == 0)
    report 1 No instances available
else
    for (k = 0;k < numberOfInstances ;k ++)
        for (i = 0;i < 8;i ++)
            for (j = 0;j < 3;j ++)
                ResetDevice ()
                DTR0 (4)
                command1[i] ,send to instanceInstanceNumber(k)
                if (j == 0)// Test send command once
                    command2[i],send once,send to instanceInstanceNumber(k)
                else if (j == 1)// Test send command with timeout
                    command2[i],send once,send to instanceInstanceNumber(k)
                    wait 105 ms // settling time
                    command2 [ i], send once, send to
                    instanceInstanceNumber(k)
                else // Test send command with timeout followed by a new command
                    command2[i],send once,send to instanceInstanceNumber(k)
                    wait 105 ms // settling time
                    command2[i],send once,send to instanceInstanceNumber(k)
                    wait 50 ms // settling time
                    command2[i],send once,send to instanceInstanceNumber(k)
                endif
                answer = query [i] ,send to instanceInstanceNumber(k)
                if (j < 2)
                    if (answer ! = value1[i])
                        error 1 Wrong setting oferrorText [i] at test step (i,j,k) = (i ,j,k).
                        Actual: answer . Expected: value [i].
                    endif
                else
```

```
                if (answer != value2[i])
                    error 2 Wrong setting of errorText[i] at test step (i,j,k) = (i,j,k).
                    Actual: answer. Expected: value[i].
                endif
            endif
        endfor
    endfor
endfor
endif
```

表 43　发送 2 次超时(实例)测试参数

测试步骤 i	命令 1	命令 2	查询	值 1	值 2	错误码
0	SET EVENT PRIORITY,DTR0(2)	SET EVENT PRIORITY	QUERY EVENT PRIORITY	4	2	eventPriority
1	DTR0(2),SET EVENT PRIORITY,DTR0(4)	SET EVENT PRIORITY	QUERY EVENT PRIORITY	2	4	eventPriority
2	DISABLE INSTANCE	ENABLE INSTANCE	QUERY INSTANCE ENABLED	NO	YES	instanceActive
3	ENABLE INSTANCE	DISABLE INSTANCE	QUERY INSTANCE ENABLED	YES	NO	instanceActive
4	—	SET PRIMARY INSTANCE GROUP	QUERY PRIMARY INSTANCE GROUP	MASK	4	instanceGroup0
5	—	SET INSTANCE GROUP 1	QUERY INSTANCE GROUP 1	MASK	4	instanceGroup1
6	—	SET INSTANCE GROUP 2	QUERY INSTANCE GROUP 2	MASK	4	instanceGroup2
7	—	SET EVENT SCHEME	QUERY EVENT SCHEME	0	4	eventScheme

12.4.9 命令之间(设备)

任何配置指令在收到两次后应当被执行。

在这个测试程序中,所有 DUT 的用户可编程设备参数的改变,应遵循以下设备配置指令条件:

- 设备配置指令在 2 帧之间被发送,此帧包含一些位,但不是 1 个命令;
- 设备配置指令在 2 个命令之间被发送,此命令是广播发送的;
- 设备配置指令在 2 个命令之间被发送,此命令被发送到某一特定的组地址;
- 设备配置指令在 2 个命令之间被发送,此命令被发送到某一特定的短地址;
- 设备配置指令在 2 个命令之间被发送,此命令是被再次发送的。

在前 4 种情况下,设备配置命令不应当被执行。在最后一种情况下,设备配置指令应当被接受。在给定的情况下,间隔命令应被接受。

测试程序应当为每个选定的逻辑单元进行测试。

测试程序:

```
oldAddress = GLOBAL_currentUnderTestLogicalUnit
for (i = 0;i < 12;i ++)
    if (i == 4 ANDGLOBAL _logicalUnit [oldAddress ].applicationController == false))
        i =i + 2// Skip the next two test steps if no application controller is present
    endif
    // Test the rejection of the configuration instruction
    for (j = 0;j < 5;j ++)
        ResetDevice ()
        DTR0 (0)
        DTR1 (1)
        command1[i ]
        // The following steps must be sent within 75 ms,counted from the last rise bit of first "command2[i],send once" command until first fall bit of the last "command2[i],send once" command
        command2[i ],send once
        if (j == 0)
            idle 13 ms + 110010 + idle 13 ms // Idle 13 ms followed by a frame,followed by13 ms-Test send command with a frame in-between
        else if (j == 1)
            answerCmdInBetween =QUERYDEVICECAPABILITIES,sendtodevice
            Broadcast (), accept No Answer
        else if (j == 2)
            answerCmdInBetween =QUERYDEVICECAPABILITIES,sendtodevice
            GroupAddress (0), accept No
        Answer else if (j == 3)
            answerCmdInBetween =QUERYDEVICECAPABILITIES,sendtodevice
            ShortAddress (oldAddress ), accept No Answer
        else
            answerCmdInBetween =QUERYDEVICECAPABILITIESsendtodevice
            ShortAddress (63), accept No
        Answer endif
```

```
        command2[i],send once
        answer = query[i]
        if (answer != value1[i])
            error 1 Wrong setting oferrorText[i] at step (i,j) = (i,j). Actual:answer .Expected:
            value1[i].
        endif
        if (j == 1 ORj == 3)
            if (answerCmdInBetween == NO)
                error 2 Command in-between not executed at step (i,j) = (i,j).
                Actual:answerCmdInBetween . Expected: not NO.
            endif
        else
            if (answerCmdInBetween != NO)
                error 3 Command in -between executed at step (i,j) = (i,j).
                Actual:answerCmdInBetween . Expected: NO.
            endif
        endif
    endfor
    // Test the acceptance of the configuration instruction
    ResetDevice ()
    DTR0 (0)
    DTR1 (1)
    DTR2 (0)
    command1[i]
    // The following four steps must be sent within 75 ms,counted from the last rise bit of first "com-
    mand2[i],send once" command until first fall bit of the last "command2[i],send once" command
    command2[i],send
    onceDTR2 (1)
    command2 [i], send once
    command2[i],send once
    wait 100 ms
    answer = query[i]
    if (answer != value2[i])
        error 4 Wrong setting oferrorText[i] at step i = i . Actual:answer . Expected:value2[i].
    endif
    answer = QUERY CONTENT DTR2
    if (answer != 1)
        error 5 Wrong value of DTR2 at step i = i . Actual:answer . Expected: 1.
    endif
    if (i == 10 ORi ==
            11)TERMINATE
    endif
endfor
```

表 44 (设备)测试序列的参数

测试步骤 i	命令 1	命令 2	查询	值 1	值 2	错误码
0		ADD TO DEVICE GROUPS 0-15	QUERY DEVICE GROUPS 8-15	0x00	0x01	gearGroups0-15
1	ADD TO DEVICE GROUPS 0-15	REMOVE FROM DEVICE GROUPS 0-15	QUERY DEVICE GROUPS 8-15	0x01	0x00	gearGroups0-15
2		ADD TO DEVICE GROUPS 16-31	QUERY DEVICE GROUPS 24-31	0x00	0x01	gearGroups16-31
3	ADD TO DEVICE GROUPS 16-31	REMOVE FROM DEVICE GROUPS 16-31	QUERY DEVICE GROUPS 24-31	0x01	0x00	gearGroups16-31
4	DISABLE APPLICATION CONTROLLER	ENABLE APPLICATION CONTROLLER	QUERY APPLICATION CONTROLLER ENABLED	NO	YES	applicationActive
5	ENABLE APPLICATION CONTROLLER	DISABLE APPLICATION CONTROLLER	QUERY APPLICATION CONTROLLER ENABLED	YES	NO	applicationActive
6	START QUIESCENT MODE	STOP QUIESCENT MODE	QUERY QUIESCENT MODE	YES	NO	quiescentMode
7	STOP QUIESCENT MODE	START QUIESCENT MODE	QUERY APPLICATION CONTROLLER ENABLED	NO	YES	quiescentMode
8	DISABLE POWER CYCLE NOTIFICATION	ENABLE POWER CYCLE NOTIFICATION	QUERY POWER CYCLE NOTIFICATION	NO	YES	powerCycle Notification
9	ENABLE POWER CYCLE NOTIFICATION	DISABLE POWER CYCLE NOTIFICATION	QUERY POWER CYCLE NOTIFICATION	YES	NO	minLevel
10	—	INITIALISE(*oldAddress*)	QUERY SHORT ADDRESS	NO	*oldAddress*	initialisationState
11	INITIALISE(*oldAddress*)	RANDOMISE	GetRandomAddress ()	0xFF FF FF	! 0xFF FF FF	randomAddress

12.4.10 命令之间(实例)

所有实例配置指令如果收到 2 次,则应当被执行。

在这个测试程序中,所有 DUT 的用户可编程实例参数的改变,应遵循以下实例配置指令条件:

- 实例配置指令在 1 个帧之间被发送,此帧包含一些位,但不是一个命令;
- 实例配置指令在 1 个命令间被发送,此命令用于广播发送;
- 实例配置指令在 1 个命令间被发送,此命令是发送到某个特定的组地址;
- 实例配置指令在 1 个命令间被发送,此命令是发送到某个特定的短地址;
- 实例配置指令在 1 个命令间被发送,此配置指令是再次发送。

在前面 4 种情况下,实例配置命令不应当被执行。在最后一种情况下此配置指令应当被接受。在给定的情况下,间隔命令应被接受。

测试程序会对每个选定的逻辑单元而进行测试。

测试程序:

```
oldAddress = GLOBAL_currentUnderTestLogicalUnit
numberOfInstances = GetNumberOfInstances()
if (numberOfInstances == 0)
    report 1 No instances available
else
    for (k =
        0;k <numberOfInstances ;k ++)
        for (i = 0;i < 8;i ++)
            // Test the rejection of the configuration instruction
            for (j = 0;j < 5;j ++)
                ResetDevice ()
                DTR0 (4)
                command1[i],send to instanceInstanceNumber(k)
                // The following steps must be sent within 75 ms,counted from the last rise bit of
                first "command2[i],send once" command until first fall bit of the last "command2
                [i],send once" command
                command2[i],send once,send to instanceInstanceNumber(k)
                if (j == 0)
                    idle 13 ms + 110010 + idle 13 ms // Idle 13 ms followed by a frame,followed
                    by 13 ms - Test send command with a frame in-between
                else if (j == 1)
                    answerCmdInBetween = QUERY DEVICE CAPABILITIES, send todevice
                    Broadcast (),accept No Answer
                else if (j == 2)
                    answerCmdInBetween = QUERY DEVICE CAPABILITIES,send todevice Grou-
                    pAddress (0),accept No Answer
                else if (j == 3)
                    answerCmdInBetween = QUERY DEVICE CAPABILITIES,send todevice Shor-
                    tAddress (oldAddress ),accept No Answer
                else
                    answerCmdInBetween = QUERY DEVICE CAPABILITIES send todevice Shor-
```

```
            tAddress (63),accept No Answer
        endif
        command2[i],send once,send to instanceInstanceNumber(k)
        answer = query[i],send to instanceInstanceNumber(k)
        if (answer != value1[i])
            error 1 Wrong setting oferrorText[i] at step (i,j,k) = (i,j,k). Actual:answer. Expected:value1[i].
        endif
        if (j == 1 OR j == 3)
            if (answerCmdInBetween == NO)
                error 2 Command in-between not executed.
                Actual:answerCmdInBetween. Expected: not NO.
            endif
        else
            if (answerCmdInBetween != NO)
                error 3 Command in-between executed. Actual: answerCmdInBetween.
                Expected: NO.
            endif
        endif
    endfor
    //Test the acceptance of the configuration instruction
    ResetDevice()
    DTR2 (0)
    command1[i],send to instanceInstanceNumber(k)
    //The following four steps must be sent within 75 ms,counted from the last rise bit of first "command2[i],send once" command until first fall bit of the last "command2[i],send once" command
    command2[i],send once,send to instanceInstanceNumber(k)DTR2
    (1)
    command2[i],send once,send to instanceInstanceNumber(k)
    command2[i],send once,send to instanceInstanceNumber(k)wait 100 ms
    answer = query[i],send to instanceInstanceNumber(k)
    if (answer != value2[i])
        error 4 Wrong setting oferrorText[i] at step (i,k) = i,k. Actual:answer.Expected: value2[i].
    endif
    answer = QUERY CONTENT DTR2
    if (answer != 1)
        error 5 Wrong value of DTR2 at step (i,k) = i,k. Actual:answer. Expected:1.
    endif
  endfor
 endfor
endif
```

表 45 测试序列的参数

测试步骤 i	命令 1	命令 2	查询	值 1	值 2	错误码
0	SET EVENT PRIORITY, DTR0(2)	SET EVENT PRIORITY	QUERY EVENT PRIORITY	4	2	eventPriority
1	DTR0(2), SET EVENT PRIORITY, DTR0(4)	SET EVENT PRIORITY	QUERY EVENT PRIORITY	2	4	eventPriority
2	DISABLE INSTANCE	ENABLE INSTANCE	QUERY INSTANCE ENABLED	NO	YES	instanceActive
3	ENABLE INSTANCE	DISABLE INSTANCE	QUERY INSTANCE ENABLED	YES	NO	instanceActive
4	—	SET PRIMARY INSTANCE GROUP	QUERY PRIMARY INSTANCE GROUP	MASK	4	instanceGroup0
5	—	SET INSTANCE GROUP 1	QUERY INSTANCE GROUP 1	MASK	4	instanceGroup1
6	—	SET INSTANCE GROUP 2	QUERY INSTANCE GROUP 2	MASK	4	instanceGroup2
7	—	SET EVENT SCHEME	QUERY EVENT SCHEME	0	4	eventScheme

12.4.11 保存固定变量

推荐确认制造商保存持久变量命令行为的正确性。

12.4.12 设置操作模式

此测试检查:如果保留模式(0x01～0x7f)在设置 DUT 的某个模式中被保留,并且是否有任何的厂商特殊模式(0x80～0xFF),倘若如此,DUT 应根据设计规格而保持响应。

测试程序应当为每个选定的逻辑单元进行测试。

测试程序:

```
initialOperatingMode = QUERY OPERATING MODE
for (i = 1;i < 0x80;i ++)
    DTR0 (0)
    SET OPERATING MODE
    DTR0 (i)
    SET OPERATING MODE
    answer = QUERY OPERATING MODE
    if (answer != 0)
        error 1 SET OPERATING MODE executed with DTR0 set to the reserved operatingmode i . Actual: answer . Expected: 0.
    endif
    answer = QUERY MANUFACTURER SPECIFIC MODE
    if (answer != NO)
        error 2 QUERY MANUFACTURER SPECIFIC MODE answered when operatingmode set to mode 0,and DTR0 set to i . Actual: answer . Expected: NO.
    endif
endfor
    for (i = 0x80;i <= 0xFF;i ++)DTR0
    (0)
    SET OPERATING MODE
    DTR0 (i)
    SET OPERATING MODE
    answer = QUERY OPERATING MODE
    if (answer == 0)
        answer = QUERY MANUFACTURER SPECIFIC MODE
        if (answer != NO)
            error 3 QUERY MANUFACTURER SPECIFIC MODE answered when operatingmode set to mode 0,and DTR0 set to i . Actual: answer . Expected: NO.
        endif
    else if (answer == i)
        report 1 Manufacturer specific modeiimplemented in DUT.answer
        = QUERY MANUFACTURER SPECIFIC MODE
        if (answer != YES)
            error 4 QUERY MANUFACTURER SPECIFIC MODE did not answer when DUTis in the
```

```
            manufacturer specific mode i . Actual: answer . Expected: YES.
        endif
    else //different value than 0 and i received
        error 5 Operating mode set to a completely different operating mode than allowed.Actual: answer . Expected: 0 or i .
    endif
endfor
DTR0 (initialOperatingMode )
SET OPERATING MODE
```

12.4.13 **设备禁用/使能**

此测试首先检查是否有一个应用程序控制器存在(查询设备性能中的位 0)。

如果一个应用程序控制器存在,它将被禁用(发送两次禁用应用程序控制器命令)。同时它的结果状态将被检查(查询设备状态的位 3 以及查询应用控制使能)。

然后应用程序控制器将被设置成使能状态(发送两次启用应用程序控制器命令),它的状态将在电源启动后被检查(包括总线及电源)。

下一步,同样是在电源启动后(包括总线和电源),应用程序控制器将被关闭并且它的状态将被检查。

测试程序应当对每个选定的逻辑单元进行测试。

测试程序:

```
ResetDevice (true)
appControllerExist =HasApplicationController()
if (! appControllerExist)
    report 1 No application controller is present
    // enable application controller and check state
    ENABLE APPLICATION CONTROLLER
    enabled = QUERY APPLICATION CONTROLLER ENABLED
    if (enabled )
        error 1 Application controller is enabled but device features implies no one ispresent
    endif
    status = QUERY DEVICE STATUS
    if (status == XXXX 1XXXb)
        error 2 Application controller is enabled in device status but device features impliesno one is present
    endif
    // perform power cycle and check state
    PowerCycleAndWaitForDecoder(5)
    enabled = QUERY APPLICATION CONTROLLER ENABLED
    if (enabled )
        error 3 Application controller is enabled but device features implies no one ispresent
    endif
    status = QUERY DEVICE STATUS
    if (status == XXXX 1XXXb)
```

```
        error 4 Application controller is enabled in device status but device features impliesno one
        is present
    endif
else
    // disable application controller and check state
    DISABLE APPLICATION CONTROLLER
    enabled = QUERY APPLICATION CONTROLLER ENABLED
    if (enabled)
        error 5 Application controller is enabled
    endif
    status = QUERY DEVICE STATUS
    if (status == XXXX 1XXXb)
        error 6 Application controller is enabled in device status
    endif
    //perform power cycle and check state
    PowerCycleAndWaitForDecoder(5)
    enabled = QUERY APPLICATION CONTROLLER ENABLED
    if (enabled)
        error 7 Application controller is enabled after power up
    endif
    status = QUERY DEVICE STATUS
    if (status == XXXX 1XXXb)
        error 8 Application controller is enabled in device status after power up
    endif
    //enable application controller and check state
    ENABLE APPLICATION CONTROLLER
    enabled = QUERY APPLICATION CONTROLLER ENABLED
    if (! enabled)
        error 9 Application controller is not enabled
    endif
    status = QUERY DEVICE STATUS
    if (status == XXXX 0XXXb)
        error 10 Application controller is not enabled in device status
    endif
    // perform power cycle and check state
    PowerCycleAndWaitForDecoder(5)
    enabled = QUERY APPLICATION CONTROLLER ENABLED
    if (! enabled)
        error 11 Application controller is not enabled after power up
    endif
    status = QUERY DEVICE STATUS
    if (status == XXXX 0XXXb)
        error 12 Application controller is not enabled in device status after power up
```

```
    endif
endif
ResetDevice (false)
```

12.4.14 多主控制设备 PING

在解决安装问题时，对于单主控制器是发送一个循环 PING 消息。如果电源启动 10 min +10%内有 PING 发送，此测试检查是否连接了多主控制设备。

此测试程序应当对所有逻辑单元并行运行。

测试程序：

```
PowerCycleAndWaitForDecoder (5)
// Wait for no PING occurs within 10 min + 10%
StartBusRecording  ( record )
start_timer (timer )
do
    pingFound  = FindFrame(record ,PING)
    timestamp  =get_timer(timer )// time in seconds
while (pingFound = =  0 ANDtimestamp < 660)
if (pingFound > 0)
    error 1 PING command sent by a multi master control device.
endif
StopBusRecording (record )
```

12.4.15 静态模式

为了检查静态模式，此测试首先检查应用程序控制器和输入设备的实例。如果发现，应用程序控制器(发送 2 次使能应用程序控制器)和(或)实例(发送 2 次使能实例)将被设置成使能状态。

电源启动后静态模式的检查被禁止。通过“查询静态模式”和“查询设备状态 bit1”来设置和查询静态模式。如果满足 15m in±10%内的超时再次触发，5 min 后静态模式将被再次触发(发送 2 次“启动静态模式”)后再检查。此时总线已被检查没有前向帧，测试系统的查询命令除外。

之后静止模式将立即设置和检查一次。在这之后静止模式将被终止(发送两次“停止-静止-模式”)和检查。

此测试程序应当对所有逻辑单元并行运行。

测试程序：

```
//reset device and enable it
ResetDevice(true)
//Perform power cycle
PerformPowerCycle()
//start quiescent mode and bus recording
START QUIESCENT MODE
StartBusRecording(record )
//check if quiescent mode is enabled
quiescentModeEnabled  = QUERY QUIESCENT MODE
if (quiescentModeEnabled !  = YES)
    error 1 Quiescent mode not enabled.
```

```
endif
status = QUERY DEVICE STATUS
if (status != XXXX XX1Xb)
    error 2 Quiescent mode not enabled in device status
endif
//wait 5 min and retrigger quiescent mode
wait 5min
START QUIESCENT MODE
// wait 15 min -10%, query quiescent mode and stop bus recording
wait 13.5 min
quiescentModeEnabled = QUERY QUIESCENT MODE
if (quiescentModeEnabled != YES)
    error 3 Quiescent mode not enabled.
endif
status = QUERY DEVICE STATUS
if (status != XXXX XX1Xb)
    error 4 Quiescent mode not enabled in device status.
endif
StopBusRecording(record)
// wait until 15 min + 10%
wait 3min
quiescentModeEnabled = QUERY QUIESCENT MODE
if (quiescentModeEnabled != NO)
    error 5 Quiescent mode still enabled.
endif
status = QUERY DEVICE STATUS
if (status != XXXX XX0Xb)
    error 6 Quiescent mode still enabled in device status.
endif
queryMode =FindFrame(record,QUERY QUESCIENT MODE)
queryStatus =FindFrame(record,QUERY DEVICE STATUS)
startMode =FindFrame(record,START QUIESCENT MODE)
others =FindFrame(record,any other forward frame)
if (!((queryMode == 2) AND (queryStatus == 2) AND (startMode == 1) AND (others == 0)))
    error 7 Unexpected commands received while quiescent mode was enabled.
endif
// reset device and disable it
ResetDevice(false)
```

12.4.16 设备电源重启通知

此测试首先使能电源重启通知,接着产生一个电源重启动作。之后总线检查电源重启通知的事件消息是否由 DUT 在电源重启完成后的最小 1.3 s,最多 5 s 内发送。

第二步电源重启通知将被禁止,以及电源重启发生。DUT 启动检查总线 5 s 以上,不包括任何电源重启通知事件消息。

测试程序应当为每个选定的逻辑单元测试。

测试程序：

```
ResetDevice(false)
//enable power cycle notification and check state
ENABLE POWER CYCLE NOTIFICATION
enabled = QUERY POWER CYCLE NOTIFICATION
if (enabled == NO)
    error 1 Power cycle notification was not enabled. Actual: NO. Expected: YES.
endif
//Check for POWER NOTIFICATION sent between 1,3 s and 5 s after power cycle
PowerCycleAndWaitForDecoder (5)
StartBusRecording (record )
start_timer (timer )
do
    powerNotificationFound =FindFrame(record ,POWER NOTIFICATION)
    timestamp =get_timer(timer )// time in ms
while (powerNotificationFound == 0 ANDtimestamp < 10000)
if (powerNotificationFound > 0)
    if (timestamp < 1 300)
        error 2 POWER NOTIFICATION sent earlier than 1.3s after power cycle. Actual:timestamp ms.
        Expected: >= 1 300 ms.
    else if (timestamp > 5 000)
        error 3 POWER NOTIFICATION sent later than 5s after power cycle. Actual:timestamp ms.
        Expected: <= 5 000 ms.
    else
        report 1 NOTIFICATION was sent aftertimestampms.
    endif
else
    error 4 POWER NOTIFICATION was not sent within 10 s after power cycle.
endif
// check state after power cycle
enabled = QUERY POWER CYCLE NOTIFICATION
if (enabled == NO)
    error 5 Power cycle notification is not enabled after power cycle.
endif
// disable power cycle notification and check state
DISABLE POWER CYCLE NOTIFICATION
enabled = QUERY POWER CYCLE NOTIFICATION
if (enabled != NO)
    error 6 Power cycle notification is enabled.
endif
//Check for no POWER NOTIFICATION within 10 s after power cycle.
```

```
PowerCycleAndWaitForDecoder (5)
StartBusRecording (record)
start_timer (timer)
do
    powerNotificationFound = FindFrame(record, POWER NOTIFICATION)
    timestamp = get_timer(timer)// time in ms
while (powerNotificationFound == 0 AND timestamp < 10 000)
if (powerNotificationFound > 0)
    error 7 POWER NOTIFICATION was sent timestamp ms after power cycle with powercycle notification disabled.
endif
//check state after power cycle
enabled = QUERY POWER CYCLE NOTIFICATION
if (enabled != NO)
    error 8 Power cycle notification is enabled after power up.
endif
StopBusRecording (record)
ResetDevice(false)
```

12.4.17 设置短地址

此测试检查存储中的短地址是否被使用了上一步的短地址编程进行正确编程,同时还检查“查询短地址”和“查询状态中的短地址”。

测试程序应当为每个选定的逻辑单元测试。

测试程序:

```
oldAddress = GLOBAL_currentUnderTestLogicalUnit
lastAssignedAddress = oldAddress
if (GLOBAL_numberShortAddresses < 62)
    numberNotAssignedAddresses = 62 - GLOBAL_numberShortAddresses + 1
    intermediateAddress = GLOBAL_numberShortAddresses + (oldAddress %
    numberNotAssignedAddresses)
    iEnd = 7
else
    iEnd = 6
endif
for (i = 0;i < iEnd ;i ++)
    DTR0 (value[i])
    SET SHORT ADDRESS,send to device address1[i]
    answer = QUERY MISSING SHORT ADDRESS,send to device address2[i]
    if (answer != test1[i])
        error 1 Wrong answer at QUERY MISSING SHORT ADDRESS at test step i = i. Actual:
        answer. Expected: test1[i].
    endif
    answer = QUERY STATUS,send to address2[i]
```

```
        if (answer ! =test2[i])
            error 2 Wrong answer at QUERY STATUS at test step i =i . Actual:answer .Expected: test2
            [i].
        endif
    lastAssignedAddress =address2[i]
    endfor
    SetShortAddress (lastAssignedAddress ;oldAddress )
```

表 46 设置短地址测试参数

测试步骤 i	值	描述	地址 1	地址 2	测试 1	测试 2
0	63	短地址 63	ShortAddress (*oldAddress*)	ShortAddress (63)	NO	XXXXX0XXb
1	MASK	删除短地址	ShortAddress (63)	Broadcast Unaddressed	YES	XXXXX1XXb
2	*oldAddress*	*oldAddress*	Broadcast Unaddressed	ShortAddress (*oldAddress*)	NO	XXXXX0XXb
3	64	不变	ShortAddress (*oldAddress*)	ShortAddress (*oldAddress*)	NO	XXXXX0XXb
4	128	不变	ShortAddress (*oldAddress*)	ShortAddress (*oldAddress*)	NO	XXXXX0XXb
5	254	不变	ShortAddress (*oldAddress*)	ShortAddress (*oldAddress*)	NO	XXXXX0XXb
6	*Intermediate Address*	一个短地址	ShortAddress (*oldAddress*)	ShortAddress (*intermediateAddress*)	NO	XXXXX0XXb

12.4.18 重置/接通电源的值

此测试检查 103 变量的重置和上电值。3xx 变量的重置和上电值也应在 IEC 62386-3xx 的标准中测试。

测试程序应当为每个选定的逻辑单元测试。

测试程序:

```
operatingMode = QUERY OPERATING MODE capabilities
=QUERY DEVICE CAPABILITIES numberInstances =
QUERY NUMBER OF INSTANCES shortAddress =
GLOBAL_currentUnderTestLogicalUnit
//Change value of 103 variables
INITIALISE (shortAddress )
RANDOMISE
wait 100
msTERMINATE
randomAddress =GetRandomAddress()
for (i = 6;i < 12;i ++)
    command [i]
```

```
endfor
//Perform a RESET
RESETDEVICE ()
//Check ROM variables after reset
for (i = 01;i < 97;i ++)
    if (GLOBAL_logicalUnit [shortAddress ].extendedVersions [i ] ! = -1)
    version = QUERY EXTENDED VERSION NUMBER
        if (version ! =GLOBAL_logicalUnit [shortAddress ].extendedVersions [i ])
            error 1 LogicalUnitshortAddress : Wrong extendedVersionNumber for part 3iafter RESET.
            Actual: version . Expected: GLOBAL_logicalUnit [shortAddress ]. extendedVersions [i ].
        endif
    endif
endfor
// Check reset value of 103 variables
for (i = 0;i < 12;i ++)
    answer = query [i ]
    if (answer ! =reset [i ])
        error 2 Wrong reset value forvariable [i ]. Answer:answer . Expected:reset [i ].
    endif
endfor
// Change value of 103 variables
INITIALISE (shortAddress )
RANDOMISE
wait 100 ms TERMINATE
randomAddress =GetRandomAddress()
for (i = 6;i < 12;i ++)
    command [i ]
endfor
// Perform a power cycle
SAVE PERSISTENT
VARIABLES wait 1 s
PowerCycleAndWaitForDecoder (60)
// Check ROM variables after power
cycle
for (i = 01;i < 97;i ++)
    if (GLOBAL_logicalUnit [shortAddress ].extendedVersions [i ] ! =
    -1)
        version = QUERY EXTENDED VERSION NUMBER
        if (version ! =GLOBAL_logicalUnit [shortAddress ].extendedVersions [i ])
            error 1 LogicalUnitshortAddress : Wrong extendedVersionNumber for part
            3 iafter RESET. Actual: version . Expected: GLOBAL_logicalUnit [shortAddress ].
            extendedVersions [i ].
        endif
```

```
    endif
endfor
// Check power on value of 103
variables
for (i = 0;i < 12;i + +)
    answer = query [i]
    if (answer ! = powerOn [i])
        error 4 Wrong power on value forvariable [i]. Answer: answer . Expected: powerOn
        [i].
    endif
endfor
```

表 47 重置/上电值(设备)测试的参数

测试步骤 i	命令	查询	变量	重置	上电
0	—	QUERY OPERATING MODE	operatingMode	*operatingMode*	*operating Mode*
1	—	QUERY DEVICE CAPABILITIES	Application ControllerPresent, numberOfInstances	*capabilities*	*capabilities*
2	—	GetRandomAddress()	randomAddress	0xFF FF FF	*random Address*
3	—	GetVersionNumber()	versionNumber	2.0	2.0
4	—	QUERY NUMBER OF INSTANCES	numberOfInstances	*number Instances*	*number Instances*
5	—	QUERY POWER CYCLE SEEN	powerCycleSeen	NO	YES
6	AddDeviceGroups (0xFFFF FFFF)	GetDeviceGroups()	deviceGroups	0x0000 0000	0xFFFF FFFF
7	DTR0 (0xAA)	QUERY CONTENT DTR0	DTR0	0xAA	0x00
8	DTR1 (0xAB)	QUERY CONTENT DTR1	DTR1	0xAB	0x00
9	DTR2 (0xAC)	QUERY CONTENT DTR2	DTR2	0xAC	0x00
10	START QUIESCENT MODE	QUERY QUIESCENT MODE	quiescentMode	NO	NO
11	ENABLE POWER CYCLE NOTIFICATION	QUERY POWER CYCLE NOTIFICATION	powerCycle Notification	YES	YES

12.4.19 重置/上电值(实例)

此测试检查 103 实例变量的重置和上电值。3xx 变量的重置和上电值也应在 IEC 62386—3xx 标准中测试。

测试程序应当为每个选定的逻辑单元测试。

测试程序：

```
numberInstances = QUERY NUMBER OF
INSTANCESshortAddress =GLOBAL_
currentUnderTestLogicalUnit
if (numberOfInstances == 0)
    report 1 No instances available
else
    for (k = 0;k <numberOfInstances ;k ++)
        loopEnd = 6
        if (GLOBAL_logicalUnit[shortAddress].instanceTypes[k] ==
        0)
            loopEnd ++
        endif
        //Change value of 103 instance variables
        DTR0 (4)
        for (i = 0;i <loopEnd ;i ++)
            command[i],sent to
        instanceInstanceNumber(k)
        endfor
        //Perform a RESET
        RESETDEVICE ()
        //Check reset value of 103 instance
        variables
        for (i = 0;i <loopEnd ;i ++)
            answer =query[i],sent to instanceInstanceNumber(k)
            if (answer ! =reset[i])
                error 1 Wrong reset value forvariable[i] at instance[k].
                Answer:answer .Expected: reset[i].
            endif
        endfor
        //Change value of 103 instance variables
        DTR0 (4)
        for (i = 0;i <loopEnd ;i ++)
            command[i],sent to
            instanceInstanceNumber(k)
        endfor
        // Perform a power cycle
        SAVE PERSISTENT
        VARIABLES
        wait 1 s
        PowerCycleAndWaitForDecoder (60)
        // Check power on value of 103 instance
```

```
        variables
        for (i = 0; i < loopEnd ; i ++)
            answer = query [i],sent to instanceInstanceNumber(k)
            if (answer ! = powerOn [i])
                error 2 Wrong power on value forvariable [i] at instance [k]. Answer: answer . Expected: powerOn [i].
            endif
        endfor
    endfor
endif
```

表 48 重置/上电值(实例)测试的参数

测试步骤 i	命令	查询	变量	重置	上电
0	SET PRIMARY INSTANCE GROUP	QUERY PRIMARY INSTANCE GROUP	instanceGroup0	MASK	4
1	SET INSTANCE GROUP 1	QUERY INSTANCE GROUP 1	instanceGroup1	MASK	4
2	SET INSTANCE GROUP 2	QUERY INSTANCE GROUP 2	instanceGroup2	MASK	4
3	DISABLE INSTANCE	QUERY INSTANCE ENABLED	instanceActive	NO	NO
4	SET EVENT SCHEME	QUERY EVENT SCHEME	eventScheme	0	4
5	SET EVENT PRIORITY	QUERY EVENT PRIORITY	eventPriority	4	4
6	SetEventFilter (0x010203)	GetEventFilter()	eventFilter	0xFF FFFF	0x010203

12.4.20 DTR0/DTR1/DTR2

此测试通过读和写 DTR 寄存器来检查功能的正确性。在进行下次测试前必须确保它们正确。

测试程序应当对所有逻辑单元并行运行。

测试程序：

```
for (i = 0; i < 9; i ++)
    DTR0 (data0[i])
    DTR1 (data1[i])
    DTR2 (data2[i])
    answer = QUERY CONTENT DTR0
    if (answer ! = data0[i])
        error 1 Wrong value of DTR0 stored at test step i = i . Actual: answer . Expected: data0[i].
    endif
    answer = QUERY CONTENT DTR1
    if (answer ! = data1[i])
        error 2 Wrong value of DTR1 stored at test step i = i . Actual: answer . Expected: data1[i].
    endif
    answer = QUERY CONTENT DTR2
```

```
    if (answer ! =data2[i])
        error 3 Wrong value of DTR2 stored at test step i =i. Actual:answer. Expected:data2[i].
    endif
endfor
```

表 49 DTR0/DTR1/DTR2 测试参数

测试步骤 i	数据 0	数据 1	数据 2
0	00000001b	11111111b	10000000b
1	00000010b	00000001b	11111111b
2	00000100b	00000010b	00000001b
3	00001000b	00000100b	00000010b
4	00010000b	00001000b	00000100b
5	00100000b	00010000b	00001000b
6	01000000b	00100000b	00010000b
7	10000000b	01000000b	00100000b
8	11111111b	10000000b	01000000b

12.4.21 DTR1:DTR0 和 DTR2:DTR1

此测试检查在一个命令内写入 2 个字节到 2 个 DTR 的正确性。一些不同的值对被再次写入和查询，来验证 DTR 相关命令的操作正确性。

测试程序：

```
ResetDevice()
// clear DTRs before testing DTR1:DTR0 command
DTR0 (0)
DTR1 (0)
DTR2 (0)
for (i =0;i < 9;i ++)
    // check if DTR1:DTR0 is set correctly and is not changing DTR2 content
    DTR2 (data2[i])
    DTR1:DTR0 (data1[i],data0[i])
    answer = QUERY CONTENT DTR0
    if (answer ! =data0[i])
        error 1 Wrong value of DTR0 stored at test step i =i. Received:answer. Expected:data0
        [i].
    endif
    answer = QUERY CONTENT DTR1
    if (answer ! =data1[i])
        error 2 Wrong value of DTR1 stored at test step i =i. Received:answer. Expected:data1
        [i].
    endif
    answer = QUERY CONTENT DTR2
```

```
    if (answer != data2[i])
        error 3 Wrong value of DTR2 stored at test step i = i. Received: answer. Expected: data2
        [i].
    endif
endfor
// clear DTRs before testing DTR2:DTR1 command
DTR0 (0)
DTR1 (0)
DTR2 (0)
for (i = 0; i < 9; i++)
    // check if DTR2:DTR1 is set correctly and is not changing DTR0 content
    DTR0 (data0[i])
    DTR2:DTR1 (data2[i], data1[i])
    answer = QUERY CONTENT DTR0
    if (answer != data0[i])
        error 4 Wrong value of DTR0 stored at test step i = i. Received: answer. Expected: data0
        [i].
    endif
    answer = QUERY CONTENT DTR1
    if (answer != data1[i])
        error 5 Wrong value of DTR1 stored at test step i = i. Received: answer. Expected: data1
        [i].
    endif
    answer = QUERY CONTENT DTR2
    if (answer != data2[i])
        error 6 Wrong value of DTR2 stored at test step i = i. Received: answer. Expected: data2
        [i].
    endif
endfor
ResetDevice()
```

表 50 DTR1:DTR0 和 DTR2:DTR1 测试参数

测试步骤 i	数据 0	数据 1	数据 2
0	00000001b	11111111b	10000000b
1	00000010b	00000001b	11111111b
2	00000100b	00000010b	00000001b
3	00001000b	00000100b	00000010b
4	00010000b	00001000b	00000100b
5	00100000b	00010000b	00001000b
6	01000000b	00100000b	00010000b
7	10000000b	01000000b	00100000b
8	11111111b	10000000b	01000000b

12.4.22 设备组

此测试通过读取设备组的分配来检查设备组成员关系，同时也可以通过“查询设备匹配功能”来实现读取设备群组。

测试程序：

```
ResetDevice()
//clear group assignment
ClearAllDeviceGroups()
//check if no group is added
AddDeviceGroups(0x0000 0000)
CheckGroupAssignment(0x0000 0000)
//check if single group is added
AddDeviceGroups(0x0000 0100)
CheckGroupAssignment(0x0000 0100)
//check if multiple groups are added
AddDeviceGroups(0x0100 0007)
CheckGroupAssignment(0x0100 0107)
//check if multiple groups are added,including which are already added
AddDeviceGroups(0x0007 0107)
CheckGroupAssignment(0x0107 0107)
//check if single groups are removed
RemoveDeviceGroups(0x0100 0000)
CheckGroupAssignment(0x0007 0107)
//check if multiple groups are removed
RemoveDeviceGroups(0x0007 0100)
CheckGroupAssignment(0x0000 0007)
//check if multiple groups are removed,including which are already removed
RemoveDeviceGroups(0x0007 0007) CheckGroupAssignment(0x0000 0000) ResetDevice()
```

12.5 设备查询

12.5.1 查询设备性能

此测试读取设备特征(“查询设备性能”)并检查未用的比特位(2 到 7)，这些位被设成了 0。

如果 bit1(实例数>0)被设置，此测试同样检查大于 0 的实例数量(采用“查询实例数”命令)。

测试序列应当为每个选定的逻辑单元测试。

测试程序：

```
ResetDevice ()
capabilities = QUERY DEVICE CAPABILITIES
numberOfInstances =GetNumberOfInstances()
//check reserved bits
if (capabilities ! = 0000 00XX)
    error 1 Reserved bits of device features are not 0
endif
```

// check application controller
if (*capabilities* == XXXX XXX1b)
　　report 1 Application controller is present
else
　　report 2 No application controller is present
endif
// check number of instances
if (*capabilities* == XXXX XX1Xb
　　AND*numberOfInstances* > 0) **report** 3
　　*numberOfInstances*Instance(s) is/are present
else
　　if (*features* == XXXX XX0Xb
　　　AND*numberOfInstances* == 0) **report** 4 No
　　　Instances are present
　　else
　　　error 2 Device features bit 2 and numberOfInstances are not
　　consistent **endif**
endif
ResetDevice ()

12.5.2 **查询版本号**

此测试检查 DUT 执行的标准版本号。

测试序列应当对所有逻辑单元并行运行。

测试程序:

// Get version using QUERY VERSION NUMBER
answer =**GetVersionNumber**()
if (*answer* == 2.0)
　　report 1 Version number
is*answer* . **else if** (*answer* == 2)
　　error 1 Version number is*answer* ,but it does not have the right format. Expected: 2.0.
else
　　error 2 Incorrect version number. Actual:*answer* . Expected: 2.0.
endif
// Compare version number given in memory bank 0 with the answer to Query Version Number
DTR0 (0x17)
DTR1 (0)
answerMB = READ MEMORY LOCATION
answerQVN = QUERY VERSION
NUMBER,**accept**Value
if (*answerMB* ! =*answerQVN*)
　　error 3 Version number given in the memory bank 0 does not match to the answer ofQUERY VERSION NUMBER. Version number given in memory bank 0: *answerMB* . Answer to Query Version Number: *answerQVN*.

```
endif
```

12.5.3 设备电源重启

检查"powerCycleSeen"比特位。此位首先被测试清除接着通过"查询设备状态"的位5来检查。再一次"RESET POWER CYCLE SEEN"命令后，清除该比特位。

测试序列应当为每个选定的逻辑单元。

测试程序：

```
ResetDevice()
//clear flag first and check
RESET POWER CYCLE SEEN
status = QUERY DEVICE STATUS
if (status ! = XX0X XXXXb)
    error 1 PowerCycleSeen not cleared after RESET POWER CYCLE SEEN.
    Actual:status .Expected: XX0X XXXXb.
endif
//check if flag is set after power cycle
PowerCycleAndWaitForDecoder (5)
status = QUERY DEVICE STATUS
if (status ! = XX1X XXXXb)
    error 2 PowerCycleSeen not set after power cycle. Actual:status . Expected: XX1XXXXXb.
endif
// reset powerCycleSeen and check for powerCycleSeen cleared
RESET POWER CYCLE SEEN
status = QUERY DEVICE STATUS
if (status == XX1X XXXXb)
    error 3 PowerCycleSeen not cleared after RESET POWER CYCLE SEEN.
    Actual:status .Expected: XX0X XXXXb.
endif ResetDevice()
```

12.5.4 输入设备错误

此测试检查应用错误信息，类似于"查询输入设备错误"和"查询设备状态"。如果状态字节中没有错误信号(查询设备状态的 bit0 等于 0)，同时查询设备错误应当显示没有应答。如果状态字节中有错误信号，查询输入设备错误应当显示相应的值(制造商特定的)。

此处将产生一个警告，如果检测到错误状态，强烈建议在执行测试前将问题解决。

测试程序应当为每个选定的逻辑单元进行测试。

测试程序：

```
ResetDevice (true)
numberOfInstances =GetNumberOfInstances()
if (numberOfInstances == 0)
    report 1 No instances available
    //check if non-existent input device has errors
    error = QUERY INPUT DEVICE ERROR
    if (error )
```

```
        error 1 Wrong answer without existent
    input device endif
    status = QUERY DEVICE STATUS
    if (status == XXXX XXX1)
        error 2 Wrong answer without existent
    input device endif
else
    //check if input device has errors
    error = QUERY INPUT DEVICE ERROR
    status = QUERY DEVICE STATUS
    if (status == XXXX XXX1 ANDerror != NO)
        error 3 Input device has an error codeerrorand report is consistent. Please resolve
        error before conducting this test.
    else if ((status == XXXX XXX0 ANDerror != NO) OR (status == XXXX XXX1 ANDerror ==
    NO))
        error 4 Input device has an error codeerrorbut report is
    inconsistent endif
endif
ResetDevice (false)
```

12.6 设备存储器

12.6.1 在存储器 0 上读取存储位置

此测试检查"查询存储位置"命令的功能正确性，以及存储器 0 是否根据设计规格来执行。

测试程序应当对所有逻辑单元并行运行。

测试程序：

```
DTR0 (0)
DTR1 (0)
answer = READ MEMORY LOCATION
if (answer == NO)
    error 1 No answer received when reading the size of memory bank 0. Actual: NO.Expected: not NO
else // Read memory bank 0
    // Read memory bank location 0x00, which may differ per logical unit
    DTR1 (0)
    DTR2 (128)
    for (address =
        0;address <GLOBAL_numberShortAddresses ;address ++)DT
        R0 (0)
        laml [address ]=READMEMORYLOCATION,sendtodeviceShortAddress(address )
        if (answer == NO)
            error 2 LogicalUnitaddress : No answer received when reading memory banklocation 0.
            Actual: NO. Expected: not NO.
        else
```

```
            if (laml[address] < 0x1A)// Check that all mandatory memory bank locations areimplemented
                error 3 LogicalUnitaddress: Not all mandatory memory locationsimplemented. Actual: laml[address]. Expected: answer >= 0x1A.
            endif
            if (laml[address] >= 0x1B ANDlaml[address] <= 0x7F)// Check that none of thereserved memory bank locations [0x1B,0x7F] is given as last accessible memory location
                error 4 LogicalUnitaddress: Reserved memory bank locationlaml[address]returned as last memory bank location. Actual: laml[address]. Expected: 0x1A or [0x80,0xFE].
            endif
            if (laml[address] == 0xFF)// Check that reserved memory bank location 0xFF isnot given as last accessible memory location
                error 5 LogicalUnitaddress: Reserved 0xFF memory bank locationreturned as last memory bank location. Actual: laml[address]. Expected: 0x1A or [0x80,0xFE].
            endif
        endif
        answer = QUERY CONTENT DTR0,send to deviceShortAddress(address)//Check that DTR0 incremented after reading a valid memory bank location
        if (answer != 1)
            error 6 LogicalUnitaddress: DTR0 not incremented after reading a validmemory bank location. Actual: answer. Expected: 1.
        endif
        answer = QUERY CONTENT DTR1,send to deviceShortAddress(address)//Check that DTR1 not changed after reading memory bank location
        if (answer != 0)
            error 7 LogicalUnitaddress: DTR1 modified after reading a valid memory banklocation. Actual: answer. Expected: 0.
            DTR1 (0)
        endif
        answer = QUERY CONTENT DTR2,send to deviceShortAddress(address)//Check that DTR2 not changed after reading memory bank location
        if (answer != 128)
            error 8 LogicalUnitaddress: DTR2 modified after reading a valid memory banklocation. Actual: answer. Expected: 128.
            DTR2 (128)
        endif
    endfor
    // Read memory bank location 0x01,which shall not be implemented on the logical units
    DTR0 (1)
    DTR2 (64)
    answer = READ MEMORY LOCATION // Check that reserved memory bank location 0x01is not implemented
    if (answer != NO)
```

```
        error 9 Answer received when reading reserved-not implemented memory banklocation 0x01. Actual: answer . Expected: NO.
endif
answer = QUERY CONTENT DTR0// Check that DTR0 incremented after reading a notimplemented memory bank location
if (answer ! = 2)
        error 10 DTR0 not incremented after reading a not implemented memory banklocation. Actual: answer . Expected: 2.
endif
answer = QUERY CONTENT DTR1// Check that DTR1 not changed after readingmemory bank location
if (answer ! = 0)
        error 11 DTR1 modified after reading a not implemented memory bank location.Actual: answer . Expected: 0.
        DTR1 (0)
endif
        answer = QUERY CONTENT DTR2// Check that DTR2 not changed after readingmemory bank location
        if (answer ! = 64)
                error 12 DTR2 modified after reading a not implemented memory bank location. Actual: answer . Expected: 64.
        endif
        //Read the content of must be implemented memory bank locations
        //Read memory bank location 0x02,which may differ per logical unit
        for (address =
                0;address <GLOBAL_numberShortAddresses ;address ++)DT
                R0 (2)
                answer = READ MEMORY LOCATION,send to
                deviceShortAddress(address )
                if (answer == NO)
                        error 13 LogicalUnitaddress : An error occurred when reading valid memorybank location 0x02.
                else
                        if (answer <= 199)
                                report 1 LogicalUnitaddress : Last accessible memory bank =answer .
                        else
                                error 14 LogicalUnitaddress : Wrong last accessible memory bankreported. Actual: answer . Expected: [0,199].
                        endif
                endif
                answer = QUERY CONTENT DTR0, send to deviceShortAddress(address )//Check that DTR0 incremented after reading a valid memory bank location
                if (answer ! = 3)
                        error 15 LogicalUnitaddress : DTR0 not incremented after reading validmemory bank lo-
```

```
            cation. Actual: answer . Expected: 3.
        endif
endfor
// Read memory bank locations 0x03-0x19, which shall be common for all logical units loc0x18 = 0
DTR0 (3)
for (i = 0; i < 11; i ++)
        multibyte = ReadMemBankMultibyteLocation(nrBytes[i])
        if (multibyte ! = -1)
        //multibyte shall be displayed as a decimal value
        report 2 text[i] = multibyte
        //Check allowed range for each memory bank location
        if (address[i] = = 0x18)
            loc0x18 =
        multibyte endif
        if (address[i] = = 0x15)
            if (multibyte = = 0xFF)
                error 16 For this DUT, the 101 standard must be
            implemented. else if (multibyte < 00001000b)
                error 17 text[i] must be at least 2.0
            (00001000b). endif
            else if (address[i] = = 0x16)
                if (multibyte = = 0xFF)
                    report 3 For this DUT, the 102 standard is not
                implemented. else if (multibyte ! = 00001000b)
                    error 18 text[i] must be 2.0
                (00001000b). endif
            else if (address[i] = = 0x17)
                if (multibyte = = 0xFF)
                    error 19 For this DUT, the 103 standard must be
                implemented. else if (multibyte < 00001000b)
                error 20 text[i] must be at least 2. 0
            (00001000b). endif
            else if (address[i] = = 0x18 AND (multibyte < 1
                ORmultibyte > 64)) error 21 text[i] must be in the
                range [1,64].
            else if (address[i] = = 0x19 ANDmultibyte > 64)
                error 22 text[i] must be in the range
            [0,64]. endif
            answer = QUERY CONTENT DTR0// Check that DTR0 incremented afterreading a valid
            memory bank location
            if (answer ! = dtrValue[i])
                error 23 DTR0 not incremented after reading valid memory bank location.Actual:
                answer . Expected: dtrValue[i].
```

```
                    DTR0
                (dtrValue[i]) endif
        else
            error 24 An error occurred when reading valid memory bank locationaddress[i].DTR0
            (dtrValue[i])
        endif
    endfor
    // Read memory bank location 0x1A, which should differ per logical unit
    if (loc0x18 == 0)
        error 25 Location 0x1A cannot be verified since an error occurred when readinglocation 0x18.
    else
        for (address = 0;address < GLOBAL_numberShortAddresses ;address ++)DTR0
            (0x1A)
        answer = READ MEMORY LOCATION, send to deviceShortAddress(address )
        if (answer != NO)
            if (answer > (loc0x18-1))
                error 26 LogicalUnitaddress : Index number of this logical control gearunit must be
                in the range [0, loc0x18-1].
            else
                report 4 LogicalUnitaddress : Index number of this logical control gearunit =
                answer .
            endif
        else
            error 27 LogicalUnitaddress : An error occurred when reading validmemory bank
            location 0x1A.
        endif
        answer = QUERY CONTENT DTR0, send to deviceShortAddress(address)//Check that
        DTR0 incremented after reading a valid memory bank location
        if (answer != 0x1B)
            error 28 LogicalUnitaddress : DTR0 not incremented after reading memorybank location
            0x1A. Actual: answer . Expected: 0x1B.
        endif
    endfor
endif
// Check that reserved memory bank locations 0x1B-0x7F are not implemented in none of the logical u-
nits
DTR0 (0x1B)
for (i = 0x1B;i <= 0x7F;i ++)
    answer = READ MEMORY LOCATION
    if (answer != NO)
        error 29 Answer received when reading the not implemented memory banklocation i . Actual:
        answer.Expected: NO.
    endif
```

```
        answer = QUERY CONTENT DTR0// Check that DTR0 incremented after reading anot implemented memory bank location
        if (answer ! =i + 1)
            error 30 DTR0 not incremented after reading the not implemented memorybank location i . Actual: answer . Expected: i + 1.
            DTR0 (i + 1)
        endif
endfor
for (address = 0;address <GLOBAL_numberShortAddresses ;address + +)
    // If available, read the additional control gear information, per logical unit
    DTR0 (0x80)
    additionalData = 0
    for (i = 0x80;i <= 254;i + +)
        answer = READ MEMORY LOCATION, send to deviceShortAddress(address )
        if (answer ! = NO)
            additionalData =additionalData + 1
            report 5 LogicalUnitaddress : Additional control gear information atlocation i is answer .
            if (i >laml [address ])
                error 31 LogicalUnitaddress : Additional control gear informationfound at location i . Last accessible memory location is laml [address ].
            endif
        endif
        answer = QUERY CONTENT DTR0, send to deviceShortAddress(address )
        // Check that DTR0 incremented after reading a valid memory bank location
        if (answer ! =i + 1)
            error 32 LogicalUnitaddress : DTR0 not incremented after reading validmemory bank location i . Actual: answer . Expected: i + 1.
            DTR0 (i + 1)
        endif
    endfor
    if (additionalData = = 0 ANDlaml [address ] >= 0x80)
        error 33 LogicalUnitaddress : No answer received when reading additionaldata, however additional data expected.
    endif
endfor
// Read the last memory bank location
DTR0 (0xFF)
answer = READ MEMORY LOCATION
    if (answer ! = NO)
        error 34 Answer received when reading memory location 0xFF. Actual:answer .Expected: NO.
    endif
    answer = QUERY CONTENT DTR0
    if (answer ! = 255)
```

```
        error 35 DTR0 modified after reading memory location 0xFF. Actual:answer .Expected: 255.
    endif
endif
```

表 51　在存储器 0 上读存储位置测试参数

测试步骤 i	地址	存储位置	存储器值	测试参数
0	0x03	6	9	GTIN (decimal)
1	0x09	1	10	硬件版本(主要)
2	0x0A	1	11	硬件版本(次要)
3	0x0B	8	19	序列号(十进制)
4	0x13	1	20	HW 版本(major)
5	0x14	1	21	HW 版本(minor)
6	0x15	1	22	101 版本号
7	0x16	1	23	102 版本号
8	0x17	1	24	103 版本号
9	0x18	1	25	在总线单元的逻辑控制设备单元序号
10	0x19	1	26	在总线单元的逻辑控制装置单元序号

12.6.2　在内存槽 1 读内存地址

此测试检查“读存储位置”命令的功能正确性，以及存储器 1 是否根据规范执行。

测试程序应当为每个选定的逻辑单元进行测试。

测试程序：

```
DTR0 (0)
DTR1 (1)
laml = READ MEMORY LOCATION
if (laml ! = NO)
    report 1 Memory bank 1 is implemented and the last accessible memory location islaml .
    if (laml < 0x10)// Check that all mandatory memory bank locations are implemented
        error 1 Not all mandatory memory locations implemented. Actual: laml . Expected:answer >
        = 0x10.
    endif
    if (laml = = 0xFF)// Check that reserved memory bank location 0xFF is not given as lastaccessi-
    ble memory location
        error 2 Reserved 0xFF memory bank location. Actual: laml . Expected:
    [0x10,0xFE]. endif
    answer = QUERY CONTENT DTR0// Check that DTR0 incremented after reading a
    validmemory bank location
    if (answer ! = 1)
        error 3 DTR0 not incremented after reading a valid memory bank location. Actual:answer . Ex-
        pected: 1.
```

```
endif
answer = QUERY CONTENT DTR1// Check that DTR1 not changed after readingmemory bank location
if (answer ! = 1)
    error 4 DTR1 modified after reading a valid memory bank location. Actual: answer . Expected: 1.
endif
DTR0 (1)
DTR1 (1)
answer = READ MEMORY LOCATION // Read the indicator byte location 0x01
report 2 Indicator byte (memory bank 1 location 1) =answer
answer = QUERY CONTENT DTR0// Check that DTR0 incremented after reading
themanufacturer specific memory bank location
if (answer ! = 2)
    error 5 DTR0 not incremented after reading the manufacturer specific memory
    banklocation. Actual: answer . Expected: 2.
endif
answer = QUERY CONTENT DTR1// Check that DTR1 not changed after readingmemory bank location
if (answer ! = 1)
    error 6 DTR1 modified after reading the manufacturer specific memory banklocation. Actual:
    answer . Expected: 1.
    DTR1 (1)
endif
// Read the content of must be implemented memory bank locations
DTR0 (2)
for (i = 0;i< 3;i ++)
    if (address [i] +nrBytes [i] - 1 <=laml)
        multibyte =ReadMemBankMultibyteLocation(nrBytes [i])
        if (multibyte ! = -1)
            report 3 text [i] =multibyte
        else
            error 7 An error occurred when reading valid memory bank location(text [i]).
        endif
    else
        error 8 Not all mandatory memory bank locations
    implemented. endif
endfor
// Read above last accessible memory bank location
DTR0 (laml + 1)
for (i =laml + 1;i<= 0xFE;i ++)
    answer = READ MEMORY LOCATION
    if (answer ! = NO)
```

```
            error 9 Answer received when reading not implemented memory bank locationi . Actual:
            answer . Expected: NO.
        endif
        answer = QUERY CONTENT DTR0
        if (answer ! =i + 1)
            error 10 DTR0 not incremented after reading above the last accessible memorylocation.
            Actual: answer . Expected: i + 1.
        endif
    endfor
    // Read the last memory bank location
    DTR0 (0xFF)
    answer = READ MEMORY LOCATION
    if (answer ! = NO)
        error 11 Answer received when reading memory location 0xFF. Actual:answer .Expected: NO.
    endif
    answer = QUERY CONTENT DTR0
    if (answer ! = 255)
        error 12 DTR0 modified after reading memory location 0xFF. Actual:answer .Expected: 255.
    endif
else
    report 4 Memory bank 1 is not implemented.
    // Check that indeed memory bank 1 is not implemented
    for (i = 1;i <= 255;i ++)
        DTR0 (i )
        answer = READ MEMORY LOCATION
        if (answer ! = NO)
            error 13 Answer received when reading the not implemented memory bank 1,location i .
            Actual: answer . Expected: NO.
        endif
        answer = QUERY CONTENT DTR0
        if (answer ! =i )
            error 14 DTR0 modified after reading the not implemented memory bank 1,location i .
            Actual: answer . Expected: i .
        endif
        answer = QUERY CONTENT DTR1// Check that DTR1 not changed after readingmemory
        bank location
        if (answer ! = 1)
            error 15 DTR1 modified after reading the not implemented memory bank 1,location i .
            Actual: answer . Expected: 1.
            DTR1 (1)
        endif
    endfor
endif
```

表 52 在存储器 1 上读存储位置的测试参数

测试步骤 i	地址	存储位置	测试参数
0	2	1	存储体 1 锁字节
1	3	6	OEM GTIN（十进制）
2	9	8	OEM 序列号（十进制）

12.6.3 在其他存储器上读存储地址

此测试检查“读存储位置”命令的功能正确性，并且检查所有其他的存储器(除了 0 和 1)是否根据规范而执行。

测试程序应当为每个选定的逻辑单元进行测试。

测试程序：

```
DTR0 (2)
DTR1 (0)
lamb = READ MEMORY LOCATION
if (lamb < 2)
    report 1 No other memory bank besides 0 or 1 are implemented.
else
    if (lamb <= 199)
        report 2 Last accessible memory bank islamb .
    else
        error 1 Wrong last accessible memory bank reported. Actual:lamb . Expected: [2,199].
        lamb = 199
    endif
    // Find an implemented memory bank between MB 2 and MB lamb
    for (i = 2;i <=lamb ;i ++)
        DTR0 (0)
        DTR1 (i)
        laml = READ MEMORY LOCATION
        if (laml == NO)
            report 3 Memory bankiis not implemented.
        else
            report 4 Memory bankiis implemented.
            if (laml < 3 ORlaml == 0xFF)
                error 2 Wrong memory location for memory banki . Actual:laml .
                Expected:[0x03,0xFE].
            endif
            answer = QUERY CONTENT DTR0// Check that DTR0 incremented afterreading a valid
            memory bank location
            if (answer != 1)
                error 3 DTR0 not incremented after reading location 0 of memory banki .Actual: an-
                swer . Expected: 1.
```

```
endif
// Check location 0x02
DTR0 (2)
answer = READ MEMORY LOCATION
if (answer == NO)
    error 4 No answer received when reading location 0x02 of memory banki .Actual:
    NO. Expected: not NO.
endif
// Check that at least one location between 0x03 and laml is implemented.
numberOfAnswers = 0
DTR0 (3)
for (j = 3;j<=laml ;j++)
    answer = READ MEMORY LOCATION
    if (answer != NO)
        numberOfAnswer
    s++endif
    answer = QUERY CONTENT DTR0
    if (answer !=j+ 1)
        error 5 DTR0 not incremented after reading locationjof memory banki . Actual:
        answer . Expected:j + 1.
    Endif
endfor
if (numberOfAnswers == 0)
    error 6 At least one memory bank location of memory bank/must beimplemented in
    the range [0x03, laml ].
Endif
//Read above last accessible memory bank location
DTR0 (laml + 1)
for (j =laml + 1;j<= 0xFE;j++)
    answer = READ MEMORY LOCATION
    if (answer != NO)
        error 7 Answer received when reading the not implemented memorybank loca-
        tion j of memory bank i . Actual: answer . Expected: NO.
    endif
    answer = QUERY CONTENT DTR0
    if (answer !=j+ 1)
        error 8 DTR0 not incremented after reading above the last
        accessiblememory location j of memory bank i . Actual: answer . Expected: j + 1.
    Endif
endfor
//Read the last memory bank location
DTR0 (0xFF)
answer = READ MEMORY LOCATION
```

```
        if (answer != NO)
            error 9 Answer received when reading location 0xFF of memory banki .Actual: answer . Expected: NO.
        endif
        answer = QUERY CONTENT DTR0
        if (answer != 255)
            error 10 DTR0 modified after reading location 0xFF of memory banki . Actual: answer . Expected: 255.
        endif
    endif
endfor
// Check that memory banks from lamb + 1 untill 199 are not implemented-no reply expected when reading MB
DTR0 (0)
for (i = lamb + 1; i < 200; i ++)DTR1
    (i)
    answer = READ MEMORY LOCATION
    if (answer != NO)
        error 11 Answer received when reading above the last accessible memorybank: memory bank i . Actual: answer . Expected: NO.
    endif
    answer = QUERY CONTENT DTR0
    if (answer != 0)
        error 12 DTR0 modified after reading the not implemented memory banki . Actual: answer . Expected: 0.
        DTR0 (0)
    endif
endfor
// Check that memory banks from 200 until 255 are reserved-no reply expected when reading MB
DTR0 (0)
for (i = 200; i < 256; i ++)DTR1
    (i)
    answer = READ MEMORY LOCATION
    if (answer != NO)
        error 13 Answer received when reading the reserved memory banki . Actual: answer . Expected: NO.
    endif
    answer = QUERY CONTENT DTR0
    if (answer != 0)
        error 14 DTR0 modified after reading the reserved memory banki . Actual: answer . Expected: 0.
        DTR0 (0)
    endif
```

```
    endfor
endif
```

12.6.4 存储器写入

此测试检查“写存储位置”和“写存储位置-无回复”命令的功能正确性。在执行测试前,需要1个可执行的存储器。

测试程序应当为每个选定的逻辑单元进行测试。

测试程序:

```
(memoryBankNr ; memoryBankLoc ) = FindImplementedMemoryBank ()
if (memoryBankNr ! = 0)
    report 1 Memory bankmemoryBankNris implemented and will be used for testing.
    DTR0 (memoryBankNr )
    RESET MEMORY BANK
    wait 11 s
    DTR0 (3)
    DTR1 (memoryBankNr )
    loc0x03 = READ MEMORY LOCATION
    if (memoryBankNr = = 1)
        if (memoryBankLoc <= 253)
            iArray ={0,1,2,3,4,5,6,7,8,9,10,11,12,13,14,15,16,17}
        else
            iArray =
        {0,1,2,3,4,5,6,7,8,9,10,11,12,13,14}
        endif
    else
        if (memoryBankLoc <= 253)
            iArray = {0,1,2,3,4,5,6,7,8,9,10,11,15,16,17}
        else
            iArray =
        {0,1,2,3,4,5,6,7,8,9,10,11}
        endif
    endif
    foreach (iiniArray )
        DTR0 (2) // Select memory bank location
        DTR1 (memoryBankNr ) // Select memory bank
        if (i ! = 1 ANDi ! = 3 ANDi ! = 5)
            ENABLE WRITE MEMORY // ENABLE WRITE MEMORY for certain steps
        endif
        command1[i ]// WRITE MEMORY LOCATION-NO REPLY for certain steps
        command2[i ]// DTR0 for certain steps
        answer =command3[i ]// WRITE MEMORY LOCATION with or withour reply
        if (answer ! =writeValue [i ])
            error 1 Writing to valid memory bank locationtext1[i ] at test step i =i . Actual:answer .
            Expected:writeValue [i ].
```

```
        endif
        answer = QUERY CONTENT DTR0// Check if DTR0 changed after writing a validmemory
        bank location in different conditions
        if (answer != dtrValue[i])
            error 2 DTR0text2[i] at test step i = i. Actual:answer.
        Expected:dtrValue[i].
       endif
        answer = QUERY CONTENT DTR1// Check that DTR1 not changed after writing amemory
        bank location
        if (answer != memoryBankNr)
            error 3 DTR1 modified at test step i = i. Actual:answer. Expected:memoryBankNr.
        endif
        DTR0 (address[i])
        DTR1 (memoryBankNr)
        answer = READ MEMORY LOCATION // Check by reading if the location wascorrectly writ-
        ten-this will also disable the writeEnableState
        if (answer != readValue[i])
            error 4 Wrong content of memory bank location at test step i = i. Actual:answer. Ex-
            pected:readValue[i].
        endif
    endfor
else
    report 2 No other memory bank besides memory bank 0 is implemented.
    DTR1 (0) // Select memory bank 0
    // Read and store all values written in memory bank 0
    for (j = 0;j < 256;j ++)
        DTR0 (j)
        valueOnLocation    [j]    =    READ
    MEMORY LOCATION
    endfor
    // Try writing memory bank 0
    for (j = 0;j < 2;j ++)
            for (k = 0;k < 256;k ++)
                ENABLE WRITE MEMORY
                DTR0 (k)
                if (valueOnLocation[k] == NO)
                    value = 255
                else
                    value = ~valueOn-
                Location[k]
                endif
                if (j == 0)
                    answer  =  WRITE  MEMORY  LOCATION
```

```
                (value)
                if (answer != NO)
                    error 5 Writing a ROM memory bank location confirmed at test step(j,k)
                    = (j,k). Actual: answer. Expected: NO.
                endif
            else
                WRITE MEMORY LOCATION-NO REPLY
            (value) endif
            answer = QUERY CONTENT DTR0// Check DTR0
            if (k == 255)
                if (answer != 255)
                    error 6 DTR0 changed at test step (j,k) = (j,k). Actual:answer.Ex-
                    pected: 255.
                endif
            else
                if (answer != k + 1)
                    error 7 DTR0 not incremented at test step (j,k) = (j,k).
                    Actual:answer.Expected: k + 1.
                endif
            endif
            answer = QUERY CONTENT DTR1// Check that DTR1 not changed after tryingto
            write a memory bank location
            if (answer != 0)
                error 8 DTR1 modified at test step (j,k) = (j,k). Actual: answer.
                Expected:0.
                DTR1 (0)
            endif
            DTR0 (k)
            answer = READ MEMORY LOCATION // Check by reading if location waswritten-
            this will also disable the writeEnableState
            if (answer != valueOnLocation[k])
                error 9 Wrong content of memory bank location at test step (j,k) = (j,k).
                Actual: answer. Expected: valueOnLocation[k].
                ENABLE WRITE MEMORY
                DTR0 (k)
                WRITE MEMORY LOCATION-NO REPLY
            (valueOnLocation[k]) endif
        endfor
    endfor
endif
```

表 53　存储器写入测试参数

测试步骤 i	命令 1	命令 2	命令 3	写入值	测试 1	存储器值	测试 2	地址	读数值	测试步骤描述
0	—	—	WRITE MEMORY LOCATION(0x00)	0x00	不确定	3	不增加	2	0x00	当 writeEnableState= enabled 时检查写入有效地址
1	—	—	WRITE MEMORY LOCATION(0x01)	NO	确定	2	增加	2	0x00	当 writeEnableState= disabled 时检查写入有效地址
2	—	—	WRITE MEMORY LOCATION-NO REPLY(0x02)	NO	确定	3	不增加	2	0x02	当 writeEnableState= enabled 时检查写入有效地址
3	—	—	WRITE MEMORY LOCATION-NO REPLY(0x03)	NO	确定	2	增加	2	0x02	当 writeEnableState= enabled 时检查写入有效地址
4	—	—	DIRECT WRITE MEMORY(0x02, 0x04)	0x04	not 不确定	3	not 不增加	2	0x04	当 writeEnableState= enabled 时检查写入有效地址
5	—	—	DIRECT WRITE MEMORY(0x02, 0x05)	NO	确定	2	增加	2	0x04	当 writeEnableState= enabled 时检查写入有效地址
6	WRITE MEMORY LOCATION-NO REPLY(0x55)	DTR0(255)	WRITE MEMORY LOCATION(0x06)	NO	确定	255	增加	255	NO	当 writeEnableState= enabled 时检查写入有效地址 且地址不增加(locOxFF-don't)
7	WRITE MEMORY LOCATION-NO REPLY(0x55)	DTR0(255)	WRITE MEMORY LOCATION-NO REPLY(0x07)	NO	确定	255	增加	255	NO	

表 53(续)

测试步骤 i	命令 1	命令 2	命令 3	写入值	测试 1	存储器值	测试 2	地址	读数值	测试步骤描述
8	WRITE MEMORY LOCATION-NO REPLY(0x55)	—	DIRECT WRITE MEMORY(0xFF，0x08)	NO	确定	255	不增加	255	NO	增加 DTR0)
9	WRITE MEMORY LOCATION-NO REPLY(0x55)	DTR0(0)	WRITE MEMORY LOCATION(0x09)	NO	确定	1	不增加	0	*memory BankLoc*	当 writeEnableState=enabled 时检查写入且地址不可写(0x00)
10	WRITE MEMORY LOCATION-NO REPLY(0x55)	DTR0(0)	WRITE MEMORY LOCATION-NO REPLY(0x0A)	NO	确定	1	不增加	0	*memory BankLoc*	
11	WRITE MEMORY LOCATION-NO REPLY(0x55)	—	DIRECT WRITE MEMORY(0x00，0x0B)	NO	确定	1	不增加	0	*memory BankLoc*	
12	WRITE MEMORY LOCATION-NO REPLY(0x00)	DTR0(3)	WRITE MEMORY LOCATION(0x0C)	NO	确定	4	不增加	3	$loc0x03$	当 writeEnableState=enabled 时检查写入且地址可锁定且存储体地址写锁字
13	WRITE MEMORY LOCATION-NO REPLY(0x00)	DTR0(3)	WRITE MEMORY LOCATION-NO REPLY(0x0D)	NO	确定	4	不增加	3	$loc0x03$	
14	WRITE MEMORY LOCATION-NO REPLY(0x00)	—	DIRECT WRITE MEMORY(0x03，0x0D)	NO	确定	4	不增加	3	$loc0x03$	
15	WRITE MEMORY LOCATION-NO REPLY(0x55)	DTR0 (*memoryBankLoc*+1)	WRITE MEMORY LOCATION(0x0A)	NO	确定	*memory BankLoc* +2	不增加	*memory BankLoc* +1	NO	当 writeEnableState=enabled 时检查写入且地址超出读取的存储器地址
16	WRITE MEMORY LOCATION-NO REPLY(0x55)	DTR0 (*memoryBankLoc*+1)	WRITE MEMORY LOCATION-NO REPLY(0x0B)	NO	确定	*memory BankLoc* +2	不增加	*memory BankLoc* +1	NO	
17	WRITE MEMORY LOCATION-NO REPLY(0x55)	—	DIRECT WRITE MEMORY (*memoryBankLoc*+1，0x0D)	NO	确定	*memory BankLoc* +2	不增加	*memory BankLoc* +1	NO	

12.6.5 写存储使能:写使能状态

此测试检查“写存储使能”命令的功能正确性以及包括写使能状态变量的执行正确性。在执行测试前,需要1个可执行的存储器。

测试程序应当为每个选定的逻辑单元进行测试。

测试程序:

```
(memBankNr ; memoryBankLoc ) = FindImplementedMemoryBank ()
if (memBankNr == 0)
    report 1 No other memory bank besides memory bank 0 is implemented.
else
    report 2 Memory bankmemBankNris implemented and will be used for testing.
    for (i = 0;i< 15;i ++)
        answer = QUERY DEVICE CAPABILITIES // command should disable thewriteEnableState
        command1 [ i ]
        command2[i ]
        ENABLE WRITE MEMORY
        if (i >= 8)
            answer =command3[i ]
            if (answer ! =value1[i ])
                error 1 Wrong value at test step i =i . Actual:answer . Expected:value1[i ].
            endif
        endif
        command4[i ]
        answer = WRITE MEMORY LOCATION (i )
        if (answer ! =value2[i ])
            error 2 Wrong value for writeEnableState at test step i =i .text [i ].
        endif
    endfor
endif
```

表 54 使能写存储:写使能状态测试参数

测试步骤 i	命令 1	命令 2	命令 3	值 1	命令 4	值 2	测试参数
0	DTR0(2)	DTR1(*memBankNr*)	—	—	—	0	Actual: DISABLED. Expected: ENABLED.
1	DTR0(0)	DTR1(*memBankNr*)	—	—	DTR0(2)	1	Actual: DISABLED. Expected: ENABLED.
2	DTR0(2)	DTR1(0)	—	—	DTR1(*memBankNr*)	2	Actual: DISABLED. Expected: ENABLED.
3	DTR0(2)	DTR1(*memBankNr*)	—	—	DTR2(0)	3	Actual: DISABLED. Expected: ENABLED.
4	DTR0(2)	DTR1(*memBankNr*)	—	—	ENABLE WRITE MEMORY	4	Actual: DISABLED. Expected: ENABLED.
5	DTR0(2)	DTR1(*memBankNr*)	—	—	*answer* = QUERY DEVICE CAPABILITIES	NO	Actual: ENABLED. Expected: DISABLED.
6	DTR0(2)	DTR1(*memBankNr*)	—	—	RESET wait 300 ms	NO	Actual: ENABLED. Expected: DISABLED.
7	DTR0(2)	DTR1(*memBankNr*)	—	—	PowerCycleAndWaitForDecoder (5) DTR1(*memBankNr*) DTR0(2)	NO	Actual: ENABLED. Expected: DISABLED.
8	DTR0(2)	DTR1(*memBankNr*)	查询存储器 DTR0 内容	2	—	8	Actual: DISABLED. Expected: ENABLED.
9	DTR0(2)	DTR1(*memBankNr*)	查询存储器 DTR1 内容	*memBankNr*	—	9	Actual: DISABLED. Expected: ENABLED.
10	DTR0(2)	DTR1(*memBankNr*)	查询存储器 DTR2 内容	0	—	10	Actual: DISABLED. Expected: ENABLED.
11	DTR0(2)	DTR1(memBankNr)	读存储器位置	10	—	NO	Actual: ENABLED. Expected: DISABLED.
12	DTR0(2)	DTR1(*memBankNr*)	写存储器位置(80)	80	DTR0(2)	12	Actual: DISABLED. Expected: ENABLED.
13	DTR0(2)	DTR1(*memBankNr*)	写存储器位置-无回复(90)	NO	DTR0(2)	13	Actual: DISABLED. Expected: ENABLE
14	DTR0(2)	DTR1(*memBankNr*)	写存储器位置(100)	100	DTR0(*memoryBankLoc* + 1)	NO	Actual: ENABLED. Expected: DISABLED.

12.6.6 写内存使能:超时/命令之间

此测试在以下条件下检查 DUT 运行状况:

- 一个单独命令被发送,而不是两个可相同的命令;
- 在 105 ms 的稳定时间内命令被发送两次,此时间大于所设定的稳定时间;包含中间帧的命令被发送,此帧包含一些比特位,但不是一个命令;
- 命令由另一个中间命令发送,此命令是由广播发送的;
- 命令由另一个中间命令发送,此命令是发送到一个特定的群地址;
- 命令由另一个中间命令发送,此命令是发送到一个特定的短地址;

以上情况下,命令不应当被执行。但是中间给定的间隔命令需要接收。

测试程序应当为每个选定的逻辑单元测试。

测试程序:

```
(memBankNr ; memoryBankLoc ) = FindImplementedMemoryBank ()
if (memBankNr = = 0)
    report 1 No other memory bank besides memory bank 0 is implemented.
else
    report 2 Memory bankmemBankNris implemented and will be used for testing.
    for (i = 0;i < 3;i + +)
        RESET
        wait 300 ms
        DTR0 (2)
        DTR1 (memBankNr )
        if (i = = 0)// Test send command once
            ENABLE WRITE MEMORY, send once
        else if (i = = 1)// Test send command with timeout
            ENABLE WRITE MEMORY, send once
            wait 105 ms // settling time
            ENABLE WRITE MEMORY, send once
        else // Test send command with timeout followed by a new command
            ENABLE WRITE MEMORY, send once
            wait 105 ms // settling time
            ENABLE WRITE MEMORY, send once
            wait 50 ms // settling time
            ENABLE WRITE MEMORY, send
        once endif
        answer = WRITE MEMORY LOCATION (0x01)
        if (answer ! = value [i ])
            error 1 writeEnableStatetext [i ] at test step i = i . Actual:answer . Expected:value [i ].
        endif
    endfor
    for (i = 0;i < 5;i + +)answer2 = = 0x55
        RESET
        wait 300 ms
```

```
DTR0 (2)
DTR1 (memBankNr)
// The following steps must be sent within 75 ms, counted from the last rise bit of first "ENABLE WRITE MEMORY, send once" command untill first fall bit of second "ENABLE WRITE MEMORY, send once" command
ENABLE WRITE MEMORY, send once
if (i == 0)
    idle 13 ms + 110010 + idle 13 ms // settling time: idle 13 ms and send a framefollowed by 13 ms-Test send command with a frame in-between
    answer2 == NO
else if (i == 1)
    answer2 == QUERY DEVICE GROUPS 0-7, send to deviceBroadcast(),accept No Answer // Test //send command with broadcast command in-between
else if (i == 2)
    answer2 == QUERY DEVICE GROUPS 0-7, send to deviceGroupAddress(0),accept No Answer // //Test send command with group command in-between-gearGroups0
else if (i == 3)
    answer2== QUERY  DEVICE GROUPS 0-7,send to deviceShortAddress (GLOBAL_currentUnderTestLogicalUnit), accept No Answer //Test sendcommand with short command in-between
else
    answer2 == QUERY DEVICE GROUPS 0-7, send to deviceShortAddress(63),accept No Answer //Test send command with short command in-between
endif
ENABLE WRITE MEMORY, send once answer
= WRITE MEMORY LOCATION (i)
if (answer ! = NO)
    error 2 writeEnableState enabled at test step i = i . Actual:answer . Expected:NO.
endif
if (i == 1 ORi == 3)
    if (answer2! = 0x00)
        error 3 Command in-between not executed. Actual:answer2. Expected:0x00.
    endif
else
    if (answer2! = NO)
        error 4 Command in-between executed. Actual:answer2.
    Expected: NO. endif
endif
endfor
endif
```

表 55　写存储使能:超时/中间命令测试参数

测试步骤 i	值	测试参数
0	NO	使能
1	NO	使能
2	0x01	不使能

12.6.7　重置存储器:超时/中间命令

此测试检查重置存储器命令的功能正确性。在测试前,需要 1 个可执行的存储器。只有收到此命令 2 次时,才应当被执行。

在以下条件下,此测试检查 DUT 的运行情况:

- 单一命令被发送而不是 2 个可相同的命令;
- 在 105 ms 的稳定时间内命令被发送 2 次,此时间大于预定义的稳定时间;命令由中间帧发送,此帧包含一些比特位,但不是一个命令;
- 命令由中间帧发送,由广播发送;命令由另一个中间帧发送,此命令是发送到一个特定的组地址;
- 命令由另一个中间帧发送,此命令是发送到一个特定的短地址;

以上情况下,命令不应被执行。在给定的情况下,间隔命令应需要接收。

测试序列应当为每个选定的逻辑单元测试。

测试程序:

```
(memBankNr ; memoryBankLoc ) = FindImplementedMemoryBank ()
if (memBankNr = = 0)
    report 1 No other memory bank besides memory bank 0 is implemented.
else
    report 2 Memory bankmemBankNris implemented and will be used for testing.
    // Check timeout behaviour
    for (i = 0;i < 3;i + +)
        RESET
        wait 300 ms
        DTR0 (2)
        DTR1 (memBankNr )
        ENABLE WRITE MEMORY
        answer = WRITE MEMORY LOCATION (0x55)
        if (answer ! = 0x55)
            error 1 Wrong value written at test step i = i . Actual:answer .
        Expected: 0x55.
        endif
        DTR0 (memBankNr )
        if (i = = 0)// Test send command once
            RESET MEMORY BANK, send once
        else if (i = = 1)// Test send command with timeout
            RESET MEMORY BANK, send once
```

```
            wait 105 ms // settling time
            RESET MEMORY BANK, send once
        else // Test send command with timeout followed by a new command
            RESET MEMORY BANK, send once
            wait 105 ms // settling time
            RESET MEMORY BANK, send once
            wait 50 ms // settling time
            RESET MEMORY BANK, send
        once endif
        wait 10,1 s
        DTR0 (2)
        answer = READ MEMORY LOCATION
        if (answer ! =value [i])
            error 2 Memory bankmemBank text [i] at test step i =i . Actual:answer .Expected:
            value [i].
        endif
    endfor
    // Check behaviour when a command is sent in-between the send twice
    for (i = 0;i< 5;i + +)
        answer2 = = 0x55
        RESET
        wait 300 ms
        DTR0 (2)
        DTR1 (memBankNr )
        ENABLE WRITE MEMORY
        answer = WRITE MEMORY LOCATION (i )
        if (answer ! =i )
            error 3 Wrong value written at test step i =i . Actual:answer .
        Expected:i . endif
        DTR0 (memBankNr )
        // The following steps must be sent within 75 ms, counted from the last rise bit of first "RESET
        MEMORY BANK, send once" command untill first fall bit of second "RESET MEMORY BANK,
        send once" command
        RESET MEMORY BANK, send once
        if (i == 0)
            idle 13 ms + 110010 + idle 13 ms // settling time: idle 13 ms and send a framefollowed
            by 13 ms - Test send command with a frame in-between
            answer2 == NO
        else if (i== 1)
            answer2 == QUERY DEVICE GROUPS 0-7, send to deviceBroadcast(),accept No
            Answer // Test //send command with broadcast command in-between
        else if (i == 2)
            answer2 == QUERY DEVICE GROUPS 0-7, send to deviceGroupAddress(0),accept
```

```
            No Answer // //Test send command with group command in-between －gearGroups
        else if (i == 3)
            answer2 == QUERY DEVICE GROUPS 0-7, send to deviceShortAddress
            (GLOBAL_currentUnderTestLogicalUnit), accept No Answer //Test sendcommand with
            short command in-between
        else
            answer2 == QUERY DEVICE GROUPS 0-7, send to
            deviceShortAddress(63), accept
            No Answer //Test send command with short command in-between
        endif
        RESET MEMORY BANK, send once
        wait 10.1 s
        DTR0 (2)
        answer = READ MEMORY LOCATION
        if (answer != i)
            error 4 Memory bankmemBankNrreset at test step i = i . Actual: answer .Expected: i .
        endif
        if (i == 1 ORi == 3)
            if (answer2 != 0x00)
                error 3 Command in-between not executed. Actual: answer2. Expected: 0x00.
            endif
        else
            if (answer2 != NO)
                error 4 Command in-between executed. Actual: answer2.
            Expected: NO. endif
        endif
    endfor
endif
```

表 56　存储器重置：超时/中间命令测试参数

测试步骤 i	值	测试参数
0	0x55	重置
1	0x55	重置
2	0xFF	不重置

12.6.8　重置存储器

此测试检查“重置存储器”的功能正确性。在测试前需要一个可执行的存储器。

测试序列应当为每个选定的逻辑单元。

测试程序：

```
(memBankNr []; memBankLoc []) = FindAllImplementedMemoryBanks ()
if (memBankNr [0] == 0)
    report 1 No other memory bank besides memory bank 0 is implemented.
```

```
else
    for (i = 0;i < 4;i ++)
        // Change lock byte of all implemented memory banks
        ENABLE WRITE MEMORY
        foreach (memBankinmemBankNr )
            DTR0 (2)
            DTR1 ( memBank )
            if (i <= 1)
                WRITE MEMORY LOCATION-NO REPLY (i )
            else
                WRITE  MEMORY  LOCATION-NO  REPLY
            (0x55) endif
        endfor
        //Reset memory bank
        DTR0 (dtr [i ])
        RESET MEMORY BANK
        wait 10,1 s
        //Check if the reset of selected memory bank was executed
        foreach (memBankinmemBankNr )
            DTR0 (2)
            DTR1 (memBank )
            answer = READ MEMORY LOCATION
            if (i <= 1)
                if (answer ! =i )
                    error 1 Memory bankmemBankreset with memory bank locked forwriting at
                    test step i = i . Actual: answer . Expected: i .
                endif
            else if (i == 2)
                if (memBank == memBankNr [0] ANDanswer ! = 0xFF)
                    error 2 Selected memory bankmemBanknot reset at test step i = i .Actual: an-
                    swer . Expected: 0xFF.
                else if (memBank ! = memBankNr [0] ANDanswer ! = 0x55)
                    error 3 Unselected memory bankmemBankreset at test step i = i .Actual: an-
                    swer . Expected: 0x55.
                endif
            else
                if (answer ! = 0xFF)
                    error 4 Memory bankmemBanknot reset at test step i = i . Actual:answer .
                    Expected: 0xFF.
                endif
            endif
        endfor
    endfor
endif
```

表 57 重置存储器测试参数

测试步骤 i	存储器	测试描述
0	*memBankNr*[0]	未重置设备(存储体锁定)
1	0	未重置设备(存储体锁定)
2	*memBankNr*[0]	重置第一个存储体;其余存储体保持未装载
3	0	重置所有存储体

12.7 设备特殊命令

12.7.1 初始化—定时器

此测试检查以下项目:

- 初始化状态变量的重置和启动值;
- 重置命令使初始化状态禁止;
- 15 min 定时器的功能正确性(定时器的启动,停止,延长)。

测试程序应当为每个选定的逻辑单元进行测试。

测试程序:

```
responsiveDevice = GLOBAL_currentUnderTestLogicalUnit
// Test reset value for initialisationState variable
TERMINATE
RESET
wait 300 ms
INITIALISE (responsiveDevice ) // initialisationState = ENABLED
RESET
wait 300 ms
RANDOMISE
wait 100 ms
answer = GetRandomAddress()
if (answer == 0xFF FF FF)
    error 1 initialisationState disabled by RESET command. Execution of RANDOMISEcommand expec-
    ted after RESET command.
endif
TERMINATE
INITIALISE (responsiveDevice )
WITHDRAW // initialisationState = WITHDRAWN
RESET
wait 300 ms
RANDOMISE
wait 100 ms
answer = GetRandomAddress()
if (answer == 0xFF FF FF)
    error 2 initialisationState disabled by RESET command. Execution of RANDOMISEcommand expec-
```

```
    ted after RESET command.
endif
// Test power on value for initialisationState variable
TERMINATE
INITIALISE (responsiveDevice )
PowerCycleAndWaitForDecoder (5)
RANDOMISE
wait 100 ms
answer =GetRandomAddress()
if (answer ! = 0xFF FF FF)
    error 3 Wrong power on value for initialisationState. No execution of RANDOMISEcommand expec-
    ted after power cycle.
endif
TERMINATE
// Test that initialisationState is enabled by INITIALISE command, and that timer ends after 15 min
INITIALISE (responsiveDevice )
start_timer (timer )
answer = QUERY SHORT ADDRESS
if (answer ! =responsiveDevice )
    error 4 initialisationState not enabled. Actual:answer .
Expected:responsiveDevice . endif
do
    time =get_timer(timer )
    answer = QUERY SHORT ADDRESS
    if (answer ! =responsiveDevice )
        break
    endif
while (time < 17 min)
if (time < (15 - 1,5))
    error 5 Initialisation timer expires too early. Actual:timemin. Expected: 13,5 min < timer< 16,
    5 min.
else if (time > (15 + 1,5))
    error 6 Initialisation timer expires too late. Actual:timemin. Expected: 13,5 min < timer <16,
    5 min.
endif
TERMINATE
// Test that timer is prolonged
INITIALISE (responsiveDevice )
start_timer (timer )
wait 5 min
INITIALISE (responsiveDevice )
do
    time =get_timer(timer )
```

```
    answer = QUERY SHORT ADDRESS
    if (answer ! =responsiveDevice )
        break
    endif
while (time < 22 min)
if (time < ((15 + 5) − 1,5))
    error 7 Re-triggered initialisation timer expires too early. Actual: timemin. Expected: 18,5 min <
    timer < 21,5 min.
else if (time > ((15 + 5) + 1,5))
    error 8 Re-triggered initialisation timer expires too late. Actual: timemin. Expected: 18,5min <
    timer < 21,5 min.
endif
TERMINATE
```

12.7.2 **TERMINATE 终止**

此测试检查"终止"命令是否能禁止初始化状态。

此测试程序应当对每个逻辑单元进行测试。

测试程序：

```
PowerCycleAndWaitForDecoder (5)
RESET
wait 300 ms
responsiveDevice = GLOBAL_currentUnderTestLogicalUnit
INITIALISE (responsiveDevice)
answer = QUERY SHORT ADDRESS
if (answer ! = responsiveDevice )
    .error 1 initialisationState not enablec. Actual: answer .
Expected: responsiveDevice . endif
TERMINATE
answer = QUERY SHORT ADDRESS
if (answer ! = NO)
    error 2 initialisationState not disabled. Actual: answer . Expected: NO.
endif
```

12.7.3 **初始化-设备地址**

此测试检查标准中定义的寻址模式，有两种情况：DUT 无短地址和 DUT 有短地址。

测试程序应当为每个选定的逻辑单元测试。

测试程序：

```
RESET
wait 300 ms
oldAddress = GLOBAL_currentUnderTestLogicalUnit
newAddress = 63
for (i = 0; i < 2; i + +)
    SetShortAddress (fromAddress [i]: toAddress [i])
```

```
    for (j = 0;j < 5;j ++)
        INITIALISE (device[j])
        answer = QUERY SHORT ADDRESS
        if (answer ! =shortAddress[i,j])
            error 1 Wrong responsive logical unit at test step (i,j) = (i ,j). Actual:answer .Ex-
            pected: shortAddress[i,j].
        endif
        TERMINATE
    endfor
endfor
SetShortAddress (newAddress ;oldAddress )
```

表 58 初始化-设备寻址测试参数

测试步骤 i	fromAddress	toAddress
0	*oldAddress*	MASK
1	MASK	*newAddress*

测试步骤 j	设备	*GLOBAL_numberOfLogicalUnits*	shortAddress i = 0 (no shortAddress)	shortAddress i = 1 (shortAddress = newAddress)	测试步骤描述
0	MASK	1	MASK	*newAddress*	仅有逻辑单元反应
		>1	无效后向帧	无效后向帧	
1	0111 1111b		MASK	NO	仅有逻辑单元无短地址反应
2	*newAddress*		NO	*newAddress*	仅有逻辑单元 shortAddress = *newAddress* 反应
3	1011 1111b		NO	NO	无逻辑单元反应
4	1100 0000b		NO	NO	无逻辑单元反应

12.7.4 RANDOMISE 随机分配地址

此测试检查随机分配地址命令的功能正确性，当初始化状态有以下值之一时：禁止，使能和撤销。测试程序应当为每个选定的逻辑单元所执行。

测试程序：

```
RESET
wait 300 ms
TERMINATE
RANDOMISE
```

wait 100 ms

randomAddress =GetRandomAddress()

if (*randomAddress* ! = 0xFF FF FF)

error 1 Command executed when in tialisationState is disabled.

Actual:*randomAddress* .Expected: 0xFF FF FF.

endif

RESET

wait 300 ms

responsiveDevice = *GLOBAL_currentUnderTestLogicalUnit*

INITIALISE (*responsiveDevice*)

RANDOMISE

wait 100 ms

randomAddress1 =GetRandomAddress()

if (*randomAddress1*= = 0xFFFFFF)

error 2 Command not executed when initialisationState is enabled. Generated randomaddress is 0xFF FF FF.

endif

SetSearchAddress

(*randomAddress1*)WITHDRAW

RANDOMISE

wait 100 ms

randomAddress2 =GetRandomAddress()

if (*randomAddress2*= = *randomAddress1*)

error 3 Command not executed when initialisationState is withdrawn. No new randomaddress generated.

endif

TERMINATE

12.7.5 COMPARE 比较

此测试检查在初始化状态为禁止或使能时"比较"命令的功能正确性。依据保存在 DUT 的随机地址和查询地址,此测试同时检测 DUT 何时应当发送应答给"比较"命令。

测试程序应当为每个选定的逻辑单元所执行。

测试程序:

RESET wait 300 ms

TERMINATE

responsiveDevice = *GLOBAL_currentUnderTestLogicalUnit*

answer = COMPARE

if (*answer* ! = NO)

error 1 Command executed when initialisationState is disabled and randomAddress =searchAddress = 0xFF FF FF. Actual: *answer* . Expected: NO.

endif

INITIALISE (*responsiveDevice*)

answer = COMPARE

```
if (answer ! = YES)
    error 2 Command not executed when initialisationState is enabled and randomAddress = searchAddress = 0xFF FF FF. Actual: answer . Expected: YES.
endif
randomAddress =GetLimitedRandomAddress(responsiveDevice )
if (randomAddress = = 0xFF FF FF)
    error 3 Bad random generator. For testing purpose each byte of the random addressmust be in [0x01, 0xFE] range.
else
    INITIALISE (responsiveDevice )
    for (i = 0;i < 7;i + +)
        SetSearchAddress (data [i ])
        answer = COMPARE
        if (answer ! =value [i ])
            error 4 errorText [i ] at test step i =i . Actual:answer . Expected:value [i ].
        endif
    endfor
    TERMINATE
    answer = COMPARE
    if (answer ! = NO)
        error 5 Command executed when initialisationState is disabled and randomAddress = searchAddress and different from 0xFF FF FF. Actual: answer . Expected: NO.
    endif
endif
```

表 59　比较测试的参数

测试步骤 i	数据	值	错误码
0	*randomAddress* +0x01 00 00	YES	随机地址＜查询地址时命令没有执行
1	*randomAddress* +0x00 01 00	YES	随机地址＜查询地址时命令没有执行
2	*randomAddress* +0x00 00 01	YES	随机地址＜查询地址时命令没有执行
3	*randomAddress* −0x01 00 00	NO	随机地址＞查询地址时命令执行
4	*randomAddress* −0x00 01 00	NO	随机地址＞查询地址时命令执行
5	*randomAddress* −0x00 00 01	NO	随机地址＞查询地址时命令执行
6	*randomAddress*	YES	随机地址＝查询地址时命令没有执行

12.7.6 撤销

此测试检查撤销命令的功能正确性。同时检查初始化命令不应重启比较操作和不应延长初始化时间。

测试程序应当为每个选定的逻辑单元测试。

测试程序：

```
RESET
wait 300 ms
responsiveDevice = GLOBAL_currentUnderTestLogicalUnit
randomAddress = GetLimitedRandomAddress(responsiveDevice)
if (randomAddress == 0xFF FF FF)
    error 1 Bad random generator. For testing purpose each byte of the random addressmust be in
    [0x01, 0xFE] range.
else
    for (i = 0;i <
        7;i ++)TERMINAT
        E
        INITIALISE (responsiveDevice)
        SetSearchAddress
        (data[i])WITHDRAW
        SetSearchAddress
        (randomAddress)answer = COMPARE
        if (answer != value[i])
            error 2 errorText[i] at test step i = i. Actual:answer.
        Expected:value[i].
        endif
    endfor
    INITIALISE (responsiveDevice)
    answer = COMPARE
    if (answer != NO)
        error 3 INITIALISE resets initialisationState to ENABLED. Actual:answer. Expected:NO.
    endif
    TERMINATE
endif
// Test that the initialisationState timer is Re-triggered when initialisationState = WITHDRAWN state
RESET
wait 300 ms
INITIALISE (responsiveDevice)
start_timer (timer)
wait 5
minWITHDRA
W
INITIALISE (responsiveDevice)
do
```

```
    time =get_timer(timer)
    answer = QUERY SHORT ADDRESS
    if (answer ! =responsiveDevice)
        break
    endif
while (time < 22 min)
if (time < ((15 + 5) - 1,5) ORtime > ((15 + 5) + 1,5))
    error 4 Initialisation timer not Re-triggering while initialisationState is withdrawn. Actual:time min.
    Expected: 18,5 min < timer < 21,5 min.
endif
TERMINATE
```

表 60 撤销操作测试参数

测试步骤 i	数据	值	错误码	撤销后初始化状态
0	*randomAddress* + 0x01 00 00	YES	随机地址<搜索地址 命令执行	ENABLED
1	*randomAddress* + 0x00 01 00	YES	随机地址<搜索地址 命令执行	ENABLED
2	*randomAddress* + 0x00 00 01	YES	随机地址<搜索地址 命令执行	ENABLED
3	*randomAddress* − 0x01 00 00	YES	随机地址<搜索地址 命令执行	ENABLED
4	*randomAddress* − 0x00 01 00	YES	随机地址<搜索地址 命令执行	ENABLED
5	*randomAddress* − 0x00 00 01	YES	随机地址<搜索地址 命令执行	ENABLED
6	*randomAddress*	NO	随机地址<搜索地址 命令执行	WITHDRAWN

12.7.7 查询地址 H/查询地址 M/查询地址 L

此测试检查查询地址变量的第一个重置和启动值。之后检查当初始化状态禁止,使能或撤销时,"SEARCHADDRH, SEARCHADDRM, SEARCHADDRL"命令的功能正确性。

测试程序应当为每个选定的逻辑单元所执行。

测试程序:

```
// Test reset value for searchAddress variable
responsiveDevice =GLOBAL_currentUnderTestLogicalUnit
RESET
wait 300 ms
INITIALISE (responsiveDevice)
SetSearchAddress (0x01 01 01)
answer = QUERY SHORT ADDRESS
if (answer ! = NO)
    error 1 Wrong reset value for randomAddress. No answer expected from QUERYSHORT ADDRESS
```

```
    after setting the searchAddress. Actual: answer.Expected: NO
endif
RESET
wait 300 ms
answer = QUERY SHORT ADDRESS
if (answer ! =responsiveDevice )
    error 2 Wrong reset value for searchAddress. Answer expected from QUERY
    SHORTADDRESS after resetting the variables. Actual: answer.Expected: responsiveDevice
endif
TERMINATE
// Test power on value for searchAddress variable
SetSearchAddress (0x01 01 01)
PowerCycleAndWaitForDecoder (5)
INITIALISE (responsiveDevice )
answer = QUERY SHORT ADDRESS
if (answer ! =responsiveDevice )
    error 3 Wrong power on value for searchAddress. Answer expected from QUERYSHORT ADDRESS
    after power on cycle. Actual: answer.Expected: responsiveDevice
endif
// Test whether searchAddress variable is correctly set
RESET
wait 300 ms
randomAddress =GetLimitedRandomAddress(responsiveDevice )
if (randomAddress == 0xFF FF FF)
    error 4 Bad random generator. For testing purpose each byte of the random addressmust be in
    [0x01, 0xFE] range.
else
    answer = COMPARE
    if (answer ! = NO)
        error 5 COMPARE executed when initialisationState was disabled.
        Actual:answer .Expected: NO.
    endif
    INITIALISE (responsiveDevice )
    SetSearchAddress (randomAddress + 0x00 01 00)
    answer = COMPARE
    if (answer ! = YES)
        error 6 searchAddress not set when initialisationState was enabled.
        Actual:answer .Expected: YES.
    endif
    SetSearchAddress (randomAddress )
    WITHDRAW
    SetSearchAddress (randomAddress + 0x01 00 00)
    TERMINATE
```

```
    INITIALISE (responsiveDevice)
    answer = COMPARE
    if (answer ! = YES)
        error 7 searchAddress not set when initialisationState was withdrawn. Actual:answer .
        Expected: YES.
    endif
    TERMINATE
endif
```

12.7.8 短地址编程

此测试检查在初始化状态禁止，使能或撤销时“短地址编程”命令的功能正确性。同样也检查当保存的地址有不同格式(有效或无效)时命令是否接受。

测试序列应当为每个选定的逻辑单元所执行。

测试程序：

```
RESET
wait 300 ms
TERMINATE
features = QUERY DEVICE CAPABILITIES, send to deviceShortAddress(newAddress)
oldAddress = GLOBAL_currentUnderTestLogicalUnit
newAddress = 63
PROGRAM SHORT ADDRESS (newAddress)
answer = QUERY DEVICE CAPABILITIES, send to deviceShortAddress (newAddress), accept
No Answer
if (answer ! = NO)
    error 1 Command executed when initialisationState is disabled. Actual:answer .Expected: NO.
    SetShortAddress
(newAddress ;oldAddress) endif
randomAddress =GetLimitedRandomAddress(oldAddress)
if (randomAddress = = 0xFF FF FF)
    error 2 Bad random generator. For testing purpose each byte of the random addressmust be in
    [0x01, 0xFE] range.
else
    INITIALISE (oldAddress)
    for (i = 0;i < 7;i + +)
        SetSearchAddress (data [i])
        PROGRAM SHORT ADDRESS (newAddress)
        answer = QUERY DEVICE CAPABILITIES, sent to (ShortAddress(newAddress)) ,accept
        No Answer
        if (answer ! =value [i])
            error 3 errorText1[i] at test step i =i . Actual:answer . Expected:value [i].
            if (i ! = 6)
                SetShortAddress (newAddress ;oldAddress)
            else
                SetShortAddress (oldAddress ;newAddress)
```

```
            endif
        endif
    endfor
    SetSearchAddress (randomAddress )
    for (j = 0;j < 6;j + + )
        PROGRAM SHORT ADDRESS (address [j ])
        answer = QUERY DEVICE CAPABILITIES, send to deviceShortAddres(queryAddress [j ]),
        accept No Answer
        if (answer ! = features )
            halt 1 PROGRAM SHORT ADDRESS commanderrorText2[j ] at test step j =j .Actual:
            answer . Expected: YES.
        endif
    endfor
    // Test for all available short addresses
    for (j =GLOBAL _numberShortAddresses ;j < 64;j + + )
        PROGRAM SHORT ADDRESS (j )
        answer = QUERY SHORT ADDRESS, send to deviceShortAddress(j)
        if (answer ! =j )
            halt 2 PROGRAM SHORT ADDRESS command at test step j = jfailed. Actual:answer .
            Expected:j .
        endif
    endfor
    WITHDRAW
    PROGRAM SHORT ADDRESS (oldAddress )
    answer = QUERY DEVICE CAPABILITIES, send to deviceShortAddress (oldAddress ),accept
    No Answer
    if (answer ! = features )
        error 4 Command not executed when initialisationState is withdrawn. Actual:answer . Expec-
        ted: YES.
        SetShortAddress (63;oldAddress )
    endif
    TERMINATE
endif
```

表 61 短地址编程测试参数

测试步骤 i	数据	值	错误码 1
0	*randomAddress* + 0x01 00 00	NO	随机地址<搜索地址 命令执行
1	*randomAddress* + 0x00 01 00	NO	随机地址<搜索地址 命令执行
2	*randomAddress* + 0x00 00 01	NO	随机地址<搜索地址 命令执行
3	*randomAddress* − 0x01 00 00	NO	随机地址<搜索地址 命令执行
4	*randomAddress* − 0x00 01 00	NO	随机地址<搜索地址 命令执行
5	*randomAddress* − 0x00 00 01	NO	随机地址<搜索地址 命令执行
6	*randomAddress*	*features*	随机地址<搜索地址 命令执行

测试步骤 j	地址	描述	查询地址	错误码 2
0	*oldAddress*	初始地址	*oldAddress*	未执行
1	0011 1111b	短地址 63	63	未执行
2	0100 0000b	无变化	63	执行
3	1000 0000b	无变化	63	执行
4	1111 1110b	无变化	63	执行
5	MASK	删除短地址	无地址广播	未执行

12.7.9 短地址验证

此测试检查当初始化状态禁止、使能或撤销时“验证短地址”命令的功能正确性。同时也检查每当收到 DUT 的应答为不同格式(有效或无效)地址时的验证。

测试程序应当为每个选定的逻辑单元测试。

测试程序：

```
RESET
wait 300 ms
TERMINATE
oldAddress = GLOBAL_currentUnderTestLogicalUnit
answer = VERIFY SHORT ADDRESS ((oldAddress << 1) + 1)
if (answer ! = NO)
    error 1 Command executed when initialisationState is disabled. Actual:answer .Expected: NO.
endif
for (i = 0;i < 8;i + +)
    INITIALISE (address [ i ])
    DTR0 (setAddress [i ])
    SET SHORT ADDRESS, send to device ShortAddress (address [i ])
    answer = VERIFY SHORT ADDRESS (data [i ])
    if (answer ! = value [i ])
        error 2 errorText [i ] when initialisationState is enabled at test step i = i . Actual:answer .
        Expected:value [i ].
    endif
    WITHDRAW
    answer = VERIFY SHORT ADDRESS (data [i ])
    if (answer ! = value [i ])
        error 3 errorText [i ] when initialisationState is withdrawn at test step i = i . Actual:answer .
        Expected:value [i ].
    endif
    TERMINATE
endfor
SetShortAddress (255;oldAddress )
```

表 62 查询短地址

测试步骤 i	地址	设置地址	数据	值	错误码
0	*oldAddress*	*oldAddress*	*oldAddress*	YES	命令未执行
1	*oldAddress*	*oldAddress*	*oldAddress* + 1	NO	命令执行
2	*oldAddress*	63	63	YES	命令未执行
3	63	63	62	NO	命令执行
4	63	63	64	NO	命令执行
5	63	63	MASK	NO	命令执行
6	63	63	11111110b	NO	命令执行
7	63	MASK	MASK	NO	命令执行

12.7.10 查询短地址

此测试检查“查询短地址”命令的功能正确性。首先检查命令返回的短地址格式是否正确，随后当初始化状态禁止、使能或撤销时检查 DUT 的运行状态。

测试程序应当为每个选定的逻辑单元测试。

测试程序：

```
RESET
wait 300 ms
oldAddress = GLOBAL_currentUnderTestLogicalUnit
// Check answer format of QUERY SHORT ADDRESS, expected: 11111111b or 00AAAAAAb
INITIALISE (oldAddress )
for (i = 0;i < 3;i ++)
    DTR0 (validAddress [i ])
    SET SHORT ADDRESS, send to dev ce ShortAddress (address [i)])
    answer = QUERY SHORT ADDRESS,acceptValue
    if (answer ! = addressFormat [i ])
        error 1 Wrong format of returned short address at test step i = i . Actual:answer .Expected
        format: addressFormat [i ].
    endif
endfor
TERMINATE
// Check behaviour of DUT with initialisationState = disabled
answer = QUERY SHORT ADDRESS
if (answer ! = NO)
    error 2 Command executed when initialisationState is disabled. Actual:answer .Expected: NO.
endif
randomAddress = GetLimitedRandomAddress(63)
if (randomAddress = = 0xFF FF FF)
    error 3 Bad random generator. For testing purpose each byte of the random addressmust be in
    [0x01, 0xFE] range.
```

```
    SetShortAddress (63;oldAddress )
else
    // Check behaviour of DUT with initialisationState = enabled and different values for randomAd-
    dress and searchAddress
    INITIALISE (63)
    for (j = 0;j< 7;j ++)
        SetSearchAddress (data [j ])
        answer = QUERY SHORT ADDRESS
        if (answer ! =value [j ])
            error 4 errorText [j ] when initialisationState is enabled at test step j =j . Actual:an-
            swer . Expected:value [j ].
        endif
    endfor
    WITHDRAW
    // Check behaviour of DUT with initialisationState = withdrawn and different values for random-
    Address and searchAddress
    for (j = 0;j< 7;j ++)
        SetSearchAddress (data [j ])
        answer = QUERY SHORT ADDRESS
        if (answer ! =value [j ])
            error 5 errorText [j ] when initialisationState is withdrawn at test step j =j .Actual: an-
            swer . Expected: value [j ].
        endif
    endfor
    TERMINATE
    // Check answer of QUERY SHORT ADDRESS when DUT has no short address assigned
    DTR0 (255)
    SET SHORT ADDRESS, send to device ShortAddress (63) // Delete short address
    INITIALISE (255)
    SetSearchAddress (randomAddress )
    answer = QUERY SHORT ADDRESS
    if (answer ! = 255)
        error 6 Wrong answer when no short address is assigned and initialisationState isenabled.
        Actual: answer . Expected: 255.
    endif
    WITHDRAW
    answer = QUERY SHORT ADDRESS
    if (answer ! = 255)
        error 7 Wrong answer when no short address is assigned and initialisationState iswithdrawn.
        Actual: answer . Expected: 255.
    endif
    TERMINATE
    SetShortAddress (255;oldAddress )
```

```
endif
```

表 63 查询短地址测试参数

测试步骤 i	有效地址	地址	地址格式
0	*oldAddress*	*oldAddress*	*oldAddress*
1	MASK	*oldAddress*	MASK
2	63	broadcast unaddressed	63

测试步骤 j	地址	值	错误码
0	*randomAddress* + 0x01 00 00	NO	随机地址<搜索地址 命令执行
1	*randomAddress* + 0x00 01 00	NO	随机地址<搜索地址 命令执行
2	*randomAddress* + 0x00 00 01	NO	随机地址<搜索地址 命令执行
3	*randomAddress* − 0x01 00 00	NO	随机地址>搜索地址 命令执行
4	*randomAddress* − 0x00 01 00	NO	随机地址>搜索地址 命令执行
5	*randomAddress* − 0x00 00 01	NO	随机地址>搜索地址 命令执行
6	*randomAddress*	63	随机地址=搜索地址 命令未执行

12.7.11 设备识别

此测试检查“设备识别”命令的功能正确性。根据规范当识别程序计时器启动、完成、延时或终止时同样也被检查。

测试程序应当为每个选定的逻辑单元测试。

测试程序：

```
RESET
wait 300 ms
responsiveDevice = GLOBAL_currentUnderTestLogicalUnit
// Test if identification procedure is started and finished within 10 s ± 1 s
UserInput (After accepting this message please check if logical unit starts an
identificationprocedure and measure how long the identification procedure takes (in s), OK )
IDENTIFY DEVICE
wait 12 s
started = UserInput(Did identification procedure start?, YesNo )
if (started ! = Yes)
    error 1 Identification procedure not started by IDENTIFY DEVICE command.
else
    stopped = UserInput(Did identification procedure stop?, YesNo )
    if (stopped == Yes)
        stoppedTime = UserInput(Enter the length of identification procedure, value [s])
        if (stoppedTime < 9)
            error 2 Identification procedure stopped earlier than 9 s.
```

```
        else if (stoppedTime > 11)
            error 3 Identification procedure not stopped after 11 s.
        endif
    else
        error 4 Identification procedure not stopped after 11 s.
        UserInput (Wait untill identification procedure stops,OK )
    endif
endif
// Test if identification procedure timer is prolonged
UserInput (After accepting this message please check if logical unit starts an identificationprocedure of 15 s,OK )
IDENTIFY DEVICE
wait 5 s
IDENTIFY DEVICE
wait 12 s
started =UserInput(Did logical unit start an identification procedure of 15 s ± 1 s?,YesNo )
if (started ! = Yes)
    error 5 Identification procedure not restart on reception of a second IDENTIFY
    DEVICEcommand.
endif
// Test if identification procedure timer is not stopped
for (i = 0;i < 4;i ++)
    UserInput (After accepting this message please check if logical unit starts anidentification proce-
    dure of 10 s ± 1 s,OK )
    IDENTIFY DEVICE
    wait 5 s
    if (i < 2)command1[i ]
        else
        answer =command1[j ]
        if (answer ! =value1[i ])
            error 6 command1[i ] not executed.
        endif
    endif
    wait 12 s
    started =UserInput(Did identification procedure last for 10 s ± 1 s?,YesNo )
    if (started ! = Yes)
        error 7 Identification procedure stopped on reception oftext1[i ].
    endif
    if (i == 1)
        answer =query1[i ]
        if (answer ! =value1[i ])
```

```
            error 8 command1[i] not executed.
        endif
        TERMINATE
    endif
endfor
// Test if identification procedure is aborted
DTR0 (1)
for (j = 0;j <
    5;j + +)command2[j]
    UserInput (After accepting this message logical unit will start an identification procedure.Please
    check if identification procedure is stopped after 4 s,OK )
    IDENTIFY DEVICE
    wait 4 scommand3[j]
    stopped =UserInput(Did logical unit start an identification procedure of 4 s?,YesNo )
    if (stopped == NO)
        error 9 Identification procedure not stopped bycommand3[j].
        wait 8 s
    endif
    if (j >= 1)
        answer =query2[j]
        if (answer ! =value2[j])
            error 10 command3[j] not executed.
        endif
        if (j == 1)TERMINATE
        endif
    endif
endfor
```

表 64　设备识别测试参数

测试步骤 i	命令 1	查询 1	值 1
0	PING	—	—
1	INITIALISE (*responsiveDevice*)	VERIFY SHORT ADDRESS (*responsiveDevice*)	YES
2	COMPARE	—	YES
3	QUERY DEVICE STATUS	—	0XX0 X000b

测试步骤 j	命令 2	命令 3	查询 2	值 2
0	—	TERMINATE	—	—

测试步骤 j	命令 2	命令 3	查询 2	值 2
1	INITIALISE (*responsiveDevice*)	WITHDRAW	COMPARE	NO
2	DTR1 (1) DTR2 (0)	ADD TO DEVICE GROUPS 0-15	QUERY DEVICE GROUPS 07	1
3	—	RESET wait 300 ms	QUERY DEVICE GROUPS 07	0
4	—	DTR0 (2)	QUERY CONTENT DTR0	2

12.8 逻辑单元冲突检查

12.8.1 DTR0

此测试检查一个逻辑单元的 DTR0 寄存器的改变是否会影响其他逻辑单元的寄存器值。DTR0 寄存器需要通过存储器来检查。在读取每一个存储器位置后 DTR0 应当自增。

测试程序应当对所有逻辑单元并行运行。

测试程序：

```
if (GLOBAL_numberShortAddresses = = 1)
    report 1 Only one logical device implemented
else
    DTR0 (10)
    DTR1 (0)
    answer = READ MEMORY LOCATION
    for (address = 0;address <GLOBAL_numberShortAddresses ;address + +)
        for (k = 0;k <address; k + +)
            READ MEMORY LOCATION, send to device ShortAddress (address )
        endfor
    endfor
    for (address = 0;address <GLOBAL_numberShortAddresses ;address + +)
        answer = QUERY CONTENT DTR0, send to deviceShortAddress(address )
        expectedValue = 10 + 1 + address
        if (answer ! =expectedValue )
            error 1 LogicalUnitaddress : Wrong value of DTR0. Actual:answer .
            Expected:expectedValue .
        endif
    endfor
endif
```

12.8.2 NVM 变量

此测试检查一个逻辑单元上，某些变量的改变是否会引起其他逻辑单元变量值的改变。

这次测试程序应对所有逻辑单元并行执行。

测试程序：

```
if (GLOBAL_numberShortAddresses = = 1)
    report 1 Only one logical device implemented
```

```
else
ResetDevice ()
    // Change variables on logical units
    for (address = 0;address <GLOBAL_numberShortAddresses ;address ++)
        AddDeviceGroups ((0x00000001 << (address % 32)), ShortAddress
    (address ))
    endfor
    // Check change of variables
    for (address = 0;address <GLOBAL_numberShortAddresses ;address ++)
        answer =GetDeviceGroups(ShortAddress(address ))
        expected = (0x00000001 << (address % 32))
        if (answer ! = expected )
            error 1 LogicalUnitaddress : Wrong value for deviceGroups. Actual:answer .Expected:
            expected .
        endif
    endfor
endif
ResetDevice ()
```

12.8.3 随机地址生成

此测试检查：

- 当"随机化"命令被以广播寻址方式发送时，所有逻辑单元生成一个唯一的随机地址；
- 当"随机化"命令被以所选择的逻辑单元的短地址发送时，只有被寻址的逻辑单元生成随机地址。

此测试程序应当对所有逻辑单元并行运行。

测试程序：

```
if (GLOBAL_numberShortAddresses == 1)
    report 1 Only one logical device imolemented
else
    ResetDevice ()
    // All logical units shall generate an unique random address
    INITIALISE (MASK)
    RANDOMISE
    wait 100 ms
    for (address =
        0;address <GLOBAL_numberShortAddresses ;address ++)randomAddress
        [address ] =GetRandomAddress(address )
    endfor
    for (i =
        0;i <GLOBAL_numberShortAddresses ;i
        ++)
        if (randomAddress [i ] == 0xFFFFFF)
            error 1 LogicalUniti : Wrong random address generated. Actual: 0xFFFFFF.Expected:
```

```
            not 0xFFFFFF.
        endif
        for (j = i + 1; j < GLOBAL
            _numberShortAddresses ; j + +)
            if (randomAddress [i]
                = = randomAddress [j])
                error 2 LogicalUniti and LogicalUnitj generated the same random
                addressrandomAddress [i].
            endif
        endfor
    endfor
    ResetDevice ()
    TERMINATE
    // Only one logical unit should generate a random address
    for (address =
        0; address < GLOBAL_numberShortAddresses ; address + +)
        answer = QUERY RESET STATE, send to
            deviceShortAddress(address )
        if (answer ! = YES)
            error 3 LogicalUnitaddress : is not in the reset state. Actual: N0. Expected:YES.
        endif
        INITIALISE (address )
        RANDOMISE
        wait 100
        msTERMINATE
        answer = QUERY RESET STATE, send to deviceShortAddress(address )
        if (answer ! = NO)
            error 4 LogicalUnitaddress : is still in the reset state. Actual: YES. Expected:N0.
        endif
    endfor
endif
```

12.8.4 寻址 1

此测试检查在广播查询中所有逻辑单元发送的应答。并且设置一半的逻辑单元为静态模式。查询YES-NO,和一个用于8位查询的后向帧,期望的结果是YES。

此测试程序应当对所有逻辑单元并行运行。

测试程序:

```
if (GLOBAL_numberShortAddresses = = 1)
    report 1 Only one logical device implemented
else
    ResetDevice (false)START
    QUIESCENT MODE
//Quiescent mode of all logical units is on
```

```
answer = QUERY QUIESCENT MODE
if (answer ! = YES)
    error 1 Wrong answer received from all logical units at a YES-NO query. Actual:answer .
    Expected: YES.
    endif
    answer = QUERY DEVICE STATUS
    if (answer ! = 0100 0010b)
        error 2 Wrong answer received from all logical units at an 8-bit query. Actual:answer .
        Expected: 0100 0010b.
    endif
    //Quiescent mode of one logical units is off, the rest are on
    for (address = 0;address <GLOBAL_numberShortAddresses ;address + + )
        START QUIESCENT MODE
        STOP QUIESCENT MODE, send to device ShortAddress (address )
        for (i = 0;i <GLOBAL_numberShortAddresses ;i + + )
            answer = QUERY QUIESCENT MODE, send to deviceShortAddress(i )
            if (i = =address )
                if (answer ! = NO)
                    error 3 Wrong answer received from logical unitaddressat a YES-NOquery. Ac-
                    tual: answer . Expected: NO.
                endif
            else
                if (answer ! = YES)
                    error 4 Wrong answer received from logical unitiat a YES-NO query.Actual:
                    answer . Expected: YES.
                endif
            endif
        endfor
        answer = QUERY QUIESCENT MODE
        if (answer ! = YES)
            error 5 Wrong answer received from all logical units at a YES-NO query.Actual: answer .
            Expected: YES.
        endif
        answer = QUERY DEVICE STATUS,acceptViolationi
        f (answer == Violation)
            error 6 Wrong answer received from all logical units at an 8-bit query. Actual:answer .
            Expected: Violation.
        endif
    endfor
    // Quiescent mode of all logical units is off
    STOP QUIESCENT MODE
    answer = QUERY QUIESCENT MODE
    if (answer ! = NO)
```

```
        error 7 Wrong answer received from all logical units at a YES-NO query. Actual:answer . Ex-
        pected: NO.
    endif
    answer = QUERY STATUS,acceptViolation
    if (answer ! = 0100 0000b)
        error 8 Wrong answer received from all logical units at an 8-bit query. Actual:answer . Expec-
        ted: 1000 000b.
    endif
endif
```

12.8.5 寻址 2

此测试检查当采用广播或群组寻址查询时,所有逻辑单元的应答。同时检查当所有逻辑单元加入到同一个组中时以及之后一半在一个组中,一半在另一个不同的组中时它们的运行状况。测试在逻辑单元为以下情况时设置为静止模式:

- 所有使能;
- 群组的前一半禁止其余使能,所有的逻辑单元在一个组中;群组 0 的静止模式禁止,群组 1 使能,逻辑单元被分成 2 个组;
- 群组的前一半使能其余禁止,所有的逻辑单元在一个组中;群组 0 的静止模式使能,群组 1 禁止,逻辑单元被分成 2 个组;
- 所有禁止。

此测试程序应当对所有逻辑单元并行运行。

测试程序:

```
if (GLOBAL_numberShortAddresses = = 1)
    report 1 Only one logical device implemented
else
    ResetDevice (false)
    for (i = 0;i < 2;i + +)
        if (i = = 0)
            AddDeviceGroups (0x00000002)
        else
            for (address = 0;address < (GLOBAL_numberShortAddresses >> 1);address + +)
                RemoveDeviceGroups (0x00000002, ShortAddress (address ))
                AddDeviceGroups (0x00000001, ShortAddress (address ))
            endfor
        endif
        for (j = 0;j < 4;j + +)
            switch (j )
                case 0:// All quiescent mode enabled
                    START QUIESCENT MODE
                    break
                case 1:
                    if (i = = 0)// First half of the group - quiescent mode disable, the rest -enable
                        for (address = 0;address < (GLOBAL_numberShortAddresses >>1);
```

```
                address ++)
                    STOP QUIESCENT MODE, send to device
                    ShortAddress(address)
                endfor
            else // Group0 - quiescent mode disabled, Group1 - enabled
                STOP QUIESCENT MODE, send to device GroupAddress (0)
            endif
            break
        case 2:
            if (i == 0)// First half of the group - quiescent mode enable, the rest -disable
                for (address = 0;address < (GLOBAL_numberShortAddresses >>1);
                address ++)
                    START QUIESCENT MODE, send to device
                    ShortAddress(address)
                endfor
                for (address = (GLOBAL_numberShortAddresses >>
                1);address < GLOBAL_numberShortAddresses ; address ++)
                    STOP QUIESCENT MODE, send to device
                    ShortAddress(address)
                endfor
            else // Group0 - quiescent mode enable, Group1 - disable
                START QUIESCENT MODE, send to device GroupAddress (0)
                STOP QUIESCENT MODE, send to device GroupAddress (1)
            endif
            break
        case 3:// All units quiescent mode disable
            if (i == 0)
                STOP QUIESCENT MODE
            else
                STOP QUIESCENT MODE, send to device GroupAddress (0)
            endif
            break
    endswitch
    answer = QUERY QUIESCENT MODE
    if (answer != enabledBroadcast[j])
        error 1 Wrong answer received from all logical units at a YES-NO query attest
        step (i,j) = (i ,j ). Actual: answer . Expected: lampOnBroadcast[j].
    endif
    answer = QUERY STATUS,acceptViolation
    if (answer != statusBroadcast[j])
        error 2 Wrong answer received from all logical units at an 8-bit query attest step (i,
        j) = (i ,j ). Actual: answer . Expected: statusBroadcast[j].
    endif
```

```
            answer = QUERY QUIESCENT MODE, send to deviceGroupAddress(1)
            if (answer ! =enabledG1[i ,j ])
                error 3 Wrong answer received from all logical units in gearGroups1 at aYES-NO
                query. Actual: answer . Expected: lampOnG1[i ,j ].
            endif
            answer = QUERY STATUS, send to deviceGroupAddress(1)
            if (answer ! =statusG1[i ,j ])
                error 4 Wrong answer received from all logical units in gearGroups1 at an8-bit query
                at test step (i,j) = (i ,j ). Actual: answer . Expected: statusG1[i ,j ].
            endif
            if (i == 1)
                answer = QUERY QUIESCENT MODE, send to deviceGroupAddress(0)
                if (answer ! =enabledG0[j ])
                    error 5 Wrong answer received from all logical units in gearGroups0at a YES-
                    NO query. Actual: answer . Expected: lampOnG0[j ].
                endif
                answer = QUERY STATUS, send to device GroupAddress (0)
                //gearGroups0
                if (answer ! =statusG0[j ])
                    error 6 Wrong answer received from all logical units in gearGroups0at an 8-bit
                    query at test step (i,j) = (i ,j ). Actual: answer . Expected: statusG0[j ].
                endif
            endif
        endfor
    endfor
endif
```

表 65 寻址 2 测试参数

测试步骤 j		0	1	2	3
启用广播		YES	YES	YES	NO
广播状态		0100 0010b	失效	失效	0100 0000b
i = 0	enabledG1	YES	YES	YES	NO
	statusG1	0100 0010b	失效	失效	0100 0000b
i = 1	enabledG1	YES	YES	NO	NO
	statusG1	0100 0010b	0100 0010b	0100 0000b	0100 0000b
	enabledG0	YES	NO	YES	NO
	statusG0	0100 0010b	0100 0000b	0100 0010b	0100 0000b

12.8.6 寻址 3

此测试检查一个逻辑单元在无地址广播查询下的运行状态。

此测试程序应当对所有逻辑单元并行运行。

测试程序：

```
if (GLOBAL_numberShortAddresses == 1)
    report 1 Only one logical device implemented
else
    ResetDevice ()
    oldAddress = GLOBAL_currentUnderTestLogicalUnit
    SetShortAddress (oldAddress ; 255)
    INITIALISE (MASK)
    RANDOMISE
    wait 100 ms
    answer = QUERY RANDOM ADDRESS(H), send to deviceBroadcastUnaddress(),accept
    Violation
    if (answer == Violation)
        error 1 Multiple logical units answered at broadcast unaddressed command.
    endif
    answer = QUERY RANDOM ADDRESS(M), send to deviceBroadcastUnaddress(),accept
    Violation
    if (answer == Violation)
        error 2 Multiple logical units answered at broadcast unaddressed command. endif
    answer = QUERY RANDOM ADDRESS(L), send to deviceBroadcastUnaddress(),accept
    Violation
    if (answer == Violation)
        error 3 Multiple logical units answered at broadcast unaddressed command.
    endif
    SetShortAddress
    (255;oldAddress )TERMINATE
endif
```

12.9 实例寻址

12.9.1 实例类型寻址

此测试检查通过实例类型来寻址一个实例。因此此测试流程检查有效实例的数量(查询实例数量)以及读每个实例类型(查询实例类型)。在第二个循环中检查所有的实例类型(查询实例类型 0～31)，对于每一个实例类型号期望值是一个有效应答(无比特时序错误)，通过执行第一个循环来检测。所有其他的实例类型寻址查询命令应当没有应答。

此测试程序应当对所有逻辑单元并行运行。

测试程序：

```
ResetDevice (true)
numberOfInstances
=GetNumberOfInstances()numberOfInstanceTypes
= 0
instanceTypeArray []
if (numberOfInstances == 0)
```

```
    report 1 No instances available
else
    // check each instance for its type and store it in a list
    for (i = 0;i <numberOfInstances ;i ++)
        instanceType = QUERY INSTANCE TYPE, send to instanceInstanceNumber(i) in-
        stanceTypeArray[numberOfInstanceTypes] = instanceType
        numberOfInstanceTypes ++
    endfor
    // check each possible instance type and check the answer according the array
    for (type = 0;type < 32;type ++)
        instanceTypeCheck = QUERY INSTANCE TYPE, send to
        instanceInstanceType(type)accept no answer
        //check if type is reported before and is part of the array
        containsType =false
        foreach(atypeininstanceTypeArray)
            if (atype == type)
                containsType =true
        break
            endif
        endfor
        if (instanceTypeCheck == NO)
            if (containsType)
                error 1 No reponse from instance typetype
            endif
        else
            if (containsType)
                if (instanceTypeCheck ! =type)
                    error 2 Invalid instance type from instance typetypereported
                endif
            else
                error 3 Response from non-existent instance typetypereceived
            endif
        endif
    endfor
endif
ResetDevice (false)
```

12.9.2 实例主组

此步骤按顺序设置主要的实例组(采用"设置原实例组(DTR0)"命令)并检查通过"查询原实例组"命令是否分配组以及"查询实例状态"对一个实例组寻址的响应。

同时还检查 DTR 高于 31 的值,此值用于忽略和设置成掩码来移除任何实例群组的分配。

此测试程序应当对所有逻辑单元并行运行。

测试程序:

```
ResetDevice (true)
numberOfInstances =GetNumberOfInstances()
if (numberOfInstances == 0)
    report 1 No instances available
else
    // clear all instance groups
    DTR0 (MASK)
    SET PRIMARY INSTANCE GROUP, send to instance InstanceBroadcast () SET
    INSTANCE GROUP 1, send to instance InstanceBroadcast ()
    SET INSTANCE GROUP 2, send to instance InstanceBroadcast ()
    for (i = 0;i <numberOfInstances ;i ++)
    // check for valid instance group reaction
        for (setInstanceGroup = 0;setInstanceGroup < 32;setInstanceGroup ++)DTR0
            (setInstanceGroup )
            SET PRIMARY INSTANCE GROUP, send to instance InstanceNumber (i ) answer =
            QUERY PRIMARY INSTANCE GROUP, send to instance
            InstanceNumber (i )
            if (answer ! =setGroup )
                error 1 Primary instance group is not set correctly
            tosetInstanceGroup endif
            // check for no response if primary instance group is set to
            setInstanceGroup for (checkGroup = 0;checkGroup<
            32,checkGroup ++)
                answer = QUERY INSTANCE STATUS, send to
                instanceInstanceGroup(checkGroup ), accept no answer
                if
                    (checkGroup ==setInstanc
                    eGroup)if (answer == NO)
                        error 2 No response from instance groupcheckGroupwithprimary instance
                        group set to setInstanceGroup
                    endif
                else
                    if (answer ! = NO)
                        error 3 Response received from instance groupcheckGroupwithprimary in-
                        stance group set to setInstanceGroup
                endif
            endif
        endfor
    endfor
    //check if MASK is set properly for primary instance group
    DTR0 (MASK)
    SET PRIMARY INSTANCE GROUP, send to instance InstanceNumber (i )
    answer = QUERY PRIMARY INSTANCE GROUP, send to instanceInstanceNumber(i )
```

```
            if (answer ! = MASK)
                error 4 Primary instance group is not set to
            MASK endif
            //check for no response if primary instance group is set to MASK
            for (checkGroup = 0;checkGroup < 32,checkGroup ++)
                answer = QUERYINSTANCESTATUS,
                sendtoinstancenstanceGroup(checkGroup),accept no answer if (answer ! = NO)
                    error 5 Response received with primary instance group
                = MASK endif
            endfor
            //set primary instance group to 9 for the following check of invalid values
            DTR0 (9)
            SET PRIMARY INSTANCE GROUP, send to instance InstanceNumber (i)
            answer = QUERY PRIMARY INSTANCE GROUP, send to instanceInstanceNumber(i)
            if (answer ! = 9)
                error 6 Primary instance group is not
            set to 9 endif
            //primary instance group is 9 and should not change when group is set to an invalid value
            for (setInstanceGroup = 32;setInstanceGroup <
               255;setInstanceGroup ++)DTR0 (setInstanceGroup)
               SET PRIMARY INSTANCE GROUP, send to instance InstanceNumber (i)
               answer = QUERY PRIMARY INSTANCE GROUP, send to instance
               InstanceNumber (i)
               if (answer ! = 9)
                    error 7 Primary instance group
               is not 9 endif
            endfor
        endfor
endif
ResetDevice (false)
```

12.9.3 实例组 2

此步骤按顺序设置实例组 2(DTR0) 并检查通过“查询原实例组”命令是否分配组以及“查询实例状态”对一个实例组寻址的响应。

同时还检查 DTR 高于 31 的值,此值用于忽略和设置成掩码来移除任何实例群组的分配。

此测试程序应当对所有逻辑单元并行运行。

测试程序:

```
ResetDevice (true)
numberOfInstances =GetNumberOfInstances()
if (numberOfInstances == 0)
    report 1 No instances available
else
    // clear all instance groups
```

```
DTR0 (MASK)
SET PRIMARY INSTANCE GROUP, send to instance InstanceBroadcast () SET
INSTANCE GROUP 1, send to instance InstanceBroadcast ()
SET INSTANCE GROUP 2, send to instance InstanceBroadcast ()
for (i = 0;i <numberOfInstances ;i ++)
    // check for valid instance group reaction
    for (setInstanceGroup = 0;setInstanceGroup < 32;setInstanceGroup ++)DTR0
        (setInstanceGroup )
        SET INSTANCE GROUP 2, send to instance InstanceNumber (i )
        answer = QUERY INSTANCE GROUP 2, send to instanceInstanceNumber(i )
        if (answer ! =setGroup )
            error 1 "instanceGroup2" is not set correctly
        tosetInstanceGroup endif
        // check for no response if instance group 2 is set to setInstanceGroup
        for (checkGroup = 0;checkGroup < 32,checkGroup ++)
            answer = QUERY INSTANCE STATUS, send to
            instanceInstanceGroup(checkGroup ), accept no answer
            if
                (checkGroup = =setInstanc
                eGroup)if (answer = = NO)
                    error 2 No response from instance
                    groupcheckGroupwith"instanceGroup2" set to setInstanceGroup
                endif
            else
                if (answer ! = NO)
                    error 3 Response received from instance
                    groupcheckGroupwith"instanceGroup2" set to setInstanceGroup
                endif
            endif
        endfor
    endfor
    //check if MASK is set properly for instance group 2
    DTR0 (MASK)
    SET INSTANCE GROUP 2, send to instance InstanceNumber (i )
    answer = QUERY INSTANCE GROUP 2, send to instanceInstanceNumber(i )
    if (answer ! = MASK)
        error 4 "instanceGroup2" is not set to
    MASK endif
    //check for no response if instance group 2 is set to MASK
    for (checkGroup = 0;checkGroup < 32,checkGroup ++)
        answer = QUERY INSTANCE STATUS, send to instanceInstanceGroup(checkGroup ),
        accept no answer
        if (answer ! = NO)
```

```
                error 5 Response received with "instanceGroup2"
            = MASK endif
        endfor
        // set instance group 2 to 9 for the following check of invalid values
        DTR0 (9)
        SET INSTANCE GROUP 2, send to instance InstanceNumber (i )
        answer = QUERY INSTANCE GROUP 2, send to instanceInstanceNumber(i )
        if (answer ! = 9)
            error 6 "instanceGroup2" is not set to 9
        endif
        // instance group 2 is 9 and should not change when group is set to an invalid value
        for (setInstanceGroup = 32;setInstanceGroup < 255;setInstanceGroup + +)
            DTR0 (setInstanceGroup )
            SET INSTANCE GROUP 2, send to instance InstanceNumber (i )
            answer = QUERY INSTANCE GROUP 2, send to instanceInstanceNumber(i )
            if (answer ! = 9)
                error 7 "instanceGroup2" is
            not 9 endif
        endfor
    endfor
endif
ResetDevice (false)
```

12.9.4 实例组 1

此步骤按顺序设置实例组 1(DTR0) 并检查通过“查询原实例组 1”命令是否分配组以及“查询实例状态”对一个实例组寻址的响应。

同时还检查 DTR 高于 31 的值，此值用于忽略和掩盖移除任何实例组的任务。

对于每个选定的逻辑单元测试应并行执行。

测试程序：

```
ResetDevice (true)
numberOfInstances =GetNumberOfInstances()
if (numberOfInstances = = 0)
    report 1 No instances available
else
    // clear all instance groups
    DTR0 (MASK)
    SET PRIMARY INSTANCE GROUP, send to instance InstanceBroadcast ()
    SET INSTANCE GROUP 1, send to instance InstanceBroadcast ()
    SET INSTANCE GROUP 2, send to instance InstanceBroadcast ()
    for (i = 0;i <numberOfInstances ;i + +)
    // check for valid instance group reaction
        for (setInstanceGroup = 0;setInstanceGroup <
            32;setInstanceGroup + +)DTR0 (setInstanceGroup )
```

```
    SET INSTANCE GROUP 1, send to instance InstanceNumber (i)
    answer = QUERY INSTANCE GROUP 1, send to instanceInstanceNumber(i)
    if (answer != setGroup)
        error 1 "instanceGroup1" is not set correctly
    tosetInstanceGroup endif
    // check for no response if instance group 1 is set to
    setInstanceGroup for (checkGroup = 0;checkGroup
    < 32,checkGroup ++)
            answer = QUERY INSTANCE STATUS, send to
            instanceInstanceGroup(checkGroup), accept no answer
            if
                (checkGroup == setInstance
                Group)
                if (answer == NO)
                    error 2 No response from instance
                    groupcheckGroupwith"instanceGroup1" set to setInstanceGroup
            endif
            else
                if (answer != NO)
                    error 3 Response received from instance
                    groupcheckGroupwith"instanceGroup1" set to setInstanceGroup
                endif
           endif
      endfor
endfor
//check if MASK is set properly for instance group 1
DTR0 (MASK)
SET INSTANCE GROUP 1, send to instance InstanceNumber (i)
answer = QUERY INSTANCE GROUP 1, send to instanceInstanceNumber(i)
if (answer != MASK)
    error 4 "instanceGroup1" is not set to MASK
endif
//check for no response if instance group 1 is set to MASK
for (checkGroup = 0;checkGroup < 32,checkGroup ++)
    answer = QUERY INSTANCE STATUS, send to instanceInstanceGroup(checkGroup),
    accept no answer
    if (answer != NO)
        error 5 Response received with "instanceGroup1"
    = MASK endif
endfor
//set instance group 1 to 9 for the following check of invalid values
DTR0 (9)
SET INSTANCE GROUP 1, send to instance InstanceNumber (i)
```

```
        answer = QUERY INSTANCE GROUP 1, send to instanceInstanceNumber(i)if
        (answer ! = 9)
            error 6 "instanceGroup1" is not
        set to 9 endif
        instance group 1 is 9 and should not change when group is set to an
        invalid value for (setInstanceGroup = 32;setInstanceGroup <
        255;setInstanceGroup ++)
            DTR0 (setInstanceGroup)
            SET INSTANCE GROUP 1, send to instance InstanceNumber (i)
            answer = QUERY INSTANCE GROUP 1, send to
            instanceInstanceNumber(i)if (answer ! = 9)
                error 7 "instanceGroup1" is
            not 9 endif
        endfor
    endfor
endif
ResetDevice (false)
```

12.9.5 实例组组合

此测试检查多实例组的分配。为此实例组 1(DTR0)和实例组 2(DTR0)设置成特定的组号,接着按顺序设置主实例组 1(1 (DTR0))并检查对每一个实例组寻址命令(查询实例状态)的应答,判断是否根据当前的群分配来执行。

对于每个选定的逻辑单元测试应并行执行。

测试程序:

```
ResetDevice (true)
numberOfInstances =GetNumberOfInstances()
if (numberOfInstances == 0)
    report 1 No instances available
else
    // clear all instance groups
    DTR0 (MASK)
    SET PRIMARY INSTANCE GROUP, send to instance InstanceBroadcast ()
    SET INSTANCE GROUP 1, send to instance InstanceBroadcast ()
    SET INSTANCE GROUP 2, send to instance InstanceBroadcast ()
    for (i = 0;i <numberOfInstances ;i ++)
        // check when all group slots are the same group
        DTR0 (5)
        SET PRIMARY INSTANCE GROUP, send to instance InstanceNumber (i) SET
        INSTANCE GROUP 1, send to instance InstanceNumber (i)
        SET INSTANCE GROUP 2, send to instance InstanceNumber (i)
        status = QUERY INSTANCE STATUS, send to instanceInstanceGroup(5),acceptno answer
        if (status == NO)
            error 1 Instance i does not respond to the instance
```

```
        group 5 endif
        // check when only two group slots are the same group
        DTR0 (255)
        SET PRIMARY INSTANCE GROUP, send to instance InstanceNumber (i)
        DTR0 (6)
        SET INSTANCE GROUP 1, send to instance InstanceNumber (i) SET
        INSTANCE GROUP 2, send to instance InstanceNumber (i)
        status = QUERY INSTANCE STATUS, send to instanceInstanceGroup(6),acceptno answer
        if (status == NO)
            error 2 Instance i does not respond to the instance
        group 6 endif
        // check when only two group slots are the same group
        DTR0 (7)
        SET PRIMARY INSTANCE GROUP, send to instance InstanceNumber (i)
        SET INSTANCE GROUP 1, send to instance InstanceNumber (i)
        DTR0 (255)
        SET INSTANCE GROUP 2, send to instance InstanceNumber (i)
        status = QUERY INSTANCE STATUS, send to instanceInstanceGroup(7),acceptno answer
        if (status == NO)
            error 3 Instance i does not respond to the instance
        group 7 endif
        // check when only two group slots are the same group
        DTR0 (8)
        SET PRIMARY INSTANCE GROUP, send to instance InstanceNumber (i)
        SET INSTANCE GROUP 2, send to instance InstanceNumber (i)
        DTR0 (255)
        SET INSTANCE GROUP 1, send to instance InstanceNumber (i)
        status = QUERY INSTANCE STATUS, send to instanceInstanceGroup(8),acceptno answer
        if (status == NO)
            error 4 Instance i does not respond to the instance
        group 8 endif
    endfor
endif
ResetDevice (false)
```

12.9.6 多实例应答

如果有超过一个实例执行，此测试检查多个应答的正确性。第一步通过实例广播将所有的事件优先级设置成同样的值。下一步，同样通过广播查询优先级，应答应是一个正确的帧，包含事件优先级设置。

之后事件优先级率先设置成另一个值，实例再次通过广播查询。这里应答必须是一个包含比特时序错误信息的帧结构。

对于每个选定的逻辑单元测试应并行执行。

测试程序：

```
ResetDevice (true)
numberOfInstances = GetNumberOfInstances()
if (numberOfInstances < 2)
    report 1 No multiple instances available
else
    // clear all instance groups
    DTR0 (MASK)
    SET PRIMARY INSTANCE GROUP, send to instance InstanceBroadcast ()
    SET INSTANCE GROUP 1, send to instance InstanceBroadcast ()
    SET INSTANCE GROUP 2, send to instance InstanceBroadcast ()
    //set all instances to instance group 3
    DTR0 (3)
    SET PRIMARY INSTANCE GROUP, send to instance InstanceBroadcast ()
    answer = QUERY PRIMARY INSTANCE GROUP, send to instanceInstanceBroadcast()
    if (answer ! = 3)
        error 1 Timing violation or no answeranswerof multiple
    instances endif
    //set one instances (one before last) to instance group 5 => expect error when broadcast
    DTR0 (5)
    SETPRIMARYINSTANCEGROUP,sendtoinstanceInstanceNumber(numberOfInstances -2)
    answer = QUERY PRIMARY INSTANCE GROUP, send to instanceInstanceGroup(3)
    if (answer ! = 3)
        error 2 Wrong answer of instance group 3
    endif
    answer = QUERY PRIMARY INSTANCE GROUP, send to instanceInstanceGroup(5)
    if (answer ! = 5)
        error 3 Wrong answer of instance group 5
    endif
    answer = QUERY PRIMARY INSTANCE GROUP, send to instanceInstanceBroadcast ( ),
    accept violation
    if (answer ! = ERROR)
        error 4 Wrong answer with different return values
    endif
endif
ResetDevice (false)
```

12.10 实例配置指令

12.10.1 实例使能/禁止

此测试程序首先测试是否有被实现的实例(查询实例号),如果实现实例,那么再次禁止(禁止实例)和能使(使能实例),这样连续保留能使状态(查询实例状态 bit1 和查询实例使能)。

测试程序应当为每个选定的逻辑单元测试。

测试程序:

```
ResetDevice (true)
numberOfInstances =GetNumberOfInstances()
if (numberOfInstances == 0)
    report 1 No instances available
    //check if input control is not enabled after enabling
    ENABLE INSTANCE, send to instance InstanceBroadcast ()
    enabled = QUERY INSTANCE ENABLED, send to instanceInstanceBroadcast()
    if (enabled )
        error 1 Wrong answer without any existent
    instance. endif
    //check if input control is not enabled after disabling
    DISABLE INSTANCE, send to instance InstanceBroadcast ()
    enabled = QUERY INSTANCE ENABLED, send to instanceInstanceBroadcast()
    if (enabled )
        error 2 Wrong answer without any existent instance.
    endif
else
    //check if all instances are enabled as preparation for next tests
    //at this point all instances should be enabled
    enable = QUERY INSTANCE ENABLED, send to instanceInstanceBroadcast()
    if (! enabled )
        error 3 Instances are not enabled.
    endif
    for (i = 0;i <numberOfInstances ;i ++)
        enabled = QUERY INSTANCE ENABLED, send to instanceInstanceNumber(i)
        if (! enabled )
            error 4 Instancesi is not enabled.
        endif
        status = QUERY INSTANCE STATUS, send to instanceInstanceNumber(i)
        if (status ! = XXXX XX1Xb)
            error 5 Instancei is not enabled.
        endif
    endfor
    // disable each instance one by one and do a full check after each disable
    for (i = 0;i <numberOfInstances ;i ++)
        // at this point at least one instance should be enabled
        enable = QUERY INSTANCE ENABLED, send to instanceInstanceBroadcast()
        if (! enabled )
            error 6 Instances are not enabled.
        endif
        DISABLE INSTANCE, send to instance InstanceNumber (i)
        for (checkInstance = 0;checkInstance <numberOfInstances ;checkInstance ++)
            enabled = QUERY INSTANCE ENABLED, send to
```

```
                instanceInstanceNumber(checkInstance )
            status =QUERYINSTANCESTATUS,sendtoinstanceInstanceNumber(checkInstance )
            if (checkInstance <=i )
                // instance should be disabled
                if (enabled )
                    error 7 InstancecheckInstanceis enabled.
                endif
                if (status ! = XXXX XX0Xb)
                    error 8 InstancecheckInstanceis enabled.
                endif
            else
                // instance should be enabled
                if (! enabled )
                    error 9 InstancecheckInstanceis not enabled.
                endif
                if (status ! = XXXX XX1Xb)
                    error 10 InstancecheckInstanceis not
                enabled. endif
            endif
        endfor
    endfor
    // at this point no instance should be enabled
    enable = QUERY INSTANCE ENABLED, send to
    instanceInstanceBroadcast()if (enabled )
        error 11 Instances are
    enabled. endif
    // enable each instance one by one and do a full check after
    each enable for (i = 0;i <numberOfInstances ;i ++)
        ENABLE INSTANCE, send to instance InstanceNumber (i )
        // at this point at least one instance should be enabled
        enable = QUERY INSTANCE ENABLED, send to
        instanceInstanceBroadcast()if (! enabled )
            error 12 Instances are not
        enabled. endif
        for (checkInstance = 0;checkInstance <numberOfInstances ;checkInstance ++)
            enabled = QUERY INSTANCE ENABLED, send to
                instanceInstanceNumber(checkInstance )
            status = QUERY INSTANCE STATUS, send to instanceInstanceNumber
            (checkInstance )
            if (checkInstance <=i )
                // instance should be enabled
                if (! enabled )
                    error 13 InstancecheckInstanceis not
```

```
                enabled. endif
                if (status ! = XXXX XX1Xb)
                    error 14 InstancecheckInstanceis not
                enabled. endif
            else
                // instance should be disabled
                if (enabled)
                    error 15 InstancecheckInstanceis
                enabled. endif
                if (status ! = XXXX XX0Xb)
                    error 16 InstancecheckInstanceis
                enabled. endif
            endif
        endfor
endfor
// check if all instances are disabled
DISABLE INSTANCE, send to instance InstanceBroadcast ()
enable = QUERY INSTANCE ENABLED, send to instanceInstanceBroadcast()
if (enabled)
    error 17 Instances are
enabled. endif
for (i = 0;i <numberOfInstances ;i + +)
    enabled = QUERY INSTANCE ENABLED, send to instanceInstanceNumber(i)
    if (enabled)
        error 18 Instancesiis
    enabled. endif
    status = QUERY INSTANCE STATUS, send to instanceInstanceNumber(i)
    if (status ! = XXXX XX0Xb)
        error 19 Instanceiis
    enabled. endif
endfor
// check if all instances are enabled
ENABLE INSTANCE, send to instance InstanceBroadcast ()
enable = QUERY INSTANCE ENABLED, send to
instanceInstanceBroadcast()if (! enabled)
    error 20 Instances are not
enabled. endif
for (i = 0;i <numberOfInstances ;i + +)
    enabled = QUERY INSTANCE ENABLED, send to
    instanceInstanceNumber(i)if (! enabled)
        error 21 Instancesiis not
    enabled. endif
    status = QUERY INSTANCE STATUS, send to
```

```
        instanceInstanceNumber(i)if (status ! = XXXX XX1Xb)
            error 22 Instancei is not
        enabled. endif
    endfor
endif
ResetDevice (false)
```

12.10.2 事件计划

第一步对所有实例按顺序设置成不同的事件计划(1 到 4,0)。DUT 配制成允许所有事件计划设置的方案。所有实例事件计划通过“查询时间机制”来验证,同样检查其他事件计划是否保持不变。

第二步 DUT 的配置改变,这是因为除了 0 以外的事件计划的需求没有满足。对于所有的实例,事件计划 1 到 4,已经设置成返回事件方案 0 进行验证。

第三步设置时 DUT 满足确定的事件计划的需求。配置改变后的需求不再满足以及验证事件计划回到 0。

测试程序对每个选择的逻辑单元测试且并行执行。

测试程序:

```
ResetDevice (true)
numberOfInstances = GetNumberOfInstances()
if (numberOfInstances == 0)
    report 1 No instances available
else
    //store current short address for later restore
    oldDeviceShortAddress = GLOBAL_currentDeviceShortAddress
    //TEST CASE: set without fallback + go to fallback after setting (when removing address)
    //DUT has already a short address
    //Add to device group 0
    AddDeviceGroups(0x0000 0001)
    //set primary instance group of all instances
    DTR0 (0)
    SET PRIMARY INSTANCE GROUP, send to instance InstanceBroadcast ()
    //loop for all instances and test setting and querying event scheme
    for (i = 0;i<numberOfInstances ;i ++)
        // set event scheme to default test value
        DTR0 (4)
        SET EVENT SCHEME, send to instance InstanceBroadcast ()
        answer = QUERY EVENT SCHEME, send to instanceInstanceBroadcast()
        if (answer ! = 4)
            error 1 Not all instances have set their event
        scheme to 4. endif
        for (dtrValue = 0;dtrValue < 256;dtrValue ++)
            DTR0 (dtrValue )
            SET EVENT SCHEME, send to instance InstanceNumber (i )
            // cross check with all instances
```

```
for (checkInstance = 0; checkInstance = numberOfInstances ; checkInstance + + )
    answer = QUERY EVENT SCHEME, send to
        instanceInstanceNumber(checkInstance )
    if (checkInstance = = i )
        // check instance which event scheme is set to DTR0
        if (dtrValue >= 0 ANDdtrValue <= 4)
            if (answer ! = dtrValue )
                error 2 InstancecheckInstancehas changed the eventscheme to
                answer
            endif
            // if event scheme is set between 1 and 4 then check fallback when remo-
            ving address or groups
            if (dtrValue >= 1 ANDdtrValue <= 4)
                if (dtrValue = = 1 ORdtrValue = = 2)
                    //remove group assignments
                    RemoveDeviceGroups(0x0000 0001)
                    //remove primary instance group
                    DTR0 (255)
                    SET PRIMARY INSTANCE GROUP, send to
                    instanceInstanceNumber (i )
                    //check if event scheme stays same
                    answer = QUERY EVENT SCHEME, send to
                    instanceInstanceNumber (checkInstance )
                    if (answer ! = dtrValue )
                        error 3 InstancecheckInstancehas alreadychanged event
                        scheme to answer before removing device short address
                    endif
                    //remove DUTs short address
                    DTR0 (255)
                    SET SHORT ADDRESS
                    //check if event scheme is fallback
                    answer = QUERY EVENT SCHEME (device
                    broadcastunaddressed, instance number checkInstance )
                    if (answer ! = 0)
                        error 4 InstancecheckInstancehas not changed tofallback
                        event scheme after removing device short address
                    endif
                else if (dtrValue = = 3)
                    //remove primary instance group
                    DTR0 (255)
                    SET PRIMARY INSTANCE GROUP, send to
                    instanceInstanceNumber (i )
                    //remove DUTs short address
```

```
        DTR0 (255)
        SET SHORT ADDRESS
        // check if event scheme stays same
        answer = QUERY EVENT SCHEME (device
        broadcastunaddressed, instance number checkInstance )
        if (answer ! =dtrValue )
            error 5 InstancecheckInstancehas alreadychanged event
            scheme to answer before removing group assignment
        endif
        // remove group assignments
        RemoveDeviceGroups(0x0000 0001,
        BroadcastUnaddressed ())
        // check if event scheme is fallback
        answer = QUERY EVENT SCHEME (device
        broadcastunaddressed, instance number checkInstance )
        if (answer ! = 0)
            error 6 InstancecheckInstancehas not changed tofall back
            event scheme after removing group assignment
    else if (dtrValue == 4)
        //remove group assignments
        RemoveDeviceGroups(0x0000 0001)
        //remove DUTs short address
        DTR0 (255)
        SET SHORT ADDRESS
        // check if event scheme stays same
        answer = QUERY EVENT SCHEME (device
        broadcastunaddressed, instance number checkInstance )
        if (answer ! =dtrValue )
            error 7 InstancecheckInstancehas alreadychanged event
            scheme to answer before removing primary instance group
        endif
        //remove primary instance group
        DTR0 (255)
        SET PRIMARY INSTANCE GROUP (device broadcast unad-
        dressed, instance number i )
        //check if event scheme is fallback
        answer = QUERY EVENT SCHEME (device broadcastunad-
        dressed, instance number checkInstance )
        if (answer ! = 0)
            error 8 InstancecheckInstancehas not changed tofallback
            event scheme after removing primary instance group
        endif
    endif
```

```
                    //restore DUTs short address
                    DTR0 (oldDeviceShortAddress )
                    SET SHORT ADDRESS (device broadcast unaddressed)
                    //restore group assignment
                    AddDeviceGroups(0x0000 0001)
                    //restore primary instance group
                    DTR0 (0)
                    SET PRIMARY INSTANCE GROUP, send to instance
                    InstanceNumber (i )
                    //restore event scheme
                    DTR0 (dtrValue )
                    SET EVENT SCHEME, send to instance
                InstanceNumber (i ) endif
            else
                // check instance where DTR0 not change
                event scheme if (answer ! = 4)
                    error 9 InstancecheckInstancehas changed the eventscheme to an-
                    swer
            endif
          endif
        else
            // check instance which event scheme should not changed
            if (answer ! = 4)
                error 10 InstancecheckInstancehas changed the event schemeto answer
            endif
        endif
    endfor
  endfor
endfor
//--------------------------------------------------
//TEST CASE: go to fallback when setting
//--------------------------------------------------
//clear all group assignments
ClearAllDeviceGroups ()
//remove primary instance group of all instances
DTR0 (255)
SET PRIMARY INSTANCE GROUP, send to instance InstanceBroadcast ()
//remove DUTs short address
DTR0 (255)
SET SHORT ADDRESS
// loop for all instances and test setting and querying event scheme
for (i = 0;i <numberOfInstances ;i ++)
    // set event scheme to default test value
```

```
        DTR0 (0)
        SET EVENT SCHEME (device broadcast unaddressed, instance broadcast)
        answer = QUERY EVENT SCHEME (device broadcast unaddressed, instancebroadcast)
        if (answer ! = 0)
            error 11 Not all instances have set their event
        scheme to 0. endif
        for (dtrValue = 0;dtrValue <
            256;dtrValue + +)DTR0 (dtrValue )
            SET EVENT SCHEME (device broadcast unaddressed, instance number i )
            // cross check with all instances
            for (checkInstance =
                0;checkInstance =numberOfInstances ;checkInstance + +)
                answer = QUERY EVENT SCHEME (device broadcast
                    unaddressed,instancenumber checkInstance )
                // in this test case the event scheme should be
                always set to 0 if (answer ! = 0)
                    error 12 InstancecheckInstancehas changed the event scheme toanswer
                endif
            endfor
        endfor
    endfor
    // restore DUTs short address
    DTR0 (oldDeviceShortAddress )
    SET SHORT ADDRESS (device broadcast unaddressed)
endif
ResetDevice (false)
```

12.10.3 输入解析和输入值

此测试检查所有可执行实例的分辨率。结果将记录于测试报告中。采用输入值(查询输入值，查询输入值锁存)命令,分别检查实例解析(查询解析)输入值的读数。

测试执行 N+1 读取动作,第一个命令是查询输入值,接着(如适用)是查询输入值锁存,N= resolution / 8 取整数。所有到 N 的命令应当有一个包含值的应答,最后一个(N+1)没有应答。

测试程序对每个选择的逻辑单元测试且并行执行。

测试程序:

```
ResetDevice (true)
numberOfInstances =GetNumberOfInstances()
if (numberOfInstances = = 0)
    report 1 No instances available
else
    // get resolution and check number of input value queries
    for (i = 0;i <numberOfInstances ;i + +)
        resolution = QUERY RESOLUTION, send to instanceInstanceNumber(i )
        NBytesNeeded =RoundUp(resolution / 8)
```

```
report 2 Instance i has a resolution of resolution bit(s) / NBytesNeeded byte(s)
answer = QUERY INPUT VALUE, send to instance InstanceNumber(i), accept noanswer
if (answer == NO)
    error 1 No response for input value
byte endif
for (b = 1; b < NBytesNeeded ; b ++)
    answer = QUERY INPUT VALUE LATCH, send to
    instance InstanceNumber(i)
    if (answer == NO)
        error 2 No response for input value
    latch byte b endif
endfor
answer = QUERY INPUT VALUE LATCH
if (answer != NO)
    error 3 Response for input value latch after
last byte endif
endfor
endif
ResetDevice (false)
```

12.10.4 **事件过滤器**

此测试将所有实例设置成实例类型 0(事件过滤器为 24 位宽),依次地将事件过滤器设置确定的值。事件过滤器由相应的查询命令检查。

测试程序对每个选择的逻辑单元测试且并行执行。

测试程序:

```
ResetDevice ()
numberOfInstances = GetNumberOfInstances()
if (numberOfInstances == 0)
    report 1 No instances available
else
    // loop for all instances and test setting and querying event filter
    for (i = 0; i < numberOfInstances ; i ++)
        answer = QUERY INSTANCE TYPE, send to instance InstanceNumber(i)
        if (answer == 0)
            SetEventFilter (send to instance InstanceNumber (i), 0x010203)
            answer = GetEventFilter(send to instance InstanceNumber(i))
            if (answer != 0x010203)
                error 1 Instance event filter not correctly set and queried afterwards.Actual:
                answer . Expected: 0x010203.
            endif
        else
            report 1 Instance type is not 0. The width of the event filter is redefined by part3 answer
            of this standard.
```

```
        endif
    endfor
endif
ResetDevice ()
```

12.11 实例查询

12.11.1 实例号与实例类型

此测试首先读取可执行实例的号。接着通过读取每个实例类型进行交叉检查并将结果放于测试报告中。本测试也检测实例号寻址。并且没有执行实例的实例号(实例号至 31)也进行无响应检查。

测试程序对每个选择的逻辑单元测试且并行执行。

测试程序：

```
ResetDevice (true)
numberOfInstances =GetNumberOfInstances()
// check each possible instance even if they do not exist
for (instance = 0;instance < 32;instance ++)
    answer = QUERY INSTANCE TYPE, send to instanceInstanceNumber(instance ),accept no an-
    swer
    if (instance <numberOfInstances )
        // expect answer of instance i
        if (answer == NO)
            error 1 Instanceinstancedoes not report its type
        else
            report 1 Instanceinstanceis from
        typeanswer
        endif
    else
        // expect no answer of instance i
        if (answer ! = NO)
            error 2 Instanceinstancereports typeanswerbut instance should not exist
        else
            report 2 Instanceinstancedoes not
        exist endif
    endif
endfor
ResetDevice (false)
```

12.11.2 实例状态

此测试检查“查询实例状态”命令应答后未用的比特位。错误比特位没有检查，因为没有定义特定错误的测试。实例的活动比特位通过“实例使能/禁止”命令测试。

测试程序对每个选择的逻辑单元测试且并行执行。

测试程序：

```
ResetDevice (true)
```

```
numberOfInstances =GetNumberOfInstances()
if (numberOfInstances == 0)
    report 1 No instances available
else
    //check reserved bits
    for (i = 0;i <numberOfInstances ;i ++)
        status = QUERY INSTANCE STATUS, send to instanceInstanceNumber(i)
        if (status != 0000 00XX)
            error 1 Reserved bits of instanceistatus are
        not 0 endif
    endfor
endif
ResetDevice (false)
```

12.11.3 实例错误

此测试检查实例错误信息是否与查询实例错误以及查询实例状态的比特0是否一致。如果状态字节没有错误(查询实例状态的比特0等于0),则查询实例错误时应当没有应答。如果状态字节中有错误,查询实例错误应当显示一些值(由规范3xx定义)。

如果检测到错误状态,显示警告,强烈建议在继续测试前将错误解决。

测试程序对每个选择的逻辑单元测试且并行执行。

测试程序:

```
ResetDevice (true)
numberOfInstances =GetNumberOfInstances()
if (numberOfInstances == 0)
    report 1 No instances available
    // check if input control has errors
    error = QUERY INSTANCE ERROR, send to instanceInstanceBroadcast()
    if (error )
        error 1 Wrong answer without any existent
    instances endif
else
// check if instances has errors
    for (i = 0;i <numberOfInstances ;i ++)
        error = QUERY INSTANCE ERROR, send to instanceInstanceNumber(i )
        status = QUERY INSTANCE STATUS, send to instanceInstanceNumber(i )
        if (status == XXXX XXX1b ANDerror != NO)
            error 2 Instanceihas an error codeerrorand report is consistent. Pleaseresolve error
            before conducting this test.
        else if ((status == XXXX XXX0b ANDerror != NO) OR (status == XXXX XXX1b
        ANDerror == NO))
            error 3 Instanceihas an error codeerrorbut report is
        inconsistent endif
    endfor
```

```
endif
ResetDevice (false)
```

12.12 Instance cross contamination

12.12.1 实例事件优先级

通过此测试,不同的事件优先级按顺序设定(发送两次“设置事件优先级”命令)。优先级设置可以通过“查询事件优先级”命令来检查。同时对其他实例的事件优先级是否保持不变进行交叉检查。

测试程序对每个选择的逻辑单元测试且并行执行。

测试程序:

```
ResetDevice (true)
numberOfInstances = GetNumberOfInstances()
if (numberOfInstances == 0)
    report 1 No instances available
else
    // set priority to default test value (to the lowest one)
    DTR0 (5)
    SET EVENT PRIORITY, send to instance InstanceBroadcast ()
    answer = QUERY EVENT PRIORITY, send to instanceInstanceBroadcast()
    if (answer ! = 5)
        error 1 Not all instances have set their event priority to
    level 5endif
    for (i = 0;i <numberOfInstances ;i ++)
        for (dtrValue = 0;dtrValue <
            256;dtrValue ++)DTR0 (dtrValue )
            SET EVENT PRIORITY, send to instance InstanceNumber (i )
            // cross check with all instances
            for (checkInstance = 0;checkInstance =numberOfInstances ;checkInstance ++)
                answer = QUERY EVENT PRIORITY, send to
                    instanceInstanceNumber(checkInstance )
                if (checkInstance == i )
                    // check instance which event priority is set by DTR0
                    if (dtrValue >= 2 ANDdtrValue <= 5)
                        if (answer ! =dtrValue )
                            error 2 InstancecheckInstancehas changed the eventpriority to the
                            wrong level answer
                        endif
                    else
                        // check instance where DTR0 not change event priority
                        if (answer ! = 5)
                            error 3 InstancecheckInstancehas changed the eventpriority to the
                            wrong level answer
                        endif
                    endif
                else
```

```
            // check instance which event priority should not changed
            if (answer != 5)
                error 4 Instance checkInstance has changed the event priority to the wrong
                level answer
            endif
        endif
      endfor
    endfor
  endfor
endif
ResetDevice (false)
```

12.13 保留命令

12.13.1 保留的标准设备命令

此测试检查设备是否对某个保留的标准命令产生响应。

测试程序对每个选择的逻辑单元测试且并行执行。

测试程序：

```
ResetDevice (false)
for (i = 0; i <= 3; i ++)
  for (opcode = fromCMD[i]; opcode <= toCMD[i]; opcode ++)
    answer = Send twice device broadcast command with opcode opcode, acceptViolation,
    Value
    if (answer != NO)
      error 1 Answer after receiving reserved standard command with opcode opcode.
    endif
    answer = QUERY RESET STATE
    if (answer != YES)
      error 2 DUT not in reset state after receiving reserved standard command with opcode op-
      code.
      ResetDevice ()
    endif
  endfor
endfor
ResetDevice (true)
```

表 66 保留命令:标准设备命令测试参数

测试步骤 i	fromCMD	toCMD
0	0x02	0x0F
1	0x12	0x13
2	0x22	0x2F
3	0x49	0xFF

12.13.2 保留的实例命令(实例类型 0)

此测试检查设备是否对某个保留实例类型 0 的实例命令产生响应。

测试程序对每个选择的逻辑单元测试且并行执行。

测试程序:

```
ResetDevice ()
numberOfInstances = GetNumberOfInstances()
if (numberOfInstances == 0)
    report 1 No instances available
else
    for (instance = 0; instance < numberOfInstances ; instance ++)
        answer = QUERY INSTANCE TYPE, send toInstanceNumber(instance )
        if (answer == 0)
            for (i = 0; i <= 4; i ++)
                for (opcode = fromCMD [i]; opcode <= toCMD [i]; opcode ++)
                    answer = Send twice, send toInstanceNumber(instance ) commandwith op-
                    code opcode , accept Violation, Value
                    if (answer != NO)
                        error 1 Answer after receiving reserved instance command(instance type
                        0) with opcode opcode .
                    endif
                    answer = QUERY RESET STATE
                    if (answer != YES)
                        error 2 DUT not in reset state after receiving reserved instancecommand
                        (instance type 0) with opcode opcode .
                        ResetDevice ()
                    endif
                endfor
            endfor
        endif
    endfor
endif
```

表 67 保留实例命令(实例类型 0)测试参数

测试步骤 i	fromCMD	toCMD
0	0x00	0x60
1	0x69	0x7F
2	0x85	0x85
3	0x87	0x87
4	0x93	0xFF

12.13.3 保留的特殊命令

此测试检查设备是否对一个保留的特殊命令产生响应。

测试程序对每个选择的逻辑单元测试且并行执行。

测试程序：

```
ResetDevice ()
for (i = 0;i <= 14;i ++)
    for (specialCMD = fromCMD [i];specialCMD <= toCMD [i];specialCMD ++)
        for (k = 0;k <= 14;k ++)
            answer = Send twice special command specialCMD with data opcode [k],accept Violation, Value
            if (answer ! = NO)
                error 1 Answer after receiving reserved special commandspecialCMDwithdata opcode [k].
            endif
            answer = QUERY RESET STATE
            if (answer ! = YES)
                error 2 DUT not in reset state after receiving reserved special
                commandspecialCMD with data opcode [k].
                ResetDevice ()
            endif
        endif
    endfor
endfor
```

表 68 预留特殊指令测试序列参数

测试步骤 i	fromCMD	toCMD
0	0xC10B	0xC11F
1	0xC122	0xC12F
2	0xC134	0xC1FF
3	0xC300	0xC3FF
4	0xCB00	0xBAFF
5	0xCD00	0xCDFF
6	0xCF00	0xCFFF
7	0xD100	0xD1FF
8	0xD300	0xD3FF
9	0xD500	0xD5FF
10	0xD700	0xD7FF
11	0xD900	0xD9FF
12	0xDB00	0xDBFF
13	0xDD00	0xDDFF
14	0xDF00	0xDFFF

测试步骤 k	0	1	2	3	4	5	6	7	8	9
操作码字节	0	1	3	5	9	17	33	65	129	255

12.14 一般测试项目

12.14.1 重置设备

此测试发送一个重置命令,然后等待命令被执行的最大时间周期。

测试程序:

```
ResetDevice ()
RESET
wait 300 ms
return
```

此测试发送一个重置命令并可选择地使能或禁止应用程序控制器以及所有实例。

测试程序:

```
ResetDevice (enable)
ResetDevice ()
// enable or disable the application controller and all instances
if (enable)
    EnableApplicationControllerAndAllInstances ()
else
    DisableApplicationControllerAndAllInstances ()
endif
return
```

12.14.2 使能应用程序控制器与所有实例

此测试使能应用程序控制器及所有实例。

测试程序:

```
EnableApplicationControllerAndAllInstances ()
ENABLE APPLICATION CONTROLLER
ENABLE INSTANCE, send to instance InstanceBroadcast ()
return
```

12.14.3 禁止应用程序控制器与所有实例

此测试禁止应用程序控制器与所有实例。

测试程序:

```
DisableApplicationControllerAndAllInstances ()
DISABLE APPLICATION CONTROLLER
DISABLE INSTANCE, send to instance InstanceBroadcast ()
return
```

12.14.4 是否包含应用程序控制器

如果 DUT 包含一个应用程序控制器或没有包含,此测试将返回。

测试程序:

```
result = HasApplicationController()
features = QUERY DEVICE CAPABILITIES
```

```
// check application controller
if (features == XXXX XXX1b)
    return true
else
    return false
endif
```

12.14.5 **获得版本号**

此测试返回控制装置的版本号。

测试程序：

```
versionNumber = GetVersionNumber()
versionNumber = -1
answer = QUERY VERSION NUMBER,acceptValue
if (answer > 3)
    minor = answer & 0x03
    major = answer >> 2
    versionNumber = major + minor / 10
else
    versionNumber = answer
endif
return versionNumber
```

12.14.6 **增加设备组**

此测试根据给定的掩码设置一个或多个设备组。

测试程序：

```
AddDeviceGroups (mask)
DTR2:DTR1 ((mask >> 8) & 0xFF, mask & 0xFF)
ADD TO DEVICE GROUPS 0-15
DTR2:DTR1 ((mask >> 24) & 0xFF, (mask >> 16) & 0xFF)
ADD TO DEVICE GROUPS 16-31
return
```

12.14.7 **删除设备组**

此测试根据给定的掩码删除一个或多个设备组。

测试程序：

```
RemoveDeviceGroups (mask)
DTR2:DTR1 ((mask >> 8) & 0xFF, mask & 0xFF)
REMOVE FROM DEVICE GROUPS 0-15
DTR2:DTR1 ((mask >> 24) & 0xFF, (mask >> 16) & 0xFF)
REMOVE FROM DEVICE GROUPS 16-31
return
```

此测试根据给定的掩码移除一个或多个设备组，另外还使用了给定的地址字节。

测试程序：

```
RemoveDeviceGroups (mask ,addressByte )
DTR2:DTR1 ((mask >> 8) & 0xFF, mask & 0xFF)
REMOVE FROM DEVICE GROUPS 0-15, send to device addressByte
DTR2:DTR1 ((mask >> 24) & 0xFF, (mask >> 16) & 0xFF)
REMOVE FROM DEVICE GROUPS 16-31, send to device addressByte
return
```

12.14.8 清除所有设备组

此测试移除所有设备组。

测试程序：

```
ClearAllDeviceGroups ()
DTR2:DTR1 (0xFF,0xFF)
REMOVE FROM DEVICE GROUPS 0-15
REMOVE FROM DEVICE GROUPS 16-31
```

12.14.9 检查设备组

此测试通过读取设备群组的分配以及对“查询设备性能”命令进行设备群组寻址的 响应，确认设备群组的成员关系。

测试程序：

```
CheckGroupAssignment (checkGroupAssignment )
deviceGroups =GetDeviceGroups()
if
    (checkGroupAssignment ! =device
    Groups ) error 1 Group assignment
    does not match
endif
// check all group addresses for correct reaction
for (i = 0;i < 32,i ++)
    status = QUERY DEVICE CAPABILITIES, send to deviceGroupAddress(i ),acceptNoAnswer
    if (checkGroupAssignment & (0x00000001 <<i ) = = 0)
        // group should be not assigned => device should not react on this group
        if (status ! = NO)
            error 2 Device reacts on device
        groupi endif
    else
        // group should be assigned => device should react on this group
        if (status = = NO)
            error 3 Device does not react on device
        groupi endif
    endif
endfor
return
```

12.14.10 获得设备组

此测试读取所有 32 种可能的设备组分配。

测试程序：

groups0to31 = **GetDeviceGroups**()

answer0 = QUERY DEVICE GROUPS 0-7

answer1 = QUERY DEVICE GROUPS 8-15

answer2 = QUERY DEVICE GROUPS 16-23

answer3 = QUERY DEVICE GROUPS 24-31

return (*answer3*<< 24) | (*answer2*<< 16) | (*answer1*<< 8) | (*answer0*)

此测试在一个给定的设备地址上读取所有 32 种可能的设备组分配。

测试程序：

groups0to31 = **GetDeviceGroups**(*addressByte*)

answer0 = QUERY DEVICE GROUPS 0-7, send to device *addressByte*

answer1 = QUERY DEVICE GROUPS 8-15, send to device *addressByte*

answer2 = QUERY DEVICE GROUPS 16-23, send to device *addressByte*

answer3 = QUERY DEVICE GROUPS 24- 31, send to device *addressByte*

return (*answer3*<< 24) | (*answer2*<< 16) | (*answer1*<< 8) | (*answer0*)

12.14.11 电源重启

此测试对内置总线供电或者外部总线供电的设备执行一次外部电源重启。电源供电的中断时间按秒来计算。

测试程序：

```
PowerCycle (delay )
if
    (GLOBAL_busP
    owered ) if
    (delay = = 5)
        delay = 0,550// since a bus powered device has a power cycle of 550 ms
    endif
    Disconnect (interface)
    wait delays
    Connect (interface)
else
    Switch_off (external power)
    wait delays
    Switch_on (external
power) endif
Return
```

12.14.12 电源重启及等待总线电源

此测试执行一次电源重启并等待总线电源回复。电源供电的中断时间按秒来计算。随后返回完成电源重启和总线电源恢复的时间(毫秒)。

测试程序：

```
Time =PowerCycleAndWaitForBusPower(delay)
if (GLOBAL_internalBPS)
    // Switch off test power supply
    Apply (Current of 0 mA on bus terminals)
        endif
PowerCycle (delay)
start_timer (timer)
    if
      (GLOBAL_inter
      nalBPS) do
        voltage =Measure(Voltage on bus terminals in V)
        timestamp =get_timer(timer)// Get time in seconds
        if (timestamp > 7)
            halt 1 Internal bus power supply not available
        after 7 s. endif
    while (voltage < 12)
    if (timestamp > 5)
        error 1 Internal bus power supply not available
    after 5 s. endif
    // Restore test power supply
    Apply (Current ofGLOBAL_IbusmA on bus termi-
nals) endif
return (get_timer (timer))
```

12.14.13 电源重启并等待解码

此测试执行一次电源重启和等待总线电源以及等待解码器就绪。电源供电的中断时间按秒来计算。测试既作用于内置总线供电设备又作用于外部总线供电设备。

测试程序：

```
PowerCycleAndWaitForDecoder (delay)
timestamp =PowerCycleAndWaitForBusPower(delay)
if (GLOBAL_busPowered)
    waitTime = 1 200
else
    // Check for note 5, table 6, IEC 62386-101 Ed2.0
    if (timestamp < 350)
        waitTime = 450 -timestamp
    else
        waitTime = 100
    endif
endif
wait waitTimems
return
```

12.14.14 设置测试帧

此测试设置 DTR0，DTR1 and DTR2 作为请求测试帧的准备，此测试帧由“发送测试帧”命令发送。

测试程序：

```
SetupTestFrame（frame）
DTR0（（frame >> 16）& 0xFF）
DTR1（（frame >> 8）& 0xFF）
DTR2（（frame）& 0xFF）
return
```

12.14.15 获取实例数

此测试返回在当前总线单元中的实例数。

测试程序：

```
numberOfInstances = GetNumberOfInstances()
numberOfInstances = QUERY NUMBER OF INSTANCES
return numberOfInstances
```

12.14.16 获取事件过滤器

此测试返回事件过滤器。

测试程序：

```
eventFilter = GetEventFilter(address)
answer0-7 = QUERY EVENT FILTER 0-7，send to address
answer8-15 = QUERY EVENT FILTER 8-15，send to address
answer16-23 = QUERY EVENT FILTER 16-23，send to address
eventFilter = answer16-23 << 16 + answer8-15 << 8 + answer0-7
return eventFilter
```

12.14.17 设置事件过滤器

此测试设置事件过滤器。

测试程序：

```
SetEventFilter（address，data）
DTR2（data >> 16）
DTR1（（data >> 8）& 0x00FF）
DTR0（data & 0x0000FF）
SET EVENT FILTER，send to address
return
```

12.14.18 获取逻辑单元数量

此测试返回总线单元中逻辑控制装置单元的数量。

测试程序：

```
numberLogicalUnits = GetNumberOfLogicalUnits()
DTR1（0）
DTR0（0x19）
```

```
answer = READ MEMORY LOCATION
return answer
```

12.14.19　**获取逻辑单元目录**

此测试检查逻辑控制装置的目录数。

测试程序：

```
indexNumberLogicalUnit =GetIndexOfLogicalUnit(address )
DTR1 (0)
DTR0 (0x1A)
answer = READ MEMORY LOCATION, send to device (ShortAddress(address ))
return answer
```

12.14.20　**获取随机地址**

此测试返回随机地址。

测试程序：

```
randomAddress =GetRandomAddress()
answerH = QUERY RANDOM ADDRESS (H)
answerM = QUERY RANDOM ADDRESS (M)
answerL = QUERY RANDOM ADDRESS (L)
randomAddress =answerH << 16 +answerM << 8 +answerL
return randomAddress
```

12.14.21　**获取受限的随机地址**

此测试会尝试50次来查找一个随机地址，此地址每一次生成的字节都不同于0x00和0xff。

测试程序：

```
randomAddress =GetLimitedRandomAddress(logicalUnit )
randomAddress = 0xFF FF
FFTERMINATE
INITIALISE (logicalUnit )
for (i = 0;i < 50;i ++)
    RANDOMISE
    wait 100 ms
    randomH = QUERY RANDOM ADDRESS (H), send to logicalUnit
    randomM = QUERY RANDOM ADDRESS (M), send to logicalUnit
    randomL = QUERY RANDOM ADDRESS (L), send to logicalUnit
    if ((randomH ! = 0x00) AND (randomH ! = 0xFF) AND (randomM ! = 0x00) AND(randomM !
    = 0xFF) AND (randomL ! = 0x00) AND (randomL ! = 0xFF))
        randomAddress =answerH << 16 +answerM << 8 +answerL
        break
    endif
endfor
TERMINATE
return randomAddress
```

12.14.22 设置搜索地址

此测试设置搜索地址为'data'。

测试程序：

```
SetSearchAddress（data）
SEARCHADDRH（data >> 16）
SEARCHADDRM（（data >> 8）&（0x00 FF））
SEARCHADDRL（data & 0x00 00 FF）
return
```

12.14.23 设置短地址

此测试采用"SET SHORT ADDRESS"命令设置新的短地址，并且利用以下寻址模式：

- 逻辑单元短地址：如果逻辑单元已经分配了短地址。
- 非寻址广播：如果逻辑单元没有分配短地址。

测试程序：

```
SetShortAddress（fromAddress；toAddress）
if（toAddress ==
    255）dtrValue =
    255
else if（toAddress <= 63）
    dtrValue = toAddress
else
    halt 1 Invalid toAddress argument in subsequence SetShortAddress.
Actual：toAddress . endif
DTR0（dtrValue）
if（fromAddress ! = 255）
    if（fromAddress <= 63）
        answer = QUERYDEVICECAPABILITIES，sendtodeviceShortAddress
        （fromAddress），accept NO
        if（answer ! = NO）
            SET SHORT ADDRESS，send to device ShortAddress（fromAddress）
        else
            halt 2 Invalid fromAddress argument in subsequence SetShortAddress.
            Actual：fromAddress .
        endif
    else
        halt 3 Invalid fromAddress argument in subsequence SetShortAddress.
        Actual：fromAddress .
    endif
else
    answer = QUERY DEVICE CAPABILITIES，send to device（broadcast unaddressed），
    accept NO
    if（answer ! = NO）
```

```
        SET SHORT ADDRESS, send to device (broadcast unaddressed)
    else
        halt 4 Invalid fromAddress argument in subsequence SetShortAddress.
        Actual: fromAddress .
    endif
endif
return
```

12.14.24 读取存储器多字节位置

此测试返回'nrBytes'存储器位置的内容。如果遇到间隙,则返回 value-1。

测试程序:

```
multibyte = ReadMemBankMultibyteLocation(nrBytes)
multibyte = 0
for (i = 0; i < nrBytes ; i ++)
    answer = READ MEMORY LOCATION
    if (answer == NO)
        multibyte = -1
        break
    endif
    multibyte = multibyte + answer * 256^(nrBytes-1-i)
endfor
return multibyte
```

12.14.25 查找执行的存储器

对于选定的逻辑单元,此测试返回在存储器 0 之上首先执行的存储器的号码以及最后可访问的存储器位置。

测试程序:

```
(memoryBankNr ; memoryBankLoc) = FindImplementedMemoryBank ()
memoryBankNr = 0
memoryBankLoc = 0
DTR0 (2)
DTR1 (0)
lastMemBank = READ MEMORY LOCATION
for (i = 1; i <= lastMemBank ; i ++)
    DTR0 (0)
    DTR1 (i)
    answer = READ MEMORY LOCATION
    if (answer ! = NO)
        memoryBankNr = i
        memoryBankLoc = answer
        break
    endif
endfor
```

```
return (memoryBankNr ;memoryBankLoc )
```

12.14.26 查找所有执行的存储器

此测试返回所有执行的存储器以及存储器 0 之上每个可执行的存储器的最后可访问位置。

测试程序：

```
(memoryBankNr[]; memoryBankLoc[]) = FindAllImplementedMemoryBanks ()
memoryBankNr [0] = 0
memoryBankLoc [0] = 0
count = 0
DTR0 (2)
DTR1 (0)
lastMemBank = READ MEMORY LOCATION
for (i = 1;i <= lastMemBank ;i + +)
    DTR0  ( 0 )
    DTR1 (i)
    answer = READ MEMORY LOCATION
    if (answer ! = NO)
        memoryBankNr [count] = i
        memoryBankLoc [count] = answer
        count + +
    endif
endfor
return (memoryBankNr [];memoryBankLoc [])
```

12.14.27 短地址

此测试返回一个指示设备短地址的设备地址字节，此短地址由给定的短地址参数生成。

测试程序：

```
(addressByte ) = ShortAddress (shortAddress )
if (shortAddress > 63)
    halt 1 Short address out of range. Actual:shortAddress . Expected:
[0..63].
endif
return (0000 0001b | (shortAddress << 1))
```

12.14.28 组地址

此测试返回一个指示设备组地址的设备地址字节，此地址由给定的组地址参数生成。

测试程序：

```
(addressByte ) = ShortAddress (groupAddress )
if (groupAddress > 31)
    halt 1 Group address out of range. Actual:groupAddress .
Expected: [0..31]. endif
return (1000 0001b | (groupAddress << 1))
```

12.14.29 广播

此测试返回一个指示设备广播地址的设备地址字节。

测试程序：

(*addressByte*) = **Broadcast** ()
return (1111 1111b)

12.14.30 非编址广播

此测试返回一个指示设备非地址广播的地址字节。

测试程序：

(*addressByte*) = **BroadcastUnaddressed** ()
return (1111 1101b)

12.14.31 实例号

此测试返回一个指示地址实例号的实例地址字节，此实例号地址由给定的实例号参数产生。

测试程序：

(*instanceByte*) = **InstanceNumber** (*instanceNumber*)
if (*instanceNumber* > 31)
  halt 1 Instance number out of range. Actual: *instanceNumber* .
Expected: [0..31]. **endif**
return (0000 0000b | *instanceNumber*)

12.14.32 实例组

此测试返回一个指示实例组地址的实例地址字节，此组地址由给定的实例组参数产生。

测试程序：

(*instanceByte*) = **InstanceGroup** (*instanceGroup*)
if (*instanceGroup* > 31)
  halt 1 Instance group out of range. Actual: *instanceGroup* .
Expected: [0..31]. **endif**
return (1000 0000b | *instanceGroup*)

12.14.33 实例类型

此测试返回一个指示实例类型地址的实例地址字节，此实例类型地址由给定的实例类型参数产生。

测试程序：

(*instanceByte*) = **InstanceType** (*instanceType*)
if (*instanceType* > 31)
  halt 1 Instance type out of range. Actual: *instanceType* .
Expected: [0..31]. **endif**
return (1100 0000b | *instanceType*)

12.14.34 实例广播

此测试返回一个指示实例广播地址的实例地址字节。

测试程序：

(*instanceByte*) = **InstanceBroadcast** ()

return (1111 1111b)

12.14.35 实例号的特征

此测试返回一个指示实例号地址特征的实例地址字节,此实例号地址由给定的实例号参数产生。

测试程序:

```
(instanceByte) = FeatureOfInstanceNumber (instanceNumber)
if (instanceNumber > 31)
    halt 1 Instance number (for feature) out of range. Actual:instanceNumber . Expected:[0..31].
endif
return (0010 0000b | instanceNumber)
```

12.14.36 实例组特征

此测试返回一个指示实例组地址特征的实例地址字节,此实例组地址由给定的实例组参数产生。

测试程序:

```
(instanceByte) = FeatureOfInstanceGroup (instanceGroup)
if (instanceGroup > 31)
    halt 1 Instance group (for feature) out of range. Actual:instanceGroup .
Expected: [0..31].
endif
return (1010 0000b | instanceGroup)
```

12.14.37 实例类型特征

此测试返回一个指示实例类型地址特征的实例字节,此实例类型地址由给定的实例类型参数产生。

测试程序:

```
(instanceByte) = FeatureOfInstanceType (instanceType)
if (instanceType > 31)
    halt 1 Instance type (for feature) out of range. Actual:instanceType .
Expected: [0..31]. endif
return (0110 0000b | instanceType)
```

12.14.38 实例广播的特征

此测试返回一个指示实例广播地址特征的实例地址字节。

测试程序:

```
(instanceByte) = FeatureOfInstanceBroadcast ()
return (1111 1101b)
```

12.14.39 设备特征

此测试返回一个设备及实例地址字节。此设备地址字节指示一个设备短地址,此地址由给定的短地址参数产生。此实例地址字节指示一个设备地址的特征。

测试程序:

```
(addressByte, instanceByte) = FeatureOfDeviceWithShortAddress (shortAddress)
if (shortAddress > 63)
    halt 1 Short address out of range. Actual:shortAddress . Expected: [0..63].
endif
```

addressByte = 0000 0001b | （*shortAddress* << 1）

instanceByte = 1111 1100b

return（*addressByte*，*instanceByte*）

12.14.40 带组地址的设备特征

此测试返回一个设备和实例地址字节。此设备地址字节指示一个由给定的组地址参数生成的设备组地址。此实例地址字节指示一个设备地址特征。

测试程序：

（*addressByte*，*instanceByte*）= **FeatureOfDeviceWithGroupAddress**（*groupAddress*）

if（*groupAddress* > 31）

halt 1 Group address out of range. Actual：*groupAddress*.

Expected：[0..63]. **endif**

addressByte = 1000 0001b | （*groupAddress* << 1）

instanceByte = 1111 1100b

return（*addressByte*，*instanceByte*）

12.14.41 带广播的设备特征

此测试返回一个设备和实例地址字节。此设备地址字节指示一个设备广播地址。此实例地址字节指示一个设备地址的特征。

（*addressByte*，*instanceByte*）= **FeatureOfDeviceWithBroadcast**（）

addressByte = 1111 1111b

instanceByte = 1111 1100b

return（*addressByte*，*instanceByte*）

参考文献

[1] CISPR 15 Limits and methods of measurement of radio disturbance characteristics of electrical lighting and similar equipment

[2] IEC 60598-1 Luminaires—Part 1:General requirements and tests

[3] IEC 60669-2-1 Switches for household and similar fixed electrical installations—Part 2-1, Particular requirements—Electronic switches

[4] IEC 60921 Ballasts for tubular fluorescent lamps—Performance rquirements

[5] IEC 60923 Auxiliaries for lamps—Ballasts for discharge lamps (excluding tubular fluorescent lamps)—Performance rquirements

[6] IEC 60929 AC and/or DC-Supplied electronic control gear for tubular fluorescent lamps—Performance requirments

[7] IEC 61347-1 Lamp controlgear—Part 1:General and safety rquirements

[8] IEC 61347-2-3 Lamp control gear—Part 2-3:Particular requirements for a.c and/or d.c.supplied electronic control gear for fluorescent lamps

[9] IEC 61547 Equipment for general lighting purposes—EMC immunity requirements

[10] IEC 62034 Automatic test systems for battery powered emergency escape lighting

[11] GS1 General Specification, Version 14: Jan-2014, [cited 2014-07-15]. Available at: http://www.google.ch/url? sa=t&rct=j&q=&esrc=s&frm=1&source=web&cd=2&ved=0CCIQFjAB&url=http%3A%2F%2Fwww.gs1.at%2Findex.php%3Foption%3Dcom_phocadownload%26view%3Dcategory%26download%3D289%3Ags1-general-specifications-v14-en%26id%3D9%3Ags1-spezifikationen-arichtlinien%26Itemid%3D304&ei=znm2U4PqFoP80gXXmlHgAQ&usg=AFQjCNHoqaUjWX-vLbyjfVJoGxgOAI63mCw

ICS 01.080.10
A 22

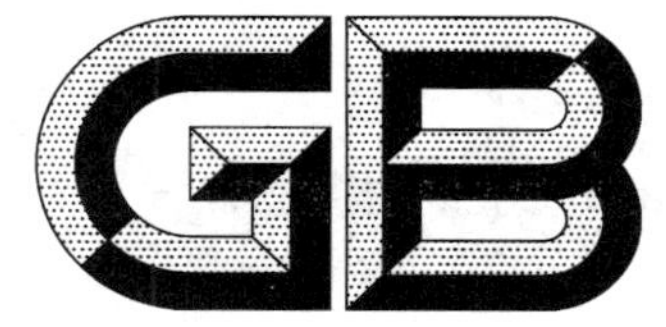

中华人民共和国国家标准

GB/T 30240.2—2017

公共服务领域英文译写规范 第2部分:交通

Guidelines for the use of English in public service areas—Part 2:Transportation

2017-05-22 发布

2017-12-01 实施

中华人民共和国国家质量监督检验检疫总局
中国国家标准化管理委员会 发布

前 言

GB/T 30240《公共服务领域英文译写规范》与公共服务领域日文、韩文、俄文等译写规范共同构成关于公共服务领域外文译写规范的系列国家标准。

GB/T 30240《公共服务领域英文译写规范》分为以下部分：

——第1部分：通则；

——第2部分：交通；

——第3部分：旅游；

——第4部分：文化娱乐；

——第5部分：体育；

——第6部分：教育；

——第7部分：医疗卫生；

——第8部分：邮政电信；

——第9部分：餐饮住宿；

——第10部分：商业金融。

本部分为GB/T 30240的第2部分。

本部分按照GB/T 1.1—2009给出的规则起草。

本部分由教育部语言文字信息管理司归口。

本部分起草单位：上海市语言文字工作委员会、北京市语言文字工作委员会、江苏省语言文字工作委员会、南京大学、南京农业大学、解放军国际关系学院、成都市标准化研究院。

本部分主要起草人：柴明颎、丁言仁、潘文国、戴曼纯、姚锦清、王银泉、戴宗显、白殿一、刘连安、张日培、林元彪、张民选、唐琤琤、王守仁、陈新仁、杨晓荣、乌永志、孙小春、任雁、刘莎。

公共服务领域英文译写规范
第2部分：交通

1 范围

GB/T 30240的本部分规定了交通服务领域英文翻译和书写的相关术语和定义、译写方法和要求、书写要求等。

本部分适用于道路交通信息、公共交通信息的英文译写。

2 规范性引用文件

下列文件对于本文件的应用是必不可少的。凡是注日期的引用文件，仅注日期的版本适用于本文件。凡是不注日期的引用文件，其最新版本（包括所有的修改单）适用于本文件。

GB/T 917 公路路线标识规则和国道编号

GB 5768.2—2009 道路交通标志和标线 第2部分：道路交通标志

GB 17733 地名 标志

GB/T 30240.1—2013 公共服务领域英文译写规范 第1部分：通则

3 术语和定义

下列术语和定义适用于本文件。

3.1

道路交通信息 road traffic information

设置在公路、城市道路以及虽在单位管辖范围但允许公众通行的地方，为机动车、非机动车驾驶人员以及行人提供的交通信息。

3.2

公共交通信息 public transportation information

对公众开放、提供客运服务的交通运输部门向乘客及接送客人员提供的服务信息。

注：提供客运服务的交通运输系统包括航空客运、铁路客运、轮船客运、轨道交通客运、公共汽车客运和出租车客运。

4 翻译方法和要求

4.1 道路交通信息

4.1.1 地名、交通标志中的道路交通设施名称的译写应符合GB 5768.2—2009中3.7.1的要求，以及GB 17733的规定。对外服务中需要用英文对道路设施的功能、性质等予以解释的，高速公路译作Expressway，公路译作Highway，道路译作Road，高架道路译作Elevated Road，环路译作Ring Road。

4.1.2 国道、省道、县道用英文解释时分别译作National Highway、Provincial Highway、County Highway；但在指示具体道路时按照GB/T 917的规定执行，分别用“G＋阿拉伯数字编号”“S＋阿拉伯数字编号”“X＋阿拉伯数字编号”的方式标示，如312国道标示为G312。

4.1.3 预告性的警示警告、说明提示信息应用 Ahead 标明，如：前方学校 School Ahead。

4.1.4 禁止停车应区分不同的情况采用不同的译法：禁止长时停车（但可以临时停靠以让乘客上下车或装卸货物）译作 No Parking，禁止临时停车、停留译作 No Stopping。

4.1.5 其他道路交通信息的具体译法参见附录 A。

4.2 公共交通信息

4.2.1 飞机场、火车站、轮船码头（港口）名称用作地名时，应符合 GB/T 30240.1—2013 中 4.1.3 的相关要求。对外服务中需要用英文予以解释的，飞机场译作 Airport，火车站译作 Railway Station，大型港口译作 Port，客运码头、轮渡站译作 Ferry Terminal 或 Pier，货运码头译作 Wharf，装卸码头译作 Loading/Unloading Dock。

4.2.2 飞机场内的航站楼译作 Terminal。同一机场内有多座航站楼的，用"Terminal＋阿拉伯数字"的方式译写，如：1 号航站楼译作 Terminal 1（简作 T1）。

4.2.3 飞机航班号、列车车次、轮船班次的译写，根据行业标准或惯例执行。轨道交通线路译作 Line，具体线路用"Line＋阿拉伯数字"的方式译写。公共汽车线路译作 Bus Route，指称具体公交线路时 Route 可以省略，直接用阿拉伯数字表示，如：公交 63 路译作 Bus 63。

4.2.4 轨道交通和公共汽车站点名称用作地名时，应符合 GB/T 30240.1—2013 中 4.1.3 的相关要求，对外服务中需要用英文予以解释的，轨道交通站点译作 Station，公共汽车始发站和终点站译作 Terminal 或 Station，公共汽车沿途站点译作 Stop。

4.2.5 厕所的译法参见 GB/T 30240.1；设在飞机或列车上的厕所一般译作 Lavatory。

4.2.6 其他公共交通信息的具体译法参见附录 B。

4.3 词语选用和拼写方法

英文词语选用和拼写方法应符合 GB/T 30240.1—2013 中 5.3 的要求，如行李可在 Baggage 或 Luggage 中任选一种译法，但在同一场所内应保持统一。

4.4 语法和格式

4.4.1 用交通工具名称指示乘车点或停车点方位的标志应用复数不用单数，如：Buses、Taxis、Coaches、Trucks。

4.4.2 车、船、机票应根据具体场合使用单复数形式，指示售票窗口的标志应用复数，如民航售票用 Airline Tickets。

4.4.3 其他单复数用法，以及英文人称、时态和缩写形式应符合 GB/T 30240.1—2013 中 5.4 的要求。

5 书写要求

英文大小写、标点符号、字体、空格、换行等的用法应符合 GB/T 30240.1—2013 中第 6 章的要求。

附 录 A
（资料性附录）
道路交通信息英文译法示例

A.1 说明

表 A.1～表 A.5 给出了道路交通信息英文译法示例。各表的英文中：

a) “〔 〕”中的内容是对英文译法的解释说明，“（ ）”及其所包含的内容是译文的组成部分，使用时应完整译写；
b) “//”表示书写时应当换行的断行处，需要同行书写时“//”应改为句点“.”；
c) “____”表示使用时应根据实际情况填入具体内容；
d) “或”前后所列出的不同译法可任意选择一种使用，“;”前后所列出的不同译法应根据相关解释说明区分不同情况选择使用；
e) 解释说明中指出某个词“可以省略”的，省略该词的译文只能用于设置在该设施上的标志中，如“应急车道”应译作 Emergency Lane，在设置于该车道上的标志中可以省略 Lane，译作 Emergency。

A.2 功能设施信息

功能设施信息英文译法示例见表 A.1。

表 A.1 功能设施信息英文译法示例

序号	中文	英文
	（道路设施）	
1	公路	Highway
2	高速公路	Expressway
3	干线公路	Trunk Highway
4	国道	National Highway
5	省道	Provincial Highway
6	县道	County Highway
7	城市道路	Urban Road
8	地面道路	Ground-Level Road
9	高架道路	Elevated Road 或 Elevated Highway
10	支路	Access Road
11	辅路	Side Road
12	绕城公路;环路	Beltway 或 Ring Road
13	主干路	Arterial Road
14	次干路	Sub-Arterial Road
15	收费公路	Tollway 或 Toll Road

表 A.1（续）

序号	中文	英文
	（桥梁设施）	
16	桥梁	Bridge
17	高架桥	Overpass〔指城市中的高架桥〕；Viaduct〔指横跨河流或山谷的高架桥〕
18	立交桥〔车行〕	Highway Interchange 或 Flyover
	（交通信号设施）	
19	安全岛；交通岛	Refuge Island 或 Pedestrian Refuge
20	环岛；环形交叉路口	Roundabout
21	交通信号灯	Traffic Lights
22	标线	Marking
23	人行横道线	Pedestrian Crossing
	（停车设施）	
24	车辆上下客区	Passenger Pick-up and Drop-off Area〔Area 可以省略〕
25	车辆下客区	Passenger Drop-off Area〔Area 可以省略〕
26	卡车停靠点	Truck Parking Only 或 Trucks Only
27	路侧停车点	Roadside Parking
28	公共停车场	Public Parking
29	内部停车场	Private Parking〔私人用〕；Staff Parking〔员工用〕
30	全日停车场〔昼夜服务〕	24-Hour Parking
31	免费停车场	Free Parking
32	收费停车场	Pay Parking
33	残疾人专用停车位	Parking for People With Disabilities
34	出租车专用停车位	Taxi Parking Only 或 Taxis Only
35	非机动车专用停车位	Non-Motor Vehicle Parking Only 或 Non-Motor Vehicles Only
36	大客车停车位	Bus Parking Only 或 Buses Only
37	停车港湾	Parking Bay
38	专属停车位	Reserved Parking
39	临时停车	Temporary Parking
40	计时停车	Hourly Parking 或 Metered Parking
41	停车场收费处	Parking Booth
	（收费设施）	
42	收费站	Toll Station 或 Toll Gate
43	电子收费	Electronic Toll Collection 或 ETC

A.3　警示警告信息

警示警告信息英文译法示例见表 A.2。

表 A.2　警示警告信息英文译法示例

序号	中文	英文
	（GB 5768.2 中的警告标志语）	
1	交叉路口	Crossroads 或 Intersection
2	急弯路	Sharp Bend 或 Sharp Curve
3	反向弯路	Reverse Curve
4	连续弯路	Winding Road Ahead 或 Curves Ahead
5	陡坡	Steep Descent Ahead
6	连续下坡	Long Descent
7	窄路	Narrow Road
8	窄桥	Narrow Bridge
9	双向交通	Two-Way Traffic
10	注意行人	Watch for Pedestrians
11	注意儿童	Watch for Children
12	注意牲畜	Watch for Livestock
13	注意野生动物	Watch for Wild Animals
14	注意信号灯	Traffic Lights Ahead
15	注意落石	DANGER//Falling Rocks
16	注意横风	Beware of Crosswind
17	易滑	CAUTION//Slippery Surface
18	傍山险路	Steep Mountain Road
19	堤坝路	Embankment Road
20	村庄	Village
21	隧道	Tunnel
22	渡口	Ferry
23	驼峰桥	Camel-Back Bridge 或 Hump-Back Bridge
24	路面不平	Rough Road Ahead
25	路面高突	Bumpy Road Ahead
26	路面低洼	Low-Lying Road Ahead
27	过水路面	Low Water Crossing 或 Low Level Crossing
28	有人看守铁道路口	Guarded Railway Crossing
29	无人看守铁道路口	Unguarded Railway Crossing
30	叉形符号	〔使用图形标志〕
31	斜杠符号	〔使用图形标志〕
32	注意非机动车	Watch for Non-Motor Vehicles
33	注意残疾人	Yield to People With Disabilities
34	事故易发路段	CAUTION//Accident Black Spot
35	慢行	Slow Down
36	注意障碍物	Watch Out for Obstacles 或 CAUTION//Obstacles Ahead
37	注意危险	Drive With Caution
38	施工；道路作业	Road Work
39	建议速度	Suggested Speed
40	隧道开车灯	Turn on Headlights Before Entering Tunnel

表 A.2（续）

序号	中文	英文
41	注意潮汐车道	Reversible Lane Ahead〔车道有多条时应使用复数 Lanes〕
42	注意保持车距	Keep Distance
43	注意分离式道路	Split Road Ahead
44	注意合流	Roads Merge 或 Lanes Merge
45	避险车道	Truck Escape Ramp
46	注意路面结冰	CAUTION//Icy Road
47	注意雨雪天气	Drive Carefully in Rain or Snow
48	注意雾天	Drive Carefully in Foggy Weather
49	注意不利气象条件	Drive Carefully in Adverse Weather Conditions
50	注意前方车辆排队	Queues Likely
	（其他警示警告信息）	
51	地面交通	Ground Transportation
52	公路货运	Road Freight
53	步行道	Walkway
54	人行道	Sidewalk 或 Pedestrians
55	让车道	Yield Lane
56	超车道	Overtaking Lane 或 Passing Lane
57	应急车道	Emergency Lane
58	大型车道	Heavy Vehicle Lane 或 Heavy Vehicles〔用于 Lane 可以省略的场合〕
59	小型车道	Light Vehicle Lane 或 Light Vehicles〔用于 Lane 可以省略的场合〕
60	车道封闭	Lane Closed
61	此道临时封闭	Temporarily Closed
62	人行道封闭	Sidewalk Closed
63	道路封闭;此路封闭	Road Closed
64	明槽路段;深槽路段	Underpass
65	多雾路段	Foggy Area
66	软基路段	Weak Subgrade 或 Soft Roadbed
67	软路肩	Soft Shoulder
68	减速带;减速路面;减速丘	Speed Bumps 或 Speed Humps
69	道路变窄;车道变窄	Road Narrows
70	右侧变窄	Road Narrows on Right
71	左侧变窄	Road Narrows on Left
72	两侧变窄	Road Narrows on Both Sides
73	前方右侧绕行	Detour Ahead Right 或 Detour Right
74	前方左侧绕行	Detour Ahead Left 或 Detour Left
75	前方左右绕行	Detour Ahead Left or Right
76	前方弯道	Curve Ahead
77	前方左急转弯	Sharp Left Turn Ahead
78	前方右急转弯	Sharp Right Turn Ahead
79	弯道建议速度：____千米/小时	Suggested Speed on Curves:___km/h
80	向右急转弯路	Sharp Curve to Right

表 A.2（续）

序号	中文	英文
81	向左急转弯路	Sharp Curve to Left
82	前方____米进入无路灯路段	No Road Lights ____ m Ahead
83	无路灯路段全长____米	No Road Lights Next ____ m
84	前方路面不平	Rough Road Ahead
85	前方桥低	Low Bridge Ahead
86	前方施工	Road Work Ahead
87	前方拥堵	Congestion Ahead
88	公共汽车优先	Bus Priority
89	铁路道口	Railway Crossing
90	注意动物	Watch for Animals 或 Yield to Animals
91	注意火车	Beware of Trains
92	注意前方人行横道	Pedestrian Crossing Ahead
93	小心滑坡	Landslide Hazard Area
94	小心雪天路滑	Road May Be Icy

A.4 限令禁止信息

限令禁止信息英文译法示例见表 A.3。

表 A.3 限令禁止信息英文译法示例

序号	中文	英文
	（GB 5768.2 中的禁令标志语）	
1	停车让行	STOP
2	减速让行	YIELD
3	会车让行	Give Way to Oncoming Vehicles
4	禁止通行	Do Not Enter 或 No Entry
5	禁止驶入	Do Not Enter 或 No Entry
6	禁止机动车驶入	No Motor Vehicles
7	禁止载货汽车驶入	No Trucks
8	禁止电动三轮车驶入	No Electric Tricycles
9	禁止大型客车驶入	No Large Buses
10	禁止小型客车驶入	No Minibuses
11	禁止挂车、半挂车驶入	No Trailers or Semi-Trailers
12	禁止拖拉机驶入	No Tractors
13	禁止三轮汽车、低速货车驶入	No Tricars or Low-Speed Motor Vehicles
14	禁止摩托车驶入	No Motorcycles
15	禁止某两种车驶入	No Entry for ____ and ____
16	禁止非机动车驶入	Motor Vehicles Only 或 No Entry for Non-Motor Vehicles
17	禁止畜力车驶入	No Animal-Drawn Carts
18	禁止人力客运三轮车进入	No Passenger Tricycles

表 A.3（续）

序号	中文	英文
19	禁止人力货运三轮车进入	No Handcarts or Freight Tricycles
20	禁止人力车进入	No Handcarts or Tricycles
21	禁止行人进入	No Pedestrians
22	禁止向左转弯	No Left Turn
23	禁止向右转弯	No Right Turn
24	禁止直行	No Straight Thru
25	禁止向左向右转弯	No Left or Right Turn 或 No Turns
26	禁止直行和向左转弯	No Straight Thru or Left Turn
27	禁止直行和向右转弯	No Straight Thru or Right Turn
28	禁止掉头	No U-Turn
29	禁止超车	No Overtaking
30	解除禁止超车	END//No-Overtaking 或 End of No-Overtaking Zone
31	禁止停车	No Stopping 或 No Stopping at Any Time
32	禁止长时停车	No Parking
33	禁止鸣喇叭	No Honking 或 Do Not Honk
34	限制宽度：____米	Maximum Width：____ m
35	限制高度：____米	Maximum Clearance：____ m
36	限制质量：____吨	Weight Limit：____ t
37	限制轴重：____吨	Axle Weight Limit：____ t
38	限制速度：____千米/小时	Speed Limit：____ km/h
39	解除限制速度：____千米/小时	End//____ km/h Speed Limit
40	停车检查	Stop for Inspection
41	禁止运输危险物品车辆驶入	Vehicles Carrying Hazardous Materials Prohibited
42	海关〔指中国海关〕	China Customs
43	区域限制速度：____千米/小时	____ km/h//Speed Zone
44	区域限制速度解除：____千米/小时	END//____ km/h//Speed Zone 或 End of ____ km/h Speed Limit
45	区域禁止长时停车	No Parking in This Area
46	区域禁止长时停车解除	End//No Parking Zone 或 End of No Parking Zone
47	区域禁止停车	No Stopping in This Area
48	区域禁止停车解除	END//No Stopping Zone 或 End of No Stopping Zone
	（其他限令禁止信息）	
49	禁止货车及小型客车直行	No Straight Thru for Trucks or Minibuses
50	禁止小型客车右转	No Right Turn for Minibuses
51	禁止载货货车及拖拉机左转弯	No Left Turn for Trucks or Tractors
52	禁止载货货车和拖拉机向左向右转弯	No Left or Right Turn for Trucks or Tractors 或 No Turns for Trucks or Tractors
53	禁止载货货车左转	No Left Turn for Trucks
54	禁止外来车辆驶入	Staff Vehicles Only
55	禁止二轮摩托车驶入	No Motorcycles
56	禁止农用车驶入	No Farm Vehicles
57	禁止汽车拖、挂车驶入	No Trailers

表 A.3（续）

序号	中文	英文
58	禁止三轮机动车驶入	No Motor Tricycles
59	禁止超越；禁止越线	Stay in Lane
60	禁止酒后开车	Do Not Drink and Drive 或 Driving After Drinking Is Prohibited by Law
61	禁止疲劳驾驶	Do Not Drive Tired
62	禁止超高	Do Not Exceed Height Limit
63	禁止超载	Do Not Overload 或 Do Not Exceed Weight Limit
64	禁止超速	No Speeding 或 Do Not Exceed Speed Limit
65	禁止开车使用手机	Do Not Use Cellphone While Driving
66	禁止骑自行车上坡	Do Not Cycle Uphill
67	禁止骑自行车下坡	Do Not Cycle Downhill
68	未经允许货车禁止通行	No Trucks Unless Authorized
69	禁止通道两侧停车	No Parking on Either Side
70	请勿将头手伸出窗外	Keep Head and Hands Inside
71	请勿向窗外扔东西	Do Not Throw Anything Out of Window

A.5 指示指令信息

指示指令信息英文译法示例见表 A.4。

表 A.4 指示指令信息英文译法示例

序号	中文	英文
	（GB 5768.2 中的指示标志语）	
1	直行	Go Straight
2	向左转弯	Turn Left
3	向右转弯	Turn Right
4	直行和向左转弯	Straight or Left Turn
5	直行和向右转弯	Straight or Right Turn
6	向左和向右转弯	Turn Left or Right
7	靠右侧道路行驶	Keep Right
8	靠左侧道路行驶	Keep Left
9	立体交叉直行和左转弯行驶	Overpass Ahead//Straight or Left Turn
10	立体交叉直行和右转弯行驶	Overpass Ahead//Straight or Right Turn
11	环岛行驶	Roundabout
12	单行路〔向左或向右〕	One Way〔需要标示单行路“向左”或“向右”的方向时，在使用此译文的基础上辅以相应的箭头图形符号〕
13	单行路〔直行〕	One Way〔需要标示单行路“直行”的方向时，在使用此译文的基础上辅以相应的箭头图形符号〕
14	步行	Walk
15	鸣喇叭	Honk
16	最低限速：____千米/小时	Minimum Speed：____ km/h

表 A.4（续）

序号	中文	英文
17	路口优先通行	Priority at Intersection
18	会车先行	Priority Over Oncoming Vehicles
19	人行横道	Pedestrian Crossing
20	右转车道	Right-Turn Lane〔Lane 可以省略〕
21	左转车道	Left-Turn Lane〔Lane 可以省略〕
22	直行车道	Straight Lane〔Lane 可以省略〕
23	直行和右转合用车道	Straight and Right Turn Lane〔Lane 可以省略〕
24	直行和左转合用车道	Straight and Left Turn Lane〔Lane 可以省略〕
25	掉头车道	U-Turn Lane〔Lane 可以省略〕
26	掉头和左转合用车道	Left or U-Turn Lane〔Lane 可以省略〕
27	分向行驶车道	Road Divides Ahead
28	公交路线专用车道	Bus Lane 或 Buses Only〔用于 Lane 可以省略的场合〕
29	机动车行驶	Motor Vehicles Only
30	机动车车道	Motor Vehicle Lane 或 Motor Vehicles〔用于 Lane 可以省略的场合〕
31	非机动车行驶	Non-Motor Vehicles Only
32	非机动车车道	Non-Motor Vehicle Lane 或 Non-Motor Vehicles〔用于 Lane 可以省略的场合〕
33	快速公交系统专用车道	Bus Rapid Transit Lane 或 BRT Lane 或 BRT Only〔用于 Lane 可以省略的场合〕
34	多乘员车辆专用车道	High-Occupancy Vehicle Lane 或 Carpools Only〔用于 Lane 可以省略的场合〕
35	停车位	Parking Space
36	允许掉头	U-Turn
	（其他指示指令信息）	
37	保持车距	Keep Distance 或 Keep a Safe Distance
38	谨防追尾	WARNING//Rear End Collision
39	平稳驾驶，注意安全	Drive Safely
40	小心驾驶	Drive With Caution
41	车辆慢行	SLOW
42	雨雪天气请慢行	Drive Slowly in Rain or Snow
43	前方弯路慢行	Bend Ahead//Slow Down 或 SLOW//Bend Ahead
44	前方学校，减速慢行	School Ahead//Slow Down
45	前方有事故，减速行驶	Accident Ahead//Slow Down
46	长下坡慢行	Long Descent//Slow Down
47	转弯慢行	Turn Ahead//Slow Down
48	陡坡减速；陡坡慢行	Steep Descent//Slow Down
49	干路先行	Yield to Main Road Traffic
50	车辆绕行	Detour
51	施工请绕行	Construction Ahead//Detour
52	请按车道行驶；分道行驶	Stay in Lane
53	大型车靠右	Large Vehicles Keep Right

表 A.4(续)

序号	中文	英文
54	避让行人	Yield to Pedestrians
55	请停车入位	Park in Bays Only
56	行人绕行	Pedestrians Detour
57	人行过街,请走天桥	Please Use the Footbridge
58	请下车推行〔指自行车〕	Please Walk Your Bicycle
59	停车接受检查	Stop for Inspection

A.6 说明提示信息

说明提示信息英文译法示例见表 A.5。

表 A.5 说明提示信息英文译法示例

序号	中文	英文
	(GB 5768.2 中的指路标志语)	
1	十字交叉路口	〔使用图形标志〕
2	丁字交叉路口	〔使用图形标志〕
3	错车道	Passing Bay
4	人行天桥	Footbridge 或 Pedestrian Overpass
5	人行地下通道	Pedestrian Underpass
6	残疾人专用设施	Accessible Facilities
7	应急避难设施〔或场所〕	Emergency Shelter
8	休息区	Rest Area
9	绕行	Detour
10	此路不通	No Through Road 或 Dead End
11	车道数变少	Fewer Lanes Ahead
12	车道数增加	More Lanes Ahead
13	交通监控设备	Traffic Surveillance
14	两侧通行	Pass on Either Side
15	右侧通行	Keep Right
16	左侧通行	Keep Left
17	入口预告	Entrance Ahead
18	下一出口预告	Next Exit
19	道路交通信息	Traffic Information
20	停车领卡	Stop for Toll Card
21	车距确认	Check Your Following Distance
22	特殊天气建议速度	Suggested Speed Under Special Weather
23	紧急电话	Emergency Call
24	救援电话	First Aid Call
25	计重收费	Toll-by-Weight
26	加油站	Petrol Station

表 A.5（续）

序号	中文	英文
27	加气站	Natural Gas Station
28	紧急停车带	Emergency Stop Area
29	服务区预告	Service Area Ahead
30	爬坡车道	Climbing Lane
31	爬坡车道结束	End of Climbing Lane
32	超限检测站	Weigh Station
	（GB 5768.2 中的辅助标志语）	
33	除公共汽车外〔其他车辆不得进入或停靠〕	Buses Only
34	机动车	Motor Vehicles
35	货车	Trucks
36	货车、拖拉机	Tractors
37	私人专属	Private
38	向前 200 米	200 Meters Ahead
39	学校	School
40	事故	Accident
41	塌方	Landslide
42	教练车行驶路线	Learner Driver Training Route
43	驾驶考试路线	Driving Test Route
44	校车停靠站点	School Bus Stop
	（其他说明提示信息）	
45	硬路肩	Hard Shoulder
46	免费通行	Toll Free
47	汽车修理	Garage 或 Auto Repair 或 Automobile Maintenance
48	汽车租赁	Car Rental
49	洗车	Car Wash 或 Auto Wash
50	驾培学校	Driving School
51	市区〔指示市区方向〕	To City 或 To Downtown
52	往地铁站〔指示地铁站方向〕	To Metro 或 To Subway

附 录 B
（资料性附录）
公共交通信息英文译法示例

B.1 说明

表 B.1～表 B.7 给出了公共交通信息英文译法示例。各表的英文中：

a) “〔 〕”中的内容是对英文译法的解释说明，“（ ）”及其所包含的内容是译文的组成部分，使用时应完整译写；

b) “//”表示书写时应当换行的断行处，需要同行书写时“//”应改为句点“.”；

c) “____”表示使用时应根据实际情况填入具体内容；

d) “或”前后所列出的不同译法可任意选择一种使用，“；”前后所列出的不同译法应根据相关解释说明区分不同情况选择使用；

e) 解释说明中指出某个词“可以省略”的，省略该词的译文只能用于设置在该设施上的标志中，如：出发大厅 Departure Lounge，在设置于出发大厅门口的标志中可以省略 Lounge，译作 Departure；

f) 行李译作 Baggage 或 Luggage，地铁译作 Metro 或 Subway，轻轨译作 Metro 或 Light Rail，本附录在相关条目的译文中均省略了后一种译法。

B.2 航空客运服务信息

航空客运服务信息英文译法示例见表 B.1。

表 B.1 航空客运服务信息英文译法示例

序号	中文	英文
	（机场、航站楼）	
1	机场	Airport
2	国际机场	International Airport
3	航站楼	Terminal
4	第____航站楼	Terminal ____
5	出发大厅	Departure Lounge〔Lounge 可以省略〕
6	到达大厅	Arrivals Lounge〔Lounge 可以省略〕
7	换乘、中转大厅	Transfer Lounge 或 Transit Lounge〔Lounge 均可以省略〕
8	航站楼出发层平面图	Departure Level Map
9	航站楼到达层平面图	Arrival Level Map
	（航班信息）	
10	航班信息	Flight Information
11	航班号	Flight No.____
12	出发航班信息	Departure Flight Information〔可以简作 Departure Flights 或 Departure Information 或 Departures〕
13	到达航班信息	Arrival Flight Information〔可以简作 Arrival Flights 或 Arrival Information 或 Arrivals〕

表 B.1（续）

序号	中文	英文
14	起飞时间	Departure Time
15	到达时间	Arrival Time
16	直达航班	Direct Flight
17	经停航班	Stopover Flight
18	国际、港澳台航班	International and Hong Kong/Macau/Taiwan Flights
	（售票、办票）	
19	民航售票	Airline Tickets 或 Ticketing
20	电子机票	Electronic Tickets 或 e-Tickets
21	值机区域；办理登机区	Check-in Area〔Area 可以省略〕
22	值机柜台；办票柜台；办理乘机手续柜台	Check-in Counters〔Counters 可以省略〕
23	自助值机；乘机手续自助办理机	Self Check-in
24	办理乘机手续；办票	Check-in
25	办理国际登机手续	International Check-in
26	办理国内登机手续	Domestic Check-in
27	起飞前 40 分钟停止办理乘机手续	Check-in Closes 40 Minutes Before Departure
	（候机、登机）	
28	候机区域	Waiting Area
29	头等舱候机室	First Class Lounge〔Lounge 可以省略〕
30	公务舱候机室	Business Class Lounge〔Lounge 可以省略〕
31	登机	Boarding
32	登机信息	Boarding Information
33	停止登机	Boarding Closed
34	停止办票	Check-in Closed
35	柜台关闭	Counter Closed
36	登机口	Gate
37	____号登机口	Gate ____
38	登机桥	Boarding Bridge
39	请出示登机牌和身份证件	Please Show Your Boarding Pass and ID
40	请留意您乘坐航班的登机时间，以免误机	Please Pay Attention to Your Boarding Time
41	优先登机	Priority Boarding
	（舱位、机上设施）	
42	经济舱	Economy Class
43	公务舱；商务舱	Business Class
44	头等舱	First Class
45	头等舱/商务舱服务	First/Business Class Service
46	应急门	Escape Door 或 Emergency Door
47	救生衣	Life Vest 或 Life Jacket
48	氧气罩	Oxygen Mask
49	空中交通服务办公室	Air Travel Service Office 或 Air Travel Services〔用于 Office 可以省略的场合〕

表 B.1（续）

序号	中文	英文
	（转机、中转）	
50	转机;换乘	Transfer 或 Flight Connections
51	经停	Transit
52	国际转机	International Transfer
53	国内转机	Domestic Transfer
54	中转联程	Connecting Flights
55	转机旅客	Transfer Passengers
56	过站旅客;过境旅客	Transit Passengers
	（通道）	
57	自动步行道	Automatic Walkway 或 Moving Walkway
58	机舱服务员专用通道	Crew Passage 或 Crew Only〔用于 Passage 可以省略的场合〕
59	国内航班通道	Domestic Flight Passage 或 Domestic Flights〔用于 Passage 可以省略的场合〕
60	国际航班通道	International Flight Passage 或 International Flights〔用于 Passage 可以省略的场合〕
61	贵宾通道	VIP Passage〔Passage 可以省略〕
	（其他）	
62	机场巴士	Airport Bus 或 Shuttle Bus
63	停机坪摆渡车	Airside Transfer Bus 或 Apron Bus
64	航空货运	Air Freight

B.3 铁路客运服务信息

铁路客运服务信息英文译法示例见表 B.2。

表 B.2 铁路客运服务信息英文译法示例

序号	中文	英文
	（火车站及其设施）	
1	火车站	Railway Station
2	客运站	Passenger Station
3	货运站	Freight Station
4	候车楼;候车厅	Passenger Terminal 或 Waiting Hall 或 Waiting Lounge
5	软席候车室	Soft-Seat Passenger Waiting Lounge 或 Soft-Seat Passengers〔用于 Waiting Lounge 可以省略的场合〕
6	专用候车室	Designated Waiting Room
7	到达出口	Exit for Arrivals
	（列车信息）	
8	城际列车	Inter-City Rail Service
9	动车组	D-Series High-Speed Train

表 B.2（续）

序号	中文	英文
10	高速动车;高铁	G-Series High-Speed Train
11	直达特快列车	Non-Stop Express Train
12	特快列车	Express Train
13	快速列车	Fast Train
14	临时旅客列车	Extra Passenger Train
15	旅游列车	Tourist Train
16	普快列车	Fast Passenger Train
17	普客列车	Regular Passenger Train
18	货运列车	Freight Train
19	铁路货运	Rail Freight
	(车厢、座席、车上设施)	
20	硬卧车厢	Hard Sleeper 或 Hard Berth
21	硬座车厢	Hard Seat
22	软卧车厢	Soft Sleeper 或 Soft Berth
23	软座车厢	Soft Seat
24	餐车	Dining Car
25	邮政车	Mail Car
26	商务座	Business Class
27	一等座	First Class
28	二等座	Second Class
29	普通席	Economy Class
30	乘务员室	Crew Office 或 Crew Only〔用于 Office 可以省略的场合〕
31	乘务员席位	Crew Seat 或 Crew Only〔用于 Seat 可以省略的场合〕
32	紧急制动	Emergency Braking
	(售票、检票、验票)	
33	火车售票	Railway Tickets 或 Train Tickets
34	预售 10 日内全国各线车票	10-Day Advance Booking for All Destinations
35	磁卡票	Magnetic Card Tickets
36	软纸票	Soft Paper Tickets
37	硬纸票	Hard Paper Tickets

B.4 轮船客运服务信息

轮船客运服务信息英文译法示例见表 B.3。

表 B.3 轮船客运服务信息英文译法示例

序号	中文	英文
1	港口	Port
2	码头	Pier
3	客运码头	Passenger Dock 或 Passenger Pier

表 B.3（续）

序号	中文	英文
4	货运码头	Wharf
5	装卸码头	Loading/Unloading Dock
6	观光船码头	Sightseeing Cruise Dock
7	轮渡	Ferry
8	车客渡〔包括火车〕	Car Ferry
9	水路货运	Water Freight
10	候船室	Waiting Room
11	轮船售票	Boat Tickets
12	渡船	Ferry Boat

B.5　轨道交通客运信息

轨道交通客运信息英文译法示例见表 B.4。

表 B.4　轨道交通客运信息英文译法示例

序号	中文	英文
1	地铁	Metro 或 Subway
2	轻轨	Metro 或 Light Rail
3	磁浮列车	Maglev
4	地铁〔或轻轨〕____号线	Metro Line ____
5	地铁〔或轻轨〕车站	Metro Station 或 Station
6	地铁〔或轻轨〕换乘站	Transfer Station 或 Interchange Station
7	地铁〔或轻轨〕终点站	Terminus 或 Terminal
8	地铁〔或轻轨〕换乘查询	Metro Transfer Information
9	地铁〔或轻轨〕智能导向综合信息系统	Metro Service Information Query System
10	换乘____号线	Transfer to Line ____
11	东西线	East-West Line
12	南北线	North-South Line
13	请在安全线内候车，车门未完全打开或关闭，不得触摸车门。	Please stand behind the yellow line.Do not touch the door before it is fully opened or closed.
14	请勿阻止车门关闭	Keep Clear of Closing Doors
15	禁止跳下站台	Do Not Jump off the Platform
16	从早上 6:00 到晚上 6:30，每 10 分钟一班	6:00 am—6:30 pm//Departing Every 10 Minutes
17	末班车进站前 3 分钟停售该末班车车票	Ticket Sales Stop 3 Minutes Before Last Train Arrives
18	请选择起始站〔售票机上使用〕	Select Departure Station
19	请选择线路〔售票机上使用〕	Select Line
20	请选择张数〔售票机上使用〕	Select Number of Tickets
21	请选择终点站〔售票机上使用〕	Select Your Destination

B.6 公共汽车客运信息

公共汽车客运信息英文译法示例见表 B.5。

表 B.5 公共汽车客运信息英文译法示例

序号	中文	英文
1	公共汽车	Bus
2	电车;无轨电车	Trolleybus
3	有轨电车	Tramcar
4	公交站点	Bus Stop
5	公交枢纽站	Public Transport Hub
6	公交中心站	Central Bus Station
7	公共汽车路线图	Bus Route
8	公交换乘	Bus Transfer
9	公交换乘信息	Bus Transfer Information
10	公交信息	Public Transport Information
11	班车服务	Shuttle Bus Service 或 Commuter Bus Service
12	班车乘车地点	Shuttle Bus Pick-up Point 或 Commuter Bus Pick-up Point
13	持 IC 卡乘客,请上车刷卡	Swipe Your Transport Card Here 或 Swipe Your IC Card
14	公交卡售卡点;市政交通一卡通售卡点	Transport Pass Vendor 或 Transport Card Vendor
15	紧急手柄〔指拉手〕	Emergency Handle
16	注意安全,抓好扶手	Please Hold Handrail
17	请在前门下车	Please Get off From Front Door
18	请从后门下车	Please Get off From Rear Door
19	月票无效〔刷卡机上使用〕	Monthly Pass Invalid
20	月票有效〔刷卡机上使用〕	Monthly Pass Valid
21	长途汽车	Coach
22	长途汽车站	Coach Station 或 Coach Terminal
23	直达车	Non-Stop Bus〔公共汽车〕;Non-Stop Coach〔长途汽车〕
24	货运卡车	Truck
25	门对门送货车	Door-to-Door Delivery

B.7 出租车客运信息

出租车客运信息英文译法示例见表 B.6。

表 B.6 出租车客运信息英文译法示例

序号	中文	英文
1	出租车	Taxi
2	出租车扬招点;出租车停靠站	Taxi Stand 或 Taxi
3	出租车换乘	Taxi Transfer
4	出租车起步价;起步费	Flag-Down Fare 或 Base Fare

表 B.6（续）

序号	中文	英文
5	出租车调度站	Taxi Dispatching Station
6	出租车投诉电话	Taxi Service Complaints Hotline
7	出租车预约电话	Taxi Booking
8	上客点	Passenger Pick-up
9	出租车发票	Taxi Receipt

B.8 公共交通通用类服务信息

公共交通通用类服务信息英文译法示例见表 B.7。

表 B.7 公共交通通用类服务信息英文译法示例

序号	中文	英文
	（设施类）	
1	母婴休息室	Baby Care Lounge
2	旅客等候区	Passenger Waiting Area
3	旅客出口	Passenger Exit
4	休息处	Rest Area 或 Lounge
5	休息大厅；等候大厅	Waiting Hall
6	员工休息室	Staff Room
7	站台；月台	Platform
8	站长室〔指值班站长〕	Station Master Office〔Office 可以省略〕
9	驻站民警室	Police Office〔Office 可以省略〕
10	厕所〔飞机或列车上〕	Lavatory
11	____号屏蔽门	Safety Door No.____
12	IC 卡查询业务	IC Card Inquiry Service
13	方向引导	Direction Guide
14	急救站；医疗急救室	First Aid Station〔Station 可以省略〕
15	今日运营已结束	Closed
16	设施服务时间	Service Hours
17	执勤岗	Duty Post
18	冲水	Flush
	（票务类）	
19	售票处	Ticket Office 或 Tickets
20	办票；票务	Ticket Services 或 Ticketing
21	售全线票；通售所有站点车票	Tickets for All Stations
22	暂停售票；临时关闭	Temporarily Closed
23	购票须知	Ticketing Information
24	往返票	Return Ticket 或 Two Way Ticket
25	票价	Ticket Rates〔Ticket 可以省略〕或 Fares
26	儿童票适用身高：____米—____米	Height Limits for Children's Tickets：____-____ m

表 B.7（续）

序号	中文	英文
27	进站检票;检票口	Ticket Check
28	检票通道	Ticket Check Passage
29	办理临时身份证明	Temporary-ID Service
30	请保留车票待检	Please Retain Your Ticket for Inspection
31	请到售票处换硬币	Coin Change at Ticket Office
32	请您保管好小磁票,出站验票收回	Please Keep Your Magnetic Ticket to Exit
33	出站检查;出站验票	Exit Ticket Check
34	自动检票	Automatic Check-in
35	请到售票处处理	Please Go to the Ticket Office for Help
36	取票,找零	Take Your Ticket and Change
37	选择票价	Select Fare
38	半价	Half Fare
	（交通卡业务类）	
39	充值机	Add-Value Machine
40	公共交通卡充值	Add Value//Public Transportation Card Only
41	插入公共交通卡	Insert Your Public Transportation Card
42	投入硬币、纸币或插入公共交通卡	Insert Coins,Banknotes or Public Transportation Card
43	交通卡余额	Card Balance
44	交通卡原额	Previous Card Balance
45	请为您的交通卡充值	Please Add Value to Your Card
46	选择充值交易	Select Add-Value
47	请投入现金,然后按下确认按钮	Please Insert Cash and Press ____ Button〔"____"应视不同情况填入不同的按钮名称,如 OK 键或 Enter 键〕
48	硬币兑换处	Coin Change
49	此票不能使用	This Ticket Is Invalid
50	可接收纸币面额:____	Banknotes Acceptable:____
51	信用卡支付	Credit Cards Accepted
	（安检类）	
52	安全检查;安全检查通道;请接受安全检查	Security Check
53	请您由此进入依次候检	Please Line Up Here
54	请在黄线外等候	Please Wait Behind the Yellow Line
55	证照检查	ID Check
	（出入境类）	
56	边防检查;边检	Immigration Inspection
57	边检咨询	Immigration Information
58	出境登记卡	Departure Cards
59	入境登记卡	Arrival Cards
60	动植物检疫	Animal and Plant Quarantine
61	红色通道〔有申报物品〕	Red Channel//Goods to Declare
62	绿色通道〔无申报物品〕	Green Channel//Nothing to Declare

表 B.7（续）

序号	中文	英文
63	团队通道	Groups Passage〔Passage 可以省略〕
64	外国人通道	International Visitors Passage〔Passage 可以省略〕
65	外交礼遇通道	Diplomats Passage 或 Diplomatic Visa Holders Passage〔Passage 均可以省略〕
66	中国人通道	Chinese Citizens Passage〔Passage 可以省略〕
67	中国边检	China Immigration Inspection
68	中国边检检疫	China Inspection and Quarantine
69	口岸限定区域	Restricted Area
70	凭证通行	Permits Required
71	边检民警　为您服务	Immigration Officers at Your Service
72	稽查管理	Inspection Management
	（行李类）	
73	行李托运	Baggage Check-in
74	行李安检	Baggage Security Check
75	行李提取	Baggage Claim
76	行李寄存	Baggage Deposit
77	行李寄存须知	Notice of Baggage Deposit
78	行李查询	Baggage Inquiry
79	超大行李	Oversize Baggage
80	超重行李	Overweight Baggage
81	超规行李	Excess Baggage
82	超规行李登记	Oversize and Overweight Baggage Check-in
83	大件行李	Large Baggage
84	手提行李规格	Size and Weight Limits for Carry-on Baggage
85	免费行李重量	Baggage Allowance
86	液态物品	Liquids
87	行李专用，请勿载人〔行李手推车用〕	For Baggage Only//No Riding
88	请您别遗忘放在手推车上的物品	Please Do Not Leave Any of Your Baggage on Trolley
89	请您向下按手柄，松开刹车后推行	Press Down Handle to Move the Trolley
90	提取行李，请注意安全	Please Be Careful When Retrieving Baggage
91	勿放潮湿处〔指货物、行李的摆放〕	Store in Dry Place
92	切勿倒置〔指货物、行李的摆放〕	This Side Up
93	切勿挤压〔指货物、行李的摆放〕	Fragile
94	切勿倾倒〔指货物、行李的摆放〕	Keep Upright
95	自动寄包柜	Self-Service Locker
	（安全警示类）	
96	安全设备，请勿擅动	Safety Equipment//Authorized Use Only
97	按下按钮报警	Press for Help in Emergency
98	车内发生紧急情况时，请按按钮报警	Press Button in Case of Emergency
99	按下红色按钮，绿灯亮时对准话筒报警	To Call Police, Press Red Button and Speak into the Microphone When Green Light Is On

表 B.7（续）

序号	中文	英文
100	报警请拨打 110	Call 110 in Case of Emergency 或 Emergency Call 110
101	火警请拨打 119	Call 119 in Case of Fire
102	急救请拨打 120	Call 120 in Case of Medical Emergency
103	求助按钮	Press for Help
104	出口请慢行	Slow Down at Exit
105	当心夹手	Pinch Point Hazard//Keep Hands Clear 或 Pinch Point Hazard// Watch Your Hands
106	火警时按下，严禁非法使用	Press Button in Case of Fire//Penalty for Improper Use
107	仅作火警安全出口	Fire Exit Only
108	禁止存储危险货物	Dangerous Freight Prohibited
109	禁止倚靠车门	Stand Clear of the Door
110	禁止携带剧毒物品及有害液体	Poisonous Materials and Harmful Liquids Prohibited 或 No Poisonous Materials or Harmful Liquids
111	禁止携带托运放射性及磁性物品	Radioactive and Magnetic Materials Prohibited 或 No Radioactive or Magnetic Materials
112	禁止携带托运易燃及易爆物品	Flammable and Explosive Materials Prohibited 或 No Flammables or Explosives
113	禁止携带武器及仿真武器	Weapons and Simulated Weapons Prohibited 或 No Weapons or Simulated Weapons 或 No Weapons or Imitation Weapons
114	通道禁止停留	Do Not Block Access 或 Do Not Block Passage
115	限紧急时使用	For Emergency Use Only
116	列车门蜂鸣声响，请勿上下列车。	Do not get on or off the train when the door-bell buzzes.
117	列车门关闭，请立刻退到安全线以内。	Stay behind the yellow line when the door is closing.
118	门灯闪烁时禁止上下车。	Do not get on or off the train when the door-light is flashing.
119	请不要堵住入口	Keep Clear of Entrance
120	请勿将行李手推车推入自动扶梯	No Baggage Cart Allowed on Escalator
121	请勿将身体伸出扶梯外	Do Not Lean Over Handrail
122	请勿开窗	Please Do Not Open Window
123	请勿坐卧停留	No Loitering
124	请注意看管好您的小孩	Please Do Not Leave Your Child Unattended
125	老幼乘梯需家人陪同	Seniors and Children Must Be Accompanied
126	请自觉遵守乘车秩序	Please Observe Passenger Rules
127	请勿打扰司机；请勿与司机闲谈	Do Not Distract the Driver
128	下车请勿忘物品	Please Do Not Leave Your Belongings Behind
129	先下后上	Yield to Alighting Passengers
130	小心脚下间隙落差；注意站台缝隙	Mind the Gap
131	严禁携带危险品	Dangerous Articles Prohibited
132	严禁携带易燃易爆物品上车	Flammable and Explosive Substances Strictly Prohibited
133	严禁烟火	Smoking or Open Flames Prohibited
134	为了您和他人的乘车安全，请不要携带易燃、易爆、易碎和笨重物品乘车。	For your safety and the safety of others, please do not carry on board any flammable, explosive, fragile or heavy articles.

表 B.7（续）

序号	中文	英文
135	紧握扶手	Please Hold Handrail
136	请系好安全带	Fasten Seat Belt
137	注意安全，请勿入内	DANGER//Do Not Enter
138	请勿躺卧	No Lying Down
139	逆时针方向扳动手柄 90 度	Turn the Handle 90 Degrees Counterclockwise
140	小心碰头	Mind Your Head
141	小心碰撞	Beware of Collision
	（导向指示类）	
142	交通枢纽周边示意图	Map of Surrounding Area
143	____站示意图	Map of ____ Station
144	站层图	Station Floor Map
145	站区图	Station Map
146	国际出发	International Departures
147	国际、港澳台出发	International and Hong Kong/Macau/Taiwan Departures
148	国际、港澳台到达	International and Hong Kong/Macau/Taiwan Arrivals
149	国际到达	International Arrivals
150	国内出发	Domestic Departures
151	国内到达	Domestic Arrivals
152	始发站	Departure Station
153	终点；终点站	Destination 或 Terminus
154	枢纽站	Junction Station
155	目的地车站	Terminal Station
156	前方到站；下一站	Next Station〔轨道交通站点〕；Next Stop〔公交车站点〕
157	首/末班车时间	Time for First/Last Train of This Line
158	首班车	First Train〔火车〕；First Bus〔公共汽车〕
159	末班车	Last Train〔火车〕；Last Bus〔公共汽车〕
160	交通信息查询机	Inquiry Machine
161	请使用其他通道	Please Use Another Passage
162	旅客通道，请勿滞留	Please Keep Passage Clear 或 Busy Passage//Keep Clear
163	请选择要查询的线路	Please Select Line
164	夜间滞留旅客请在此休息	Rest Area for Overnight Passengers
	（接送类）	
165	会合大厅	Waiting Lounge 或 Waiting Hall
166	送客止步	Passengers Only
167	团队集合点	Group Gathering Point
	（货运类）	
168	货物查询	Freight Inquiry
169	货物检查	Freight Check
170	货物交运	Freight Check-in
171	货物提取	Freight Collection
	（乘客服务类）	
172	乘客服务中心	Passenger Service Center

表 B.7（续）

序号	中文	英文
173	服务监督电话	Service and Complaints Hotline 或 Passenger Complaints Hotline
174	旅客投诉接待	Passenger Complaints
175	投诉台	Complaints
176	旅客留言	Passengers' Messages
177	广播服务	Broadcast Service
178	轮椅租用	Wheelchair Rental
179	失物招领	Lost and Found
180	提供手杖	Walking Sticks Available
181	提供轮椅	Wheelchairs Available
182	乘客专用	For Passengers Only
183	老弱病残孕优先	Priority Seating 或 Courtesy Seating
184	请寻求工作人员帮助	Please Ask Our Staff for Assistance
185	现在是高峰时段，如需服务请稍候	Busy Hours.Please Wait a Moment
186	照相服务	Photo Service
187	吸烟室	Smoking Room
188	如需人工服务，请至____号窗口	Please Go to Window No.____ for Staff Assistance
	（其他）	
189	待消毒	To Be Sterilized
190	消毒中	Sterilizing
191	已消毒	Sterilized
192	无人陪伴儿童	Unaccompanied Children
193	旅客须知	Notice to Passengers
194	电子监控区域	This Area Is Under Electronic Surveillance
195	请维护好车厢的清洁卫生，谢谢合作	Thank You for Helping Us Keep This Bus Clean〔公共汽车〕；Thank You for Helping Us Keep This Car Clean〔火车〕
196	已驶过车站	Stations Passed
197	站间转乘	Transfer Between Stations

ICS 01.080.10
A 22

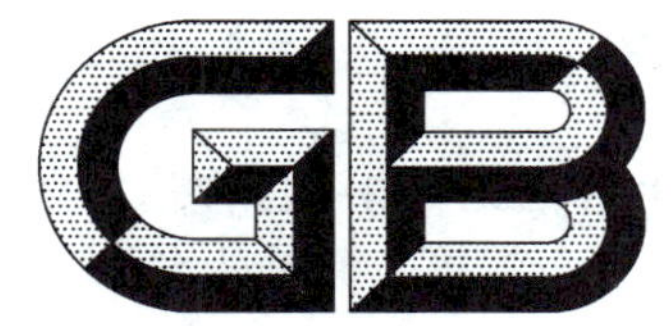

中华人民共和国国家标准

GB/T 30240.3—2017

公共服务领域英文译写规范 第3部分:旅游

Guidelines for the use of English in public service areas—Part 3:Tourism

2017-05-22 发布　　2017-12-01 实施

中华人民共和国国家质量监督检验检疫总局
中国国家标准化管理委员会　发布

前　言

GB/T 30240《公共服务领域英文译写规范》与公共服务领域日文、韩文、俄文等译写规范共同构成关于公共服务领域外文译写规范的系列国家标准。

GB/T 30240《公共服务领域英文译写规范》分为以下部分：

——第 1 部分：通则；

——第 2 部分：交通；

——第 3 部分：旅游；

——第 4 部分：文化娱乐；

——第 5 部分：体育；

——第 6 部分：教育；

——第 7 部分：医疗卫生；

——第 8 部分：邮政电信；

——第 9 部分：餐饮住宿；

——第 10 部分：商业金融。

本部分为 GB/T 30240 的第 3 部分。

本部分按照 GB/T 1.1—2009 给出的规则起草。

本部分由教育部语言文字信息管理司归口。

本部分起草单位：上海市语言文字工作委员会、北京市语言文字工作委员会、江苏省语言文字工作委员会、上海外国语大学、上海师范大学、华东师范大学、成都市标准化研究院。

本部分主要起草人：柴明颎、丁言仁、潘文国、戴曼纯、姚锦清、王银泉、戴宗显、白殿一、刘连安、张日培、林元彪、张民选、乌永志、张栋、顾大僖、刘民钢、王育伟、苏章海、任雁、刘莎。

公共服务领域英文译写规范 第3部分:旅游

1 范围

GB/T 30240的本部分规定了旅游服务领域英文翻译和书写的相关术语和定义、翻译方法和要求、书写要求等。

本部分适用于旅游景区景点及相关场所和机构名称、旅游服务信息的英文译写。

2 规范性引用文件

下列文件对于本文件的应用是必不可少的。凡是注日期的引用文件,仅注日期的版本适用于本文件。凡是不注日期的引用文件,其最新版本(包括所有的修改单)适用于本文件。

GB/T 30240.1—2013 公共服务领域英文译写规范 第1部分:通则

3 术语和定义

下列术语和定义适用于本文件。

3.1

旅游景区景点 tourist areas and scenic spots

具有参观游览、休闲度假、康乐健身等功能,具备相应旅游服务设施并提供相应旅游服务,有统一的经营管理机构和明确的地域范围的独立管理区。

注:旅游景区景点包括风景区、旅游度假区、自然保护区、寺庙观堂、主题公园、森林公园、地质公园、游乐园、动物园、植物园,以及工业、农业、经贸、科教、军事、体育、文化艺术等各类旅游景区景点;但不包括文博物馆(院)、展览馆。

4 翻译方法和要求

4.1 旅游景区景点名称

4.1.1 山、河、湖等地名应当使用汉语拼音拼写。对外服务中需要用英文予以解释的,“山”一般用Mountain或Hill解释;已经习惯使用Mount的可沿用。

4.1.2 寺、庙应区分不同的情况,采用不同的译法:佛教的寺,以及城隍庙、太庙等译作Temple;清真寺译作Mosque。

4.1.3 道教的宫、观译作Daoist Temple。在特指某一宫、观时,Daoist也可以省略,如:永乐宫 Yongle Temple,玄妙观 Xuanmiao Temple。

4.1.4 塔应区分不同的情况,采用不同的译法:佛塔译作Pagoda;舍利塔译作Stupa或Dagoba;其他的塔译作Tower,如广播电视塔译作Radio and TV Tower。

4.1.5 亭、台、楼、阁、榭、阙等与专名一起使用汉语拼音拼写。根据对外服务的需要,可以后加英文予以解释。

4.1.6 其他旅游景区景点名称的译写应符合GB/T 30240.1—2013中5.1的各项要求。具体参见附录 A。

4.2 旅游服务信息

旅游服务信息的译写应符合 GB/T 30240.1—2013 中 5.2 的各项要求。具体译法参见附录 B。

4.3 词语选用和拼写方法

英文词语选用和拼写方法应符合 GB/T 30240.1—2013 中 5.3 的要求。

4.4 语法和格式

4.4.1 可数名词用在指示处所的标志里一般用复数形式，如：学生票购票窗口 Student Tickets、观光车乘坐点 Sightseeing Buses、油画柜台 Oil Paintings；用在指示实物的标志里一般用单数形式，如：学生票 Student Ticket、观光车 Sightseeing Bus、油画 Oil Painting。

4.4.2 泛指整个游览设施的名称不用复数，如：缆车 Cable Car、滑雪场缆车 Ski Lift。

4.4.3 其他单复数用法，以及英文人称、时态和缩写形式应符合 GB/T 30240.1—2013 中 5.4 的相关要求。

5 书写要求

英文大小写、标点符号、字体、空格、换行等的用法应符合 GB/T 30240.1—2013 中第 6 章的要求。

附　录　A
（资料性附录）
旅游景区景点名称英文译法示例

A.1　说明

表 A.1 给出了旅游景区景点名称通名英文译法示例。条目英文中：

a)　“〔　〕”中的内容是对英文译法的解释说明，“(　)”及其所包含的内容是译文的组成部分，使用时应完整译写；

b)　“____”表示使用时应根据实际情况填入具体内容；

c)　“或”前后所列出的不同译法可任意选择一种使用，“；”前后所列出的不同译法应根据相关解释说明区分不同情况选择使用。

A.2　旅游景区景点名称

旅游景区景点名称英文译法示例见表 A.1。

表 A.1　旅游景区景点名称英文译法示例

序号	中文	英文
	（自然景观）	
1	景观	Landscape 或 Scenery
2	海滩	Beach
3	江；河	River
4	溪	Creek 或 Stream
5	潭；池	Pond〔日月潭、天池等已习惯使用 Lake 的可沿用〕
6	湖；泊	Lake
7	瀑布	Falls 或 Waterfall
8	冰川	Glacier
9	森林；林地	Forest 或 Woods
10	湿地	Wetland
11	沼泽	Marsh 或 Moor
12	峡谷	Gorge 或 Canyon
13	山谷	Valley
14	山洞	Cave
15	溶洞	Karst Cave 或 Limestone Cave
16	山	Mountain 或 Hill〔峨眉山等已习惯使用 Mount 的可沿用〕
17	峰	Peak 或 Mountain Peak

表 A.1（续）

序号	中文	英文
18	山脉	Mountains 或 Mountain Range
19	雪山	Snow Mountain
20	温泉	Hot Spring
	（风景园林）	
21	风景名胜；风景名胜区；旅游景区	Tourist Attraction〔泛指多处景点时应用复数，译作 Tourist Attractions〕
22	景区	Scenic Area
23	景点	Scenic Spot
24	自然保护区	Natural Reserve 或 Nature Reserve
25	水利风景区	Water Conservancy Scenic Area
26	国家级景区	National Tourist Attraction
27	国家森林公园	National Forest Park
28	园；圃；苑	Garden
29	公园；综合公园	Park
30	城市公园	City Park 或 Urban Park
31	民俗园	Folklore Park
32	民族风情园	Ethnic Culture Park
33	地质公园	Geopark
34	湿地公园	Wetland Park
35	雕塑公园	Sculpture Park
36	主题公园	Theme Park
37	森林公园	Forest Park
38	生态公园	Ecopark
39	植物园	Botanical Garden
40	盆景园	Miniature Landscape Garden 或 Potted Landscape Garden
	（寺庙观堂）	
41	宫〔皇宫〕；行宫	Palace
42	殿；堂	Hall
43	教堂	Church 或 Cathedral
44	廊〔长廊〕	Corridor
45	陵；墓	Tomb 或 Mausoleum
46	陵园；墓园	Cemetery
47	庙；寺〔佛教〕	Temple
48	宫；观〔道教〕	Daoist Temple

表 A.1（续）

序号	中文	英文
49	清真寺	Mosque
50	庵	Nunnery
51	祠〔纪念性〕	Memorial Temple
52	宗祠	Ancestral Temple 或 Clan Temple
53	牌坊；牌楼	Memorial Gate 或 Memorial Archway
54	楼；塔楼；阁	Tower
55	塔	Pagoda〔佛塔〕；Stupa 或 Dagoba〔舍利塔〕
	（文化景观）	
56	世界文化遗产	World Cultural Heritage〔泛指〕或 World Cultural Heritage Site〔特指一处遗产〕
57	中国优秀旅游城市	Top Tourist City of China
58	爱国主义教育基地	Patriotism Education Base
59	名胜古迹	Scenic Spots and Historical Sites〔泛指多处景点〕
60	国家级文物保护单位	National Cultural Heritage Site
61	省级文物保护单位	Provincial Cultural Heritage Site
62	市级文物保护单位	Municipal Cultural Heritage Site
63	区级文物保护单位	District Cultural Heritage Site
64	古建筑	Ancient Building 或 Heritage Building〔已列入保护项目〕
65	院；大院	Courtyard 或 Compound
66	古城	Ancient City 或 Heritage City〔已列入保护项目〕
67	古镇	Ancient Town 或 Old Town 或 Heritage Town〔已列入保护项目〕
68	旧址	Site
69	会址	Site of ____ Conference〔"____"中填入具体会议名称〕
70	故里	Hometown
71	故居	Former Residence
72	古桥	Ancient Bridge
73	古塔	Ancient Pagoda
74	古迹	Historical Site
75	遗址	Ruins
76	古墓	Ancient Tomb
77	石窟	Grottoes
78	石刻	Stone Inscription〔文字〕；Stone Carving〔非文字〕
79	碑记	Tablet Inscription
80	历史名园	Historical Garden

表 A.1（续）

序号	中文	英文
81	纪念馆;纪念堂	Memorial Hall
82	公墓	Cemetery
83	烈士陵园	Martyrs Cemetery
84	遗址公园	Heritage Park
85	一级文物	First Grade Cultural Relic 或 Grade One Cultural Relic
86	二级文物	Second Grade Cultural Relic 或 Grade Two Cultural Relic
87	三级文物	Third Grade Cultural Relic 或 Grade Three Cultural Relic
88	不可移动文物	Immovable Cultural Heritage
	（休闲度假）	
89	度假村	Resort
90	旅游度假区	Resort Area
91	动物园	Zoo 或 Zoological Park
92	野生动物园	Wildlife Park
93	海洋公园	Marine Park 或 Ocean Park
94	水上乐园	Water Park
95	水族馆;海洋馆	Aquarium
96	体育公园	Sports Park
97	游乐园	Amusement Park
98	儿童公园	Children's Park
99	儿童游乐场;儿童乐园	Children's Playground
100	农家乐	Agritainment
101	民族特色街	Ethnic Culture Street
102	步行街	Pedestrian Street 或 Pedestrian Zone
103	工业旅游示范点	Industrial Tourism Demonstration Site
104	农业旅游示范点	Agricultural Tourism Demonstration Site

附 录 B
（资料性附录）
旅游服务信息英文译法示例

B.1 说明

表 B.1～表 B.5 给出了旅游服务信息英文译法示例。各表的英文中：

a） “〔 〕”中的内容是对英文译法的解释说明，“（ ）”及其所包含的内容是译文的组成部分，使用时应完整译写；

b） “//”表示书写时应当换行的断行处，需要同行书写时“//”应改为句点“.”；

c） “____”表示使用时应根据实际情况填入具体内容；

d） “或”前后所列出的不同译法可任意选择一种使用，“；”前后所列出的不同译法应根据相关解释说明区分不同情况选择使用；

e） 解释说明中指出某个词“可以省略”的，省略该词的译文只能用于设置在该设施上的标志中，如：游客通道 Visitors Passage，在设置于该通道上的标志中可以省略 Passage，译作 Visitors；

f） 商店译作 Store 或 Shop，本附录在相关条目的译文中省略了后一种译法，但在特定场合中英语国家习惯使用 Shop 的除外。

B.2 功能设施信息

功能设施信息英文译法示例见表 B.1。

表 B.1 功能设施信息英文译法示例

序号	中文	英文
	（停车场）	
1	旅游大巴停车场	Tour Bus Parking 或 Tour Buses〔用于 Parking 可以省略的场合〕
2	游客停车场	Visitor Parking 或 Visitors〔用于 Parking 可以省略的场合〕
	（出入口）	
3	主入口	Main Entrance
4	团体入口	Group Entrance〔Entrance 可以省略〕
5	临时入口	Temporary Entrance
6	临时出口	Temporary Exit
7	参观通道；游客通道	Visitors Passage〔Passage 可以省略〕
8	贵宾通道	VIP Passage〔Passage 可以省略〕
9	员工通道	Staff Passage 或 Staff Only〔用于 Passage 可以省略的场合〕
10	上楼楼梯	Stairway Up〔Stairway 可以省略〕
11	下楼楼梯	Stairway Down〔Stairway 可以省略〕

表 B.1(续)

序号	中文	英文
	(游步道)	
12	无障碍坡道	Wheelchair Accessible Ramp〔Ramp 可以省略〕
13	无障碍通道	Wheelchair Accessible Passage〔Passage 可以省略〕
14	紧急呼叫点	Emergency Call
15	登山避险处	Mountain Refuge
16	观光廊	Sightseeing Corridor
17	观光线路	Sightseeing Route
18	观景台	Observation Deck 或 Observation Platform 或 Viewing Platform
	(售检票)	
19	售票口;售票处;票务处	Ticket Office 或 Tickets
20	团体售票口	Group Tickets Office 或 Groups〔用于 Office 可以省略的场合〕
21	无障碍售票口	Wheelchair Ticketing 或 Wheelchair Accessible〔用于 Ticketing 可以省略的场合〕
22	票务服务	Ticket Service
23	票价	Ticket Rates〔Ticket 可以省略〕或 Fares
24	门票;普通票	Tickets
25	优惠票	Concession Ticket
26	成人票	Adult Ticket〔Ticket 可以省略〕
27	学生票	Student Ticket〔Ticket 可以省略〕
28	老人票	Senior Ticket〔Ticket 可以省略〕
29	儿童票	Child Ticket〔Ticket 可以省略〕
30	团体票	Group Tickets〔Tickets 可以省略〕
31	半票;半价	Half Rate Ticket〔Ticket 可以省略〕
32	月票	Monthly Pass
33	年票	Annual Pass
34	赠票	Complimentary Ticket〔Ticket 可以省略〕
35	套票;联票	Ticket Package
36	免票	Free Admission
37	旅游投诉	Complaints
38	收费项目	Pay Items〔用于价目牌标题,后列多个收费项目及其价格〕;Non-Complimentary〔指本项目收费,不免费〕
39	免费项目	Free Items〔用于公示牌标题,后列多个免费项目〕;Complimentary〔指本项目免费〕
40	凭票入场	Admission by Ticket 或 Ticket Holders Only
41	电子检票口	e-Ticket Check-in 或 e-Ticket Entrance

表 B.1（续）

序号	中文	英文
42	检票口	Check-in 或 Entrance
43	团体检票口	Group Check-in 或 Group Entrance
44	团体接待	Group Reception
45	票已售出，概不退换	No Refunds or Exchanges
46	当日使用，逾期作废	Valid on Day of Issue Only〔指购票当日有效〕；Valid for the Date Displayed on the Ticket〔指票面上印刷的日期当日有效〕
47	副券自行撕下作废	Invalid Without Stub
48	凭有效证件	Valid ID Required
49	残疾人证	Disability Certificate
50	全日制学生证	Fulltime Student ID
51	老年证	Senior Citizen ID
52	票已售完	Sold Out
	（标志指引）	
53	游客服务中心；游客中心	Visitor Center 或 Tourist Center
54	咨询服务中心	Information Center〔Center 可省略〕
55	游客报警电话：____	Police：____〔"____"填入电话号码〕
56	游客投诉电话：____	Complaints：____〔"____"填入电话号码〕
57	游客须知	Rules and Regulations〔该译文适用于各类"须知"〕
58	货币兑换	Currency Exchange
59	服装出租	Costumes Rental
60	景点管理处	Administration Office
61	广播室；广播站	Broadcasting Room〔规模较大〕或 Broadcast Room〔规模较小〕
62	广播寻人寻物	Paging Service
63	轮椅租借	Wheelchair Rental
64	手杖租借	Walking Stick Rental
65	雨伞租借	Umbrella Rental
66	婴儿车租用	Stroller Rental
67	照相服务	Photo Service
68	残疾人服务	Service for People With Disabilities
69	免费饮水	Free Drinking Water
70	救生圈	Life Buoy 或 Life Ring
71	导游讲解；导游服务	Tour Guide Service
72	游览指南	Tour Information
73	游览图	Tourist Map

表 B.1（续）

序号	中文	英文
74	您所在的位置〔用于导向指示图〕	You Are Here
75	导览册	Guides
76	导览机	Audio Guide
77	旅游行程表	Itinerary
78	景区简介；解说牌	Introduction
79	布告栏；公告栏	Bulletin Board 或 Notice Board
80	留言板	Message Board
	（交通通信）	
81	旅游观光车	Sightseeing Bus 或 Sightseeing Car
82	旅游观光车车站	Sightseeing Bus Stop〔沿途小站〕；Sightseeing Bus Station〔大站，起点或终点站〕
83	旅游观光车发车时间	Departure Time for Sightseeing Buses
84	缆车；索道缆车；空中缆车	Cable Car 或 Telpher
85	缆车〔滑雪场专用〕	Ski Lift
86	乘缆车入口	Cable Car Entrance
87	观光索道	Sightseeing Cableway
88	观光小火车	Sightseeing Train
89	过山车	Roller Coaster
90	卡丁车	Go-Kart 或 Go-Karting
91	游船	Rowboat〔划桨〕或 Rowing Boat〔划桨〕；Pedal Boat〔脚踏〕；Electric Boat〔电动〕
92	游船码头	Pier
93	摩托艇	Motorboat
94	观光船	Sightseeing Boat 或 Sightseeing Ship
95	租船处	Boat Rental
96	退押金处	Deposit Refunding
	（活动区指示）	
97	水果采摘区	Fruit-Picking Area
98	抚摸区〔可抚摸动物〕	Petting Area
99	触摸区〔可触摸体验〕	Hands-on Area
100	垂钓区	Angling Area
101	观赏区	Viewing Area
102	休闲区	Leisure Area
103	狩猎区	Hunting Area

表 B.1（续）

序号	中文	英文
104	表演区	Performance Area
105	拓展区	Outdoor Exercise Area
106	住宿区	Lodging Area
107	无烟景区	Non-Smoking Area
108	海滨浴场	Bathing Beach
109	露营地	Camping Area
110	儿童浅水活动区	Wading Pool
111	生态小道;游步道	Eco-Trail

B.3 警示警告信息

警示警告信息英文译法示例见表 B.2。

表 B.2 警示警告信息英文译法示例

序号	中文	英文
1	当心绊倒	Mind Your Step
2	当心电缆	CAUTION//Cable Here
3	当心火车	Beware of Trains
4	当心夹手	Pinch Point Hazard//Keep Hands Clear 或 Pinch Point Hazard//Watch Your Hands
5	当心碰头	Mind Your Head
6	当心动物伤人	CAUTION//Animals May Attack
7	当心高空坠物	CAUTION//Falling Objects
8	当心划船区域	CAUTION//Boating Area
9	当心机械伤人	DANGER//Machinery May Cause Injuries
10	当心触电	DANGER//High Voltage
11	当心落水	DANGER//Deep Water
12	小心滑倒	CAUTION//Slippery Surface 或 CAUTION//Wet Floor
13	前方弯路慢行	Bend Ahead//Slow Down 或 SLOW//Bend Ahead

B.4 限令禁止信息

限令禁止信息英文译法示例见表 B.3。

表 B.3 限令禁止信息英文译法示例

序号	中文	英文
1	请勿触摸	Do Not Touch 或 No Touching
2	请勿随意移动隔离墩	Do Not Move Any Barrier
3	请勿将头手伸出窗外	Keep Head and Hands Inside
4	请勿坐在护栏上	Do Not Sit on Guardrail 或 No Sitting on Guardrail
5	请勿惊吓、戏弄动物	Do Not Disturb Animals
6	请勿留弃食品或食品包装	Do Not Leave Behind Food or Food Wrappings
7	请勿拍打玻璃	Do Not Tap on Glass
8	请勿使用扩音器	No Loudspeakers
9	请勿喂食;请勿投食	Do Not Feed Animals 或 No Feeding
10	请勿戏水	No Wading
11	请勿携带宠物	No Pets Allowed
12	请勿踩踏	Do Not Step 或 No Stepping
13	请勿进行球类活动	No Ball Games Allowed
14	请勿在殿内燃香	Do Not Burn Incense Inside
15	请勿嬉戏打闹	Do Not Disturb Other Visitors
16	请勿摇晃船只	Do Not Rock Boat
17	请勿乱扔垃圾	Do Not Litter 或 No Littering
18	禁止采摘	Do Not Pick Flowers or Fruits
19	禁止攀爬	No Climbing
20	禁止摆卖	No Vending Allowed
21	禁止垂钓	No Angling
22	禁止放风筝	Do Not Fly Kites
23	禁止机动车通行	No Motor Vehicles
24	禁止跨越护栏	Do Not Climb Over Fence 或 No Climbing Over Fence
25	禁止进入	No Admittance
26	禁坐栏杆	Do Not Sit on Handrail 或 No Sitting on Handrail〔Handrail 也可译作 Railing〕
27	禁止滑冰	No Skating
28	禁止倚靠	No Leaning
29	禁止露营	No Camping
30	禁止带火种;禁止放置易燃物	No Flammable Objects
31	禁止燃放烟花爆竹	No Fireworks 或 Fireworks Prohibited
32	禁止饮用	Not for Drinking
33	禁止开窗	Keep Windows Closed

表 B.3（续）

序号	中文	英文
34	禁止无照经营	Licensed Vendors Only
35	禁止下水	Stay Out of Water
36	禁止旅游车辆入内	Authorized Vehicles Only
37	风力较大，勿燃香，请敬香	WINDY//No Incense Burning
38	食品饮料谢绝入内	No Food or Beverages Inside
39	谢绝参观	Not Open to Visitors
40	雷雨天禁止拨打手机	Do Not Use Cellphone During Thunderstorm
41	高血压、心脏病患者以及晕车、晕船、醉酒者请勿乘坐。	Visitors with hypertension, heart condition, motion sickness or excessive drinking are advised not to ride.

B.5 指示指令信息

指示指令信息英文译法示例见表 B.4。

表 B.4 指示指令信息英文译法示例

序号	中文	英文
1	请等车〔船等〕停稳后再下	Please Do Not Get off Until the Ride Comes to a Complete Stop
2	请爱护洞内景观	Please Show Respect for Sights Inside the Cave
3	请爱护古树	Please Show Respect for the Heritage Tree〔tree 应根据实际情况选用单复数〕
4	请爱护景区设施	Please Show Respect for Public Facilities
5	请爱护文物	Please Show Respect for Cultural Relics
6	请扶稳坐好	Please Be Seated
7	请沿此路上山	This Way Up the Hill
8	滑雪者在此下车	Skiers Disembark Here
9	必须穿救生衣	Life Vest Required
10	儿童须由成人陪同	Children Must Be Accompanied by an Adult
11	步行游客请在此下车	Hikers Disembark Here
12	贵重物品请自行妥善保管	Keep Your Valuables with You
13	原路返回	Return by the Way You Came 或 Return the Same Way You Came
14	沿此路返回	This Way Back
15	返回验印	Visitors Re-Entry Sticker Check
16	打开安全杆	Lift Safety Bar
17	宠物便后请打扫干净	Please Clean Up After Your Pet

表 B.4（续）

序号	中文	英文
18	防洪通道,请勿占用	Flood Control Channel//Keep Clear
19	请尊重少数民族习惯	Please Respect Ethnic Customs
20	有佛事活动,请绕行	Service in Progress//Please Take Another Route
21	别让您的烟头留下火患	Dispose of Cigarette Butts Properly

B.6 说明提示信息

说明提示信息英文译法示例见表 B.5。

表 B.5 说明提示信息英文译法示例

序号	中文	英文
	（旅游活动项目）	
1	滑道戏水	Water Sliding
2	野营;露营	Camping
3	民族歌舞	Folk Dancing
4	温泉浴	Hot Spring Bathing
5	滑冰	Skating
6	滑雪	Skiing
7	垂钓	Angling
8	登山	Mountain Climbing
9	攀岩	Rock Climbing
10	徒步旅行	Hiking
11	郊游野游;远足	Outing 或 Excursion
12	森林浴	Forest Bathing
13	帆板冲浪	Windsurfing
14	滑草	Grass Skiing
15	滑沙	Sand Skiing
16	冲浪	Surfing
17	滑水	Water Skiing 或 Water Ski
18	划船	Rowing 或 Boating
19	探险	Expedition
20	泥沙浴	Mud and Sand Bathing
21	碰碰车	Bumper Car
22	骑马	Horseback Riding 或 Horse Riding

表 B.5（续）

序号	中文	英文
23	潜水	Scuba Diving
24	浮潜	Snorkeling
25	漂流	Drifting
26	水上运动	Aquatic Sports 或 Water Sports
27	射击	Shooting
28	日光浴	Sunbathing
29	滑雪区；滑雪场	Ski Resort
30	滑雪坡道	Ski Slope
	（旅游商品）	
31	免税商店	Duty-Free Store
32	礼品店	Gift Store
33	纪念品店	Souvenir Store
34	字画店	Calligraphy and Paintings Store
35	棉麻制品	Cotton and Linen
36	青铜器	Bronze Ware
37	手工艺品	Handicrafts
38	陶器	Pottery
39	油画	Oil Paintings
40	泥塑	Clay Figurines
41	瓷器	Porcelain
42	剪纸	Paper Cuttings
43	景泰蓝	Cloisonne
44	皮影	Shadow Puppets
45	漆器	Lacquerware
46	丝毯	Silk Carpet
47	拓片	Rubbings
48	唐三彩	Tang Tri-Color Glazed Ceramics
49	玉器	Jade Ware
50	古旧图书	Antique Books
51	金属制品	Metalware
52	旅游纪念品	Souvenirs
53	手稿	Manuscripts
54	书画	Calligraphy and Paintings
55	艺术品	Artwork

表 B.5（续）

序号	中文	英文
56	丝织品	Silk Fabrics 或 Silks
57	中国画	Chinese Paintings
58	复制品;仿制品	Duplicate 或 Replica
59	模型	Models〔作为商品类名时使用复数〕
	（其他）	
60	开放时间	Opening Hours
61	营业时间	Business Hours 或 Opening Hours
62	闭馆时间;闭园时间	Closing Time
63	表演时间	Show Time
64	淡季	Low Season 或 Slack Season
65	旺季	High Season 或 Peak Season
66	内部施工,暂停开放	Under Construction//Temporarily Closed
67	此处施工带来不便请谅解	Under Construction//Sorry for the Inconvenience

ICS 01.080.10
A 22

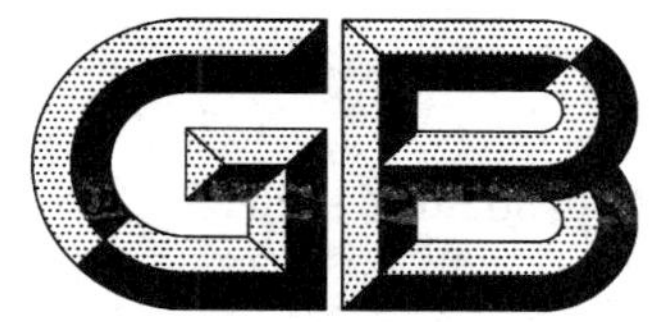

中华人民共和国国家标准

GB/T 30240.4—2017

公共服务领域英文译写规范 第4部分:文化娱乐

Guidelines for the use of English in public service areas—Part 4:Culture and entertainment

2017-05-22 发布　　2017-12-01 实施

中华人民共和国国家质量监督检验检疫总局
中国国家标准化管理委员会　发布

前　言

GB/T 30240《公共服务领域英文译写规范》与公共服务领域日文、韩文、俄文等译写规范共同构成关于公共服务领域外文译写规范的系列国家标准。

GB/T 30240《公共服务领域英文译写规范》分为以下部分：

——第1部分：通则；

——第2部分：交通；

——第3部分：旅游；

——第4部分：文化娱乐；

——第5部分：体育；

——第6部分：教育；

——第7部分：医疗卫生；

——第8部分：邮政电信；

——第9部分：餐饮住宿；

——第10部分：商业金融。

本部分为GB/T 30240的第4部分。

本部分按照GB/T 1.1—2009给出的规则起草。

本部分由教育部语言文字信息管理司归口。

本部分起草单位：上海市语言文字工作委员会、北京市语言文字工作委员会、江苏省语言文字工作委员会、北京外国语大学、清华大学、北京大学、中国外文局。

本部分主要起草人：柴明颎、丁言仁、潘文国、戴曼纯、姚锦清、王银泉、戴宗显、白殿一、刘连安、张日培、林元彪、张民选、刘润清、黄必康、韩宝成、李艳红、杨永林、柯马凯、黄友义。

公共服务领域英文译写规范 第4部分:文化娱乐

1 范围

GB/T 30240 的本部分规定了文化娱乐服务领域英文翻译和书写的相关术语和定义、翻译方法和要求、书写要求等。

本部分适用于文化娱乐场所和机构名称、文化娱乐服务信息的英文译写。

2 规范性引用文件

下列文件对于本文件的应用是必不可少的。凡是注日期的引用文件,仅注日期的版本适用于本文件。凡是不注日期的引用文件,其最新版本(包括所有的修改单)适用于本文件。

GB/T 30240.1—2013 公共服务领域英文译写规范 第1部分:通则

3 术语和定义

下列术语和定义适用于本文件。

3.1

文化场馆 cultural venue

向公众开放,具有文化和艺术收藏、展示、传播、教育等功能的公益性场所。

注:文化场馆包括博物馆、美术馆、艺术馆、展览馆、纪念馆、科技馆、图书馆、档案馆、文史馆及旧址、故居等相关文化单位。

3.2

娱乐场所 recreational venue

为消费者提供娱乐和休闲服务的经营性场所。

注:娱乐场所包括影视剧院、歌舞厅、俱乐部、网吧等。

4 翻译方法和要求

4.1 文化场馆、娱乐场所和相关机构名称

4.1.1 博物馆、科技馆、纪念馆等均译作 Museum。文史馆应译作 Research Institute of Culture and History。

4.1.2 展览馆、陈列馆、展览中心等具有展示、陈列功能的场馆可译作 Exhibition Center 或 Exhibition Hall。

4.1.3 美术馆、艺术馆均译作 Art Gallery 或 Art Museum。画廊直接译作 Gallery。

4.1.4 电影院、电影厅、影都、放映公司及以放电影为主的影剧院均译作 Cinema。“影城”一般也译作 Cinema,特殊情况如规模特别大、或者有同名的电影院需要区分的可译作 Cinema City 或 Cineplex。

4.1.5 剧场、剧院、舞台、戏院、戏苑等均译作 Theater。

4.1.6 社区文化(活动)中心译作 Community Cultural Center。文化宫的“宫”可以沿用 Palace。

4.1.7 其他文化场馆和娱乐场所名称的译写应符合 GB/T 30240.1—2013 中 5.1 的各项要求。具体参见附录 A。

4.2 文化娱乐服务信息

4.2.1 文物一般译作 Cultural Relic,专指古董时也可译作 Antique。

4.2.2 文物的级别可采用“序数词＋Grade”的方法译写,也可采用“Grade＋基数词”的方法译写,如一级文物可译作 First Grade Cultural Relic,也可译作 Grade One Cultural Relic。

4.2.3 电影放映厅译作 Theater 或 Screen,不同的放映厅用“Theater＋阿拉伯数字”或“Screen＋阿拉伯数字”的方式进行译写,如 1 号放映厅译作 Theater 1 或 Screen 1。

4.2.4 剧场、剧院、舞台、戏院、戏苑等的楼层一般采用“序数词＋Floor”的方法译写,如:一层 First Floor。音乐厅、歌剧院等已经习惯使用 Stalls(正厅)、Mezzanine(楼厅)、Balcony(像阳台一样的包厢)、Box(一间间隔开的包厢)的,可沿用。

4.2.5 座位的排译作 Row,座译作 Seat,如 3 排 5 座译作 Row 5, Seat 3。

4.2.6 其他文化娱乐服务信息的译写应符合 GB/T 30240.1—2013 中 5.2 的各项要求。具体参见附录 B。

4.3 词语选用和拼写方法

英文词语选用和拼写方法应符合 GB/T 30240.1—2013 中 5.3 的要求,如中心可在 Center 或 Centre 中任选一种译法,剧场、剧院、舞台、戏院、戏苑等可在 Theater 或 Theatre 中任选一种译法,但在同一场所内应保持统一。

4.4 语法和格式

4.4.1 可数名词用在指示处所的标志里一般用复数形式,如:当场票购票窗口 Rush Tickets;用在指示实物的标志里一般用单数形式,如:当场票 Rush Ticket。

4.4.2 英文人称、时态、单复数用法和缩写形式应符合 GB/T 30240.1—2013 中 5.4 的相关要求。

5 书写要求

英文大小写、标点符号、字体、空格、换行等的用法应符合 GB/T 30240.1—2013 中第 6 章的要求。

附　录　A
（资料性附录）
文化场馆和娱乐场所名称英文译法示例

A.1　说明

表 A.1 给出了文化场馆和娱乐场所名称通名英文译法示例。条目英文中：

a) “〔　〕”中的内容是对英文译法的解释说明，“（　）”及其所包含的内容是译文的组成部分，使用时应完整译写；
b) “或”前后所列出的不同译法可任意选择一种使用，“；”前后所列出的不同译法应根据相关解释说明区分不同情况选择使用；
c) 中心译作 Center 或 Centre，剧场、剧院、舞台、戏院、戏苑等译作 Theater 或 Theatre，本附录在相关条目的译文中均省略了后一种译法。

A.2　文化场馆和娱乐场所名称

文化场馆和娱乐场所名称英文译法示例见表 A.1。

表 A.1　文化场馆和娱乐场所名称英文译法示例

序号	中文	英文
	（文博场馆）	
1	博物馆	Museum
2	历史博物馆	History Museum 或 Museum of History
3	自然博物馆	Natural History Museum 或 Museum of Natural History
4	民族博物馆	Ethnography Museum 或 Museum of Ethnography
5	民俗博物馆	Folk Museum 或 Folklore Museum
6	文史馆；文史研究馆	Research Institute of Culture and History
	（会展场馆）	
7	展览馆；展示馆	Exhibition Center 或 Exhibition Hall
8	陈列馆	Exhibition Gallery 或 Exhibition Hall
9	展览中心	Exhibition Center
10	会展中心	Convention and Exhibition Center
11	城市规划展示馆	Urban Planning Exhibition Center 或 Urban Planning Exhibition Hall
	（科技馆）	
12	科技馆	Science and Technology Museum 或 Museum of Science and Technology
13	体验馆	Exploration Hall 或 Discovery Hall

表 A.1(续)

序号	中文	英文
14	体验中心	Exploration Center 或 Discovery Center〔Center 均可译作 Zone〕
	(美术、艺术场馆)	
15	美术馆;艺术馆	Art Gallery 或 Art Museum
16	中国画馆	Gallery of Chinese Paintings
17	西洋画馆	Gallery of Western Paintings
18	画廊	Gallery
	(图书馆)	
19	图书馆	Library
20	数字图书馆	Digital Library
21	少年儿童图书馆	Children's Library
	(影视剧院)	
22	剧院;剧场	Theater
23	大剧院	Grand Theater
24	电影院	Cinema 或 Movie Theater
25	歌剧院	Opera House
26	影城	Cineplex 或 Cinema 或 Movie Theater
27	特效影视剧场	Simulation Theater
28	音乐厅	Concert Hall
29	大舞台	Grand Stage
30	歌舞剧场	Opera Theater 或 Opera House
	(文化单位)	
31	演出社	Performing Arts Troupe
32	文化馆	Cultural Center
33	社区文化馆	Community Cultural Center
34	活动中心	Activity Center
35	青少年活动中心	Youth Activity Center
36	老年活动中心	Senior Citizens Activity Center
37	少年宫	Children's Palace
38	艺术培训中心	Arts Education Center
	(娱乐场所)	
39	网吧	Internet Café 或 Internet Bar
40	电子游戏厅;电子游艺厅	Video Game Center
41	休闲会馆;会所;俱乐部	Recreation Club 或 Club
42	歌厅	KTV 或 Karaoke Bar
43	舞厅;歌舞厅	Ballroom 或 Dance Hall
44	KTV 包房	KTV Room

附 录 B
（资料性附录）
文化娱乐服务信息英文译法示例

B.1 说明

表 B.1～表 B.5 给出了文化娱乐服务信息英文译法示例。各表的英文中：

a) “〔 〕”中的内容是对英文译法的解释说明，“（ ）”及其所包含的内容是译文的组成部分，使用时应完整译写；

b) “//”表示书写时应当换行的断行处，需要同行书写时“//”应改为句点“.”；

c) “____”表示使用时应根据实际情况填入具体内容；

d) “或”前后所列出的不同译法可任意选择一种使用，“；”前后所列出的不同译法应根据相关解释说明区分不同情况选择使用；

e) 解释说明中指出某个词“可以省略”的，省略该词的译文只能用于设置在该设施上的标志中，如：借书处 Circulation Desk，在设置于该处所的标志中可以省略 Desk，译作 Circulation；

f) 展馆的“馆”译作 Gallery 或 Hall，商店译作 Store 或 Shop，本附录在相关条目的译文中省略了后一种译法。

B.2 文博、会展场馆服务信息

文博、会展场馆服务信息英文译法示例见表 B.1。

表 B.1 文博、会展场馆服务信息英文译法示例

序号	中文	英文
	（展览性质、展示设施）	
1	巡回展览	Itinerant Exhibition 或 Roving Exhibition
2	主题展览	Theme Exhibition
3	综合性展览	General Exhibition 或 Comprehensive Exhibition
4	展板	Display Board 或 Display Panel
5	展柜	Showcase
6	展架	Display Rack 或 Display Shelf
	（功能区域、场所）	
7	展厅	Exhibition Hall
8	展场；展区	Exhibition Area 或 Display Area
9	体验区	Exploration Area 或 Discovery Area〔Area 均可译作 Zone〕
10	观赏区	Viewing Area
11	表演区	Performance Area
12	触摸区	Hands-on Area 或 Touch Area

表 B.1（续）

序号	中文	英文
13	视听区	Audio-Visual Area
14	视听室	Audio-Visual Room
15	休闲区	Leisure Area
16	展馆	Exhibition Gallery 或 Exhibition Hall
17	青铜器馆	Bronze Gallery 或 Bronzes〔用于 Gallery 可以省略的场合〕
18	瓷器馆	Porcelain Gallery 或 Porcelains〔用于 Gallery 可以省略的场合〕
19	玉器馆	Jade Gallery〔Gallery 可以省略〕
20	漆器馆	Lacquer Gallery〔Gallery 可以省略〕
21	书画馆;字画馆	Calligraphy and Paintings Gallery〔Gallery 可以省略〕
22	现代书画馆	Modern Calligraphy and Paintings Gallery〔Gallery 可以省略〕
23	油画馆	Oil Paintings Gallery〔Gallery 可以省略〕
24	古代珍宝馆	Historical Treasures Gallery〔Gallery 可以省略〕
25	古代钱币馆	Ancient Coins Gallery〔Gallery 可以省略〕
26	古代家具馆	Ancient Furniture Gallery〔Gallery 可以省略〕
27	展室;陈列室	Exhibition 或 Display Room
28	标本室	Specimen Room 或 Specimens〔用于 Room 可以省略的场合〕
	（展品及其说明）	
29	展品	Exhibits
30	文物	Cultural Relic
31	馆藏〔指文物〕	Museum Collection
32	民间收藏〔指文物〕	Private Collection
33	复制品;仿制品	Duplicate 或 Replica
34	模型	Model〔注意根据展出的模型数量选择使用单复数〕
35	艺术品	Artwork
36	工艺美术品	Arts and Crafts
37	手工艺品	Handicrafts
38	丝织品	Silk Fabrics 或 Silks
	（功能及服务设施）	
39	场馆简介	Introduction
40	场馆示意图;导览图	Map and Guide
41	导览册	Guides
42	导览机;语音导览	Audio Guide 或 Multimedia Guide
43	讲解服务	Guide Service
44	团队入口	Group Entrance

表 B.1（续）

序号	中文	英文
45	团体接待	Group Reception
46	纪念品商店	Souvenir Store 或 Gift Store； Souvenirs 或 Gifts〔都用于 Store 可以省略的场合〕
	（提示、指示、说明信息）	
47	馆内布展，暂停开放	Temporarily Closed for Remodeling
48	请爱护文物	Please Show Respect for Cultural Relics
49	请勿触摸展品	Please Do Not Touch 或 Hands Off
50	请继续参观；参观由此向前；由此参观	Please Proceed This Way
51	请上楼继续参观	Exhibition Continues Upstairs
52	原路返回	Return by the Way You Came 或 Return the Same Way You Came
53	文物鉴定〔多为古董〕	Antique Authentication 或 Antique Appraisals
54	展品不外售	Not for Sale
55	动手项目；动手操作	Hands-on Activities

B.3 图书馆服务信息

图书馆服务信息英文译法示例见表 B.2。

表 B.2 图书馆服务信息英文译法示例

序号	中文	英文
	（借书、还书）	
1	借书处	Circulation
2	办证处〔指借书证〕	Card Service
3	视障人士书刊借阅处	Circulation for Readers With Visual Impairment
4	听障人士书刊借阅处	Circulation for Readers With Hearing Impairment
5	还书处	Book Drop 或 Book Return
6	逾期交费	Overdue Payment
	（阅览）	
7	阅览部；阅览处；阅览室	Reading Room
8	儿童阅览室	Children's Reading Room
9	电子阅览室	Digital Reading Room
10	期刊阅览室	Periodicals Reading Room
11	综合阅览室	General Reading Room
12	视障人士阅览区	Reading Area for People With Visual Impairment

表 B.2（续）

序号	中文	英文
13	档案室	Archives Room
14	典藏文献书库	Closed Stacks
15	音乐文献室	Musical Documents Collection
16	多媒体视听室	Multimedia Audio-Visual Room 或 Multimedia Room
17	请出示读者证	Please Show Your Library Card
18	请爱护书籍	Please Handle Books With Care
19	阅览室内请保持安静	Please Keep Quiet
20	阅后请放回原处	Please Reshelve Books Where You Found Them
21	阅后请放入书车，不要放回原处。	Please do not reshelve books. Return them to the book trolley.
22	只可携带无色无糖饮料进阅览室	No Beverages Allowed Except Plain Water
	（检索及相关服务提示）	
23	读者服务处	Reader Services
24	目录咨询	Catalog Information
25	图书查询〔自助〕	Book Search
26	图书查询服务〔人工服务〕	Book Search Services
27	公共检索	Catalog Search
28	文献检索服务	DocumentRetrieval Service 或 Document Search Service
29	书名目录	Title Catalog 或 Catalog by Title
30	著者目录	Author Catalog 或 Catalog by Author
31	分类目录	Subject Catalog 或 Catalog by Subject
32	图书借阅排行榜	Most Borrowed Books List
33	畅销书	Bestsellers
34	推荐图书	Recommended Books〔Books 可以省略〕
35	新书推荐	New Arrivals 或 Newly Shelved Books〔Books 可以省略〕
36	新刊推荐	New Periodicals
37	图书预定	Book Reservation
	（图书分类）	
	——文学类	*Literature*
38	小说	Fiction
39	传记纪实	Biography and Non-Fiction
40	诗歌	Poetry
41	散文	Prose
42	古典文学	Classical Literature
43	古籍	Ancient Books 或 Ancient Texts

表 B.2（续）

序号	中文	英文
	——艺术类	*Arts*
44	美术	Fine Arts
45	音乐	Music
46	戏剧	Theater and Drama
47	民间工艺	Folk Handicrafts
48	舞蹈	Dance
49	影视	Films and Television
50	摄影	Photography
51	书法	Calligraphy
52	设计	Design
	——学术类	*Academics*
53	政治	Politics
54	经济	Economics
55	文化	Culture
56	法学	Law
57	语言文字	Linguistics and Philology
58	国际关系	International Relations
59	心理学	Psychology
60	社会学	Sociology
61	人类学	Anthropology
62	哲学	Philosophy
63	宗教	Religion
64	新闻	Journalism
65	体育	Sports
	——商务类	*Business Administration*
66	管理	Administration and Management
67	金融证券	Finance and Securities
68	保险	Insurance
69	财会	Accounting
70	贸易	Trade
71	营销	Marketing
72	广告	Advertising
73	投资理财	Investment and Finance

表 B.2（续）

序号	中文	英文
	——科学类	*Science*
74	环境	Environment
75	生物	Biology
76	数学	Mathematics
77	物理	Physics
78	化学	Chemistry
79	医学	Medicine
80	动物	Zoology
81	植物	Botany
82	天文	Astronomy
83	地理	Geography
84	考古	Archaeology
85	军事	Military Science
86	基础科学	Basic Sciences
	——实用类;生活类	*Crafts，Hobbies and Home*
87	休闲娱乐	Leisure and Entertainment
88	家居	House and Home
89	服饰美容	Fashion and Beauty
90	旅游	Travel
91	保健	Health and Fitness
92	生活百科	Home Life
	——教育类	*Education*
93	幼儿教育	Preschool Education
94	小学教育	Primary Education
95	中学教育	Secondary Education
96	高等教育	Higher Education
97	成人教育;继续教育	Adult Education 或 Continuing Education
98	职业教育	Vocational Education
99	留学	Studying Abroad
100	外语	Foreign Languages
101	科普读物	Popular Science
102	教材及辅导资料	Textbooks and Supplementary Materials
	——工程类	*Engineering*
103	电机	Electrical Machinery

表 B.2(续)

序号	中文	英文
104	电子	Electronic Engineering
105	力学	Dynamics 或 Mechanics
106	水利	Hydraulic Engineering
107	航空航天	Aerospace
108	建筑	Architecture
109	交通运输	Transportation
110	材料	Materials
111	机械	Mechanical Engineering
112	工业	Industrial Engineering
113	仪器仪表	Instruments and Apparatus
114	能源与环境	Energy and Environment
	——电脑类	*Computer*
115	基础	Basics
116	软件	Software
117	硬件	Hardware
118	网络通信	Network Communications
	——工具书类	*Reference*
119	字典;词典;辞典	Dictionaries
	——综合类	*General*
120	百科	Encyclopedia
121	统计	Statistics
122	年鉴	Yearbooks
123	名录;名人录	Directories 或 Who's Who
124	索引	Indexes
125	旧书	Used Books 或 Second-Hand Books
126	手稿	Manuscripts
127	录像资料	Video-Recordings
128	音像资料	Audio-Video Recordings
129	儿童读物	Children's Books
130	有声读物	Audio Books

B.4 影视剧院服务信息

影视剧院服务信息英文译法示例见表 B.3。

表 B.3 影视剧院服务信息英文译法示例

序号	中文	英文
	(票务服务)	
1	售票处	Box Office 或 Tickets
2	会员售票处	Membership Tickets
3	会员自动售票机	Ticket Vending Machine (Members Only)
4	会员卡充值处	Add Value to Membership Card Here
5	会员须知	Notice to Members 或 Membership Notice 或 Membership Guide
6	团体票	Group Tickets〔Tickets 可以省略〕
7	优惠票	Concession Ticket
8	当场票	Rush Ticket〔Ticket 可以省略〕
9	影票售出谢绝退换	No Refunds or Exchanges
10	____米以下儿童免票	Free Admission for Children Under ____ m
	(影片排片信息)	
11	即将上映	Coming Soon 或 Upcoming Movies
12	正在上映	Now Showing 或 Now Playing
13	上午场	Morning Shows
14	下午场	Afternoon Shows 或 Matinee
15	夜场	Late-Night Shows
16	通宵场	All-Night Shows
17	进口片;原版引进	Imported
18	反转片	Reversal Film
19	影片排行榜	Ranking
20	院线	Cinema Chain
21	上线(影片)	Playing In Theaters
22	下线(影片)	No Longer Showing
	(出入口、通道)	
23	观众入场门	Entrance
24	观众通道	Audience Passage〔Passage 可以省略〕
25	演员专用通道	Performers Passage 或 Performers Only〔用于 Passage 可以省略的场合〕
26	贵宾通道	VIP Passage〔Passage 可以省略〕

表 B.3（续）

序号	中文	英文
27	非演职人员请勿入内；观众止步	Performers and Staff Only
	（放映厅）	
28	电影放映厅	Theater 或 Screen
	（座位区、座位号）	
29	单号；单号区	Odd 或 Odd Numbers 或 Odd Numbered Seats
30	双号；双号区	Even 或 Even Numbers 或 Even Numbered Seats
31	前区	Front Section
32	中区	Central Section
33	无障碍座位	Accessible Seats 或 Accessible Seating
34	观众席	Auditorium
35	贵宾席	VIP Seats
36	贵宾区	VIP Section
37	贵宾间	VIP Box
38	____排	Row ____
39	____座	Seat ____
	（功能处所）	
40	灯光控制室	Lighting Control Room
41	音响控制室	Sound Control Room
42	视频转播室	Video Control Room
43	化妆间	Dressing Room
44	排练厅	Rehearsal Room
45	演播厅	Studio
46	休息区	Waiting Room 或 Lounge; Green Room〔专指演员休息室〕
	（提示信息）	
47	请提前 10 分钟进场	Please Arrive 10 Minutes Prior to the Show 或 Please Arrive 10 Minutes Before the Show Begins
48	请准时入场，对号入座，迟到的观众请待幕间安静时，入场就近入座。	Please arrive on time and take your assigned seat. If you are late, please take the nearest seat during the intermission.
49	散场时请从指定出口离场	Please Leave by Designated Exit
50	欣赏交响乐曲时，乐曲的乐章之间，请不要鼓掌	Please Do Not Applaud Between Movements
51	演出进行中，请勿大声喧哗或随意走动。	Performance in progress. Please keep quiet and remain seated.

表 B.3（续）

序号	中文	英文
52	影院内禁止携带宠物	No Pets Allowed in Theater
53	影院内严禁摄影、录音及录像	No Photography or Recording Is Allowed
54	影片放映期间请关闭您的手机	Please Switch off Your Cellphone During the Show

B.5 娱乐场所服务信息

娱乐场所服务信息英文译法示例见表 B.4。

表 B.4 娱乐场所服务信息英文译法示例

序号	中文	英文
1	吧台	Bar Counter
2	上网区	Cyber Zone
3	上网登记处	Registration
4	上网前请出示有效证件	Photo ID Required
5	禁止未成年人进入	Adults Only
6	禁止黄、赌、毒	Pornography, Gambling and Drugs Prohibited
7	禁止浏览黄色网站	Do Not Visit Pornographic Websites
8	禁止吸食毒品	No Drugs
9	请勿长时间上网	Do Not Stay Online for Too Long
10	____元/半小时	____ Yuan/Half-Hour 或 ____ Yuan/30 Minutes
11	____元/小时	____ Yuan/Hour

B.6 文化娱乐类通用服务信息

文化娱乐类通用服务信息英文译法示例见表 B.5。

表 B.5 文化娱乐类通用服务信息英文译法示例

序号	中文	英文
	（功能设施信息）	
1	衣帽寄存；衣帽寄存处	Cloakroom
2	身份证登记	Photo ID Required
3	失物招领	Lost and Found
4	婴儿车服务	Baby Carriages 或 Baby Carriage Rental
5	雨具租用	Umbrella Rental

表 B.5（续）

序号	中文	英文
6	卖品部	Shop
	（限令禁止信息）	
7	禁止出入	No Passage 或 No Entry // No Exit
8	非请莫入	No Entry Unless Authorized
	（指示指令信息）	
9	请排队等候入场	Please Line Up to Proceed 或 Please Wait in Line
10	进入场馆请先存包	Please Deposit Your Bag Before Entering
11	请保持场内清洁	Please Keep This Area Clean
12	请关闭通讯设备	Please Turn Off Your Cellphone
13	请将通讯工具设置为静音	Please Mute Your Cellphone 或 Please Silence Your Cellphone
	（提示说明信息）	
14	开放时间	Opening Hours
15	闭馆时间	Closing Time
16	敬告	Notice
17	暂停开放	Temporarily Closed
18	免费开放	Free Admission
19	收费项目;有偿服务项目	Billable Items 或 Pay Items
20	代办邮寄;邮购服务	Mailing Service

ICS 01.080.10
A 22

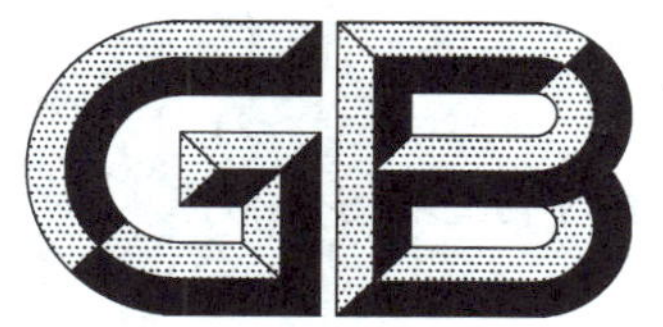

中华人民共和国国家标准

GB/T 30240.5—2017

公共服务领域英文译写规范 第5部分:体育

Guidelines for the use of English in public service areas—Part 5: Sports

2017-05-22 发布　　2017-12-01 实施

中华人民共和国国家质量监督检验检疫总局
中国国家标准化管理委员会　发布

前　言

GB/T 30240《公共服务领域英文译写规范》与公共服务领域日文、韩文、俄文等译写规范共同构成关于公共服务领域外文译写规范的系列国家标准。

GB/T 30240《公共服务领域英文译写规范》分为以下部分：

——第1部分：通则；

——第2部分：交通；

——第3部分：旅游；

——第4部分：文化娱乐；

——第5部分：体育；

——第6部分：教育；

——第7部分：医疗卫生；

——第8部分：邮政电信；

——第9部分：餐饮住宿；

——第10部分：商业金融。

本部分为GB/T 30240的第5部分。

本部分按照GB/T 1.1—2009给出的规则起草。

本部分由教育部语言文字信息管理司归口。

本部分起草单位：上海市语言文字工作委员会、北京市语言文字工作委员会、江苏省语言文字工作委员会、北京外国语大学、清华大学、北京大学、中国外文局。

本部分主要起草人：柴明颎、丁言仁、潘文国、戴曼纯、姚锦清、王银泉、戴宗显、白殿一、刘连安、张日培、林元彪、张民选、刘润清、黄必康、韩宝成、李艳红、柯马凯、杨永林、黄友义。

公共服务领域英文译写规范 第5部分:体育

1 范围

GB/T 30240 的本部分规定了体育领域英文翻译和书写的相关术语和定义、翻译方法和要求、书写要求等。

本部分适用于体育场馆名称、体育领域公共服务信息的英文译写。

2 规范性引用文件

下列文件对于本文件的应用是必不可少的。凡是注日期的引用文件,仅注日期的版本适用于本文件。凡是不注日期的引用文件,其最新版本(包括所有的修改单)适用于本文件。

GB/T 30240.1—2013 公共服务领域英文译写规范 第1部分:通则

3 术语和定义

下列术语和定义适用于本文件。

3.1

体育馆 indoor stadium

室内的体育比赛或运动、健身场所。

3.2

体育场 stadium;sports field

户外露天的体育比赛或运动、健身场所。

3.3

体育中心 sports complex;sports center

由若干不同功能的体育运动场所构成,具有比赛、运动、健身以及休闲、娱乐等多种功能的综合性体育场所。

4 翻译方法和要求

4.1 体育场馆名称

4.1.1 体育馆一般译作 Indoor Stadium 或 Gymnasium。

4.1.2 体育场应区分其不同的情况采用不同的译法:包括观众席在内的整个体育场译作 Stadium;面积较大,可用于足球、橄榄球、曲棍球、田径等比赛和训练的场地译作 Field;面积较小,仅用于篮球、网球等比赛和训练的场地译作 Court。

4.1.3 体育中心应区分其不同的规模采用不同的译法:大型体育中心译作 Sports Complex;中小型体育中心译作 Sports Center;社区体育活动场所可译作 Community Sports Center 或 Community Sports Ground。

4.1.4 水上运动场馆应区分不同的情况采用不同的译法。可用于游泳、跳水、水球等项目比赛训练的大型室内游泳场馆译作 Natatorium;一般的游泳池译作 Swimming Pool 或 Indoor Swimming Pool。

4.1.5 其他体育场馆名称的译写应符合 GB/T 30240.1—2013 中 5.1 的各项要求。具体参见附录 A。

4.2 体育服务信息

4.2.1 体育场馆的入场门应区分不同的情况采用不同的译法:以数字命名的入场门用"Gate+阿拉伯数字"的方式译写,如一号门译作 Gate 1;以方位词命名的入场门用"方位词+Gate"的方式译写,如东门译作 East Gate。

4.2.2 体育场馆的座位分区应区分不同的情况采用不同的译法:以数字命名的分区用"Zone+阿拉伯数字"或"Section+阿拉伯数字"的方式译写,如一区译作 Zone 1 或 Section 1;以方位词命名的分区用"方位词+Section"的方式译写,如东区译作 East Section。

4.2.3 体育服务信息的译写应符合 GB/T 30240.1—2013 中 5.2 的各项要求。具体译法参见附录 B。

4.3 体育运动项目和比赛名称

4.3.1 体育运动项目名称的译写应符合国际体育组织的相关规定。

4.3.2 体育比赛名称应区分不同的情况采用不同的译写方法:包含多个项目比赛的综合性运动会译作 Games 或 Sports Games;单项运动比赛、邀请赛和锦标赛等译作 Tournament 或 Championship;一个单位内部举行的多项目综合性运动会译作 Sports Meet。

4.3.3 体育运动项目和比赛名称的具体译法参见附录 C。

4.4 词语选用和拼写方法

英文词语选用和拼写方法应符合 GB/T 30240.1—2013 中 5.3 的要求。

4.5 语法和格式

4.5.1 可数名词用在指示处所的标志里一般用复数形式,如:当场票购票窗口 Rush Tickets;用在指示实物的标志里一般用单数形式,如:当场票 Rush Ticket。

4.5.2 其他英文人称、时态、单复数用法和缩写形式应符合 GB/T 30240.1—2013 中 5.4 的相关要求。

5 书写要求

英文大小写、标点符号、字体、空格、换行等的用法应符合 GB/T 30240.1—2013 中第 6 章的要求。

附　录　A
（资料性附录）
体育场馆名称英文译法示例

A.1　说明

表 A.1 给出了体育场馆名称通名英文译法示例。条目英文中：

a)　“〔　〕”中的内容是对英文译法的解释说明，“（　）”及其所包含的内容是译文的组成部分，使用时应完整译写；

b)　“____”表示使用时应根据实际情况填入具体内容；

c)　“或”前后所列出的不同译法可任意选择一种使用，“；”前后所列出的不同译法应根据相关解释说明区分不同情况选择使用。

A.2　体育场馆名称

体育场馆名称英文译法示例见表 A.1。

表 A.1　体育场馆名称英文译法示例

序号	中文	英文
	（体育场）	
1	体育场	Stadium
2	足球场	Football Field 或 Soccer Field
3	篮球场	Basketball Court
4	排球场	Volleyball Court
5	沙滩排球场	Beach Volleyball Court
6	网球场	Tennis Court
7	手球场	Handball Court
8	门球场	Gateball Court 或 Croquet Court〔Court 均可译作 Field〕
9	棒球场	Baseball Field
10	垒球场	Softball Field
11	曲棍球场	Hockey Field
12	地掷球场	Bocce Court
13	高尔夫球场	Golf Course
14	田径场	Track-and-Field Ground
15	射箭场	Archery Range
16	旱冰场；轮滑场	Roller Skating Rink
17	攀岩场	Climbing Gym 或 Climbing Wall

表 A.1（续）

序号	中文	英文
18	卡丁车场	Karting Track
19	山地自行车赛场	Mountain Bike Racing Field
	（体育馆）	
20	体育馆	Indoor Stadium 或 Gymnasium 或 Sports Hall
21	篮球馆	Basketball Gym
22	排球馆	Volleyball Gym
23	羽毛球馆	Badminton Gym
24	手球馆	Handball Gym
25	乒乓球馆	Table Tennis Gym
26	台球馆；桌球馆	Billiard Hall
27	体操馆	Gymnasium
28	游泳馆	Natatorium 或 Indoor Swimming Pool
29	射击馆	Shooting Range
30	自行车馆	Velodrome 或 Cycling Center
31	保龄球馆	Bowling Alley
32	举重馆	Weightlifting Gym
33	武术馆	Wushu Gym
34	拳击馆	Boxing Gym
35	柔道馆	Judo Gym
36	摔跤馆	Wrestling Gym
37	瑜伽馆	Yoga Gym
38	训练馆	Training Gym
	（体育中心）	
39	体育中心	Sports Complex 或 Sports Center
40	健身中心	Fitness Center 或 Health Club
41	网球中心	Tennis Center
42	体育交流中心	Sports Exchange Center
43	健身培训中心	Fitness Training Center
	（其他）	
44	体育公园	Sports Park
45	体育俱乐部	Sports Club
46	训练基地	Training Center
47	棋院	Chess Institute
48	棋牌俱乐部	Board Games Club

附 录 B
（资料性附录）
体育服务信息英文译法示例

B.1 说明

表 B.1～表 B.5 给出了体育类服务信息英文译法示例。各表的英文中：

a) “〔 〕”中的内容是对英文译法的解释说明，“（ ）”及其所包含的内容是译文的组成部分，使用时应完整译写；

b) “//”表示书写时应当换行的断行处，需要同行书写时“//”应改为句点“.”。

c) “____”表示使用时应根据实际情况填入具体内容；

d) “或”前后所列出的不同译法可任意选择一种使用，“；”前后所列出的不同译法应根据相关解释说明区分不同情况选择使用；

e) 解释说明中指出某个词“可以省略”的，省略该词的译文只能用于设置在该设施上的标志中。如：观众入口 Spectator Entrance、在设置于该入口处的标志中可以省略 Entrance，译作 Spectators。

B.2 功能设施信息

功能设施信息英文译法示例见表 B.1。

表 B.1 功能设施信息英文译法示例

序号	中文	英文
	（出入场区）	
1	观众入口	Spectator Entrance 或 Spectators〔用于 Entrance 可以省略的场合〕
2	双号入口	Even Numbers Entrance〔Entrance 可以省略〕
3	单号入口	Odd Numbers Entrance〔Entrance 可以省略〕
4	团体入口	Group Entrance〔Entrance 可以省略〕
5	观众通道	Spectators Passage 或 Spectators〔用于 Passage 可以省略的场合〕
6	无障碍通道	Wheelchair Accessible Passage〔Passage 可以省略〕
7	散场通道	Exit
8	运动员专用通道	Athletes Passage 或 Athletes Only〔用于 Passage 可以省略的场合〕
9	贵宾通道	VIP Passage〔Passage 可以省略〕
	（看台区）	
10	观众席	Spectator Seats
11	观众席区	Spectator Area
12	看台	Spectators Stand
13	露天看台	Bleachers

表 B.1（续）

序号	中文	英文
14	发言讲台	Rostrum
	（比赛场地区）	
15	贵宾席	VIP Seats
16	贵宾间	VIP Box
17	无障碍观众席区	Wheelchair Accessible Area
18	通道，过道〔座位区之间〕	Aisle
19	比赛场馆	Competition Venues
20	竞赛区	Competition Arena
21	替补席	Substitutes Bench
22	裁判台	Referee Stand
23	裁判区	Referee Area
24	官员区	Officials Area
25	工作人员区	Staff Area
26	电视评论席	TV Commentary Box
27	文字记者席	Press Box
28	摄影记者区	Photo Zone
	（工作区）	
29	场馆工作区	Back of House Area
30	运营区	Venue Operation Area
31	贵宾休息室	VIP Lounge〔Lounge 可以省略〕
32	运动员休息室	Athletes Lounge〔Lounge 可以省略〕
33	主队休息室	Host Team Lounge〔Lounge 可以省略〕
34	客队休息室	Guest Team Lounge〔Lounge 可以省略〕
35	竞赛办公室	Competition Office
36	技术代表室	Technical Delegates Office
37	裁判员室	Referee Room 或 Umpire Room〔用于板球、棒球裁判室〕
38	仲裁办公室	Arbitration Office
39	兴奋剂检查室	Doping Control Station
40	体能测评室	Physical Fitness Test Room
41	打印复印室	Printing and Copying
42	广播室；广播站	Broadcasting Room〔规模较大〕或 Broadcast Room〔规模较小〕
	（新闻媒体区）	
43	新闻媒体区	Media Area

表 B.1（续）

序号	中文	英文
44	新闻中心	Press Center
45	新闻发布厅	News Conference Hall 或 Press Conference Hall
46	新闻办公室	Press Office 或 Media Office
47	记者休息室	Media Lounge
48	混合区〔媒体自由采访区域〕	Mixed Zone
49	**（功能保障区）**	
50	器材室	Equipment Room
51	储藏室	Storeroom
52	风机房	Ventilator Room
53	计时控制室	Timing Control Room
54	灯光控制室	Light Control Room
	（观众服务区）	
55	观众服务区	Spectator Service Area
56	场馆示意图〔内部〕	Venue Map
57	场馆区示意图	Schematic Diagram of Venues
58	吸烟区	Smoking Area
59	医务室	Medical Room 或 Clinic
60	失物招领	Lost and Found
61	广播寻人寻物	Paging Service
	（健身、运动服务设施）	
62	更衣室	Locker Room
63	男更衣室	Men's Locker Room
64	女更衣室	Women's Locker Room
65	淋浴室；浴室	Showers
66	男淋浴室	Men's Showers
67	女淋浴室	Women's Showers

B.3 警示警告信息

警示警告信息英文译法示例见表 B.2。

表 B.2 警示警告信息英文译法示例

序号	中文	英文
1	小心磕碰；当心碰撞	Beware of Collisions
2	注意水深	CAUTION // Deep Water

B.4 限令禁止信息

限令禁止信息英文译法示例见表 B.3。

表 B.3 限令禁止信息英文译法示例

序号	中文	英文
1	禁止进入比赛场地区	Competition Area // Entry Prohibited
2	禁止攀爬、翻越围栏	No Climbing Over Railings
3	禁坐栏杆	Do Not Sit on Handrail 或 No Sitting on Handrail〔Handrail 也可译作 Railing〕
4	请勿外带食品	No Outside Food Allowed
5	禁带宠物	No Pets Allowed
6	严禁有皮肤病或其他传染性疾病者使用游泳池	People suffering from skin diseases or other infectious diseases are not allowed to swim in the pool.
7	禁止跳水	No Diving
8	____米以下儿童谢绝入内	No Admittance for Children Under ____ m
9	请不要随意移动隔离墩	Do Not Move Isolation Piers
10	请勿使用闪光灯	No Flash 或 No Flash Photography

B.5 指示指令信息

指示指令信息英文译法示例见表 B.4。

表 B.4 指示指令信息英文译法示例

序号	中文	英文
1	女子通道，男宾止步	Women Only
2	进入场馆请先存包	Please Deposit Your Bag Before Entering
3	凭票入场	Admission by Ticket 或 Ticket Holders Only
4	请提前____分钟进场	Please Enter ____ Minutes Ahead of Schedule
5	入室请刷卡	Swipe Your Card to Enter
6	散场时请从指定出口离场	Please Leave by Designated Exit
7	请将通讯工具设置为静音	Please Mute Your Cellphone 或 Please Silence Your Cellphone
8	请保管好您的贵重物品	Please Keep Your Valuables With You 或 Please Do Not Leave Your Valuables Unattended
9	请爱护体育器材	Please Take Good Care of Sports Facilities

B.6 说明提示信息

说明提示信息英文译法示例见表 B.5。

表 B.5 说明提示信息英文译法示例

序号	中文	英文
1	开馆时间	Opening Time
2	开放时间	Opening Hours
3	闭馆时间	Closing Time
4	免费开放	Free Admission
5	门票价格	Rates
6	当场票	Rush Ticket〔Ticket 可以省略〕
7	团体票	Group Tickets〔Tickets 可以省略〕
8	当日使用,逾期作废	Valid on Day of Issue Only〔指购票当日有效〕;Valid for the Date Displayed on the Ticket〔指票面上印刷的日期当日有效〕
9	票已售出,概不退换	No Refunds or Exchanges
10	票已售完	Sold Out
11	____米以下儿童免票	Free Admission for Children Under ____ m
12	收费标准	Rates
13	____元/半小时	____ Yuan/Half-Hour 或 ____ Yuan/30 Minutes
14	____元/小时	____ Yuan/Hour
15	会员须知	Notice to Members 或 Membership Notice 或 Membership Guide
16	深水区	Deep End
17	浅水区	Shallow End
18	中场休息	Halftime
19	供应食品饮料	Food and Beverages
20	不外售	Not for Sale

表 C.1（续）

序号	中文	英文
20	场地自行车	Track Cycling
21	公路自行车	Road Cycling
22	山地自行车	Mountain Cycling
23	BMX 小轮车	BMX Racing
24	击剑	Fencing
25	足球	Football 或 Soccer
26	五人制足球	Futsal 或 Five-a-Side Football
27	手球	Handball
28	马术	Equestrian
29	曲棍球	Hockey
30	柔道	Judo
31	现代五项	Modern Pentathlon
32	铁人三项	Triathlon
33	冬季两项	Biathlon
34	体操	Gymnastics
35	艺术体操	Rhythmic Gymnastics
36	蹦床	Trampoline
37	赛艇	Rowing〔人力〕或 Speed Boat〔机动〕
38	帆船	Sailing 或 Yacht Racing
39	射击	Shooting
40	排球	Volleyball
41	沙滩排球	Beach Volleyball
42	垒球	Softball
43	乒乓球	Table Tennis 或 Ping Pong
44	跆拳道	Taekwondo
45	网球	Tennis
46	举重	Weightlifting
47	摔跤	Wrestling
48	中国式摔跤	Shuaijiao 或 Chinese Wrestling
49	冰壶	Curling
50	冰球	Ice Hockey
51	滑冰	Skating
52	花样滑冰	Figure Skating
53	短道速滑	Short Track Speed Skating

表 C.1（续）

序号	中文	英文
54	速度滑冰	Speed Skating
55	滑雪	Skiing
56	高山滑雪	Alpine Skiing
57	越野滑雪	Cross Country Skiing
58	自由式滑雪	Freestyle Skiing
59	跳台滑雪	Ski Jumping
60	单板滑雪	Snowboarding
61	摩托艇	Motorboat
62	救生	Life Saving
63	健美操	Aerobics
64	街舞	Street Dance
65	技巧	Sports Acrobatics
66	高尔夫球	Golf
67	保龄球	Bowling
68	掷球	Boules
69	台球	Billiards
70	藤球	Sepaktakraw
71	壁球	Squash
72	橄榄球〔英式〕	Rugby
73	软式网球	Soft Tennis
74	热气球	Hot Air Balloon
75	热气飞艇	Thermal Airship 或 Hot Air Airship
76	氦气球	Helium Balloon
77	氦气飞艇	Helium Airship
78	混合式气球	Hybrid Balloon
79	运动飞机	Sport Aircraft
80	超轻型飞机	Ultralight Aircraft
81	轻型飞机	Light Aircraft
82	特技飞机	Aerobatic Aircraft
83	旋翼类飞机	Rotorcraft 或 Rotary-Wing Aircraft
84	模拟飞机	Model Aircraft
85	跳伞	Parachuting
86	特技跳伞	Freefall Style Parachuting〔Parachuting 可以省略〕
87	定点跳伞	Building，Antenna，Span and Earth Jumping 或 BASE Jumping

表 C.1（续）

序号	中文	英文
88	造型跳伞	Formation Parachuting〔Parachuting 可以省略〕
89	踩伞	Canopy Formation Parachuting〔Parachuting 可以省略〕
90	低空伞	Low Altitude Parachuting
91	牵引伞	Parascending
92	花样跳伞	Artistic Events
93	滑翔	Gliding
94	滑翔机	Glider
95	悬挂滑翔	Hang Gliding
96	滑翔伞	Paraglider 或 Parachute Glider
97	动力滑翔伞	Powered Paraglider 或 Paramotor
98	航空模型	Aero Model
99	航空模型自由飞	Free Flight Aeromodelling
100	航空模型线纵飞	Control Line Aeromodelling
101	无线电遥控〔航空模型〕	Radio-Controlled Aeromodelling
102	仿真〔航空模型〕	Scale Aeromodelling
103	电动〔航空模型〕	Electric Aeromodelling
104	航天模型	Space Model
105	车辆模型	Vehicle Model
106	非遥控车	Non-Remote Controlled Vehicle
107	电动公路车	Electric On-Road Vehicle
108	电动越野车	Electric Off-Road Vehicle
109	内燃机公路车	On-Road Vehicles with Internal Combustion Engines
110	内燃机越野车	Off-Road Vehicles with Internal Combustion Engines
111	火车模型	Model Railway 或 Train Model
112	航海模型	Marine Model
113	仿真模型	Simulation Model
114	仿真航行	Simulation Sailing
115	帆船	Sailboat
116	耐久〔帆船运动〕	Endurance
117	动力艇	Motor Boat
118	建筑场景	Architecture Model
119	定向	Orienteering
120	徒步定向	Foot Orienteering
121	滑雪定向	Ski Orienteering

表 C.1（续）

序号	中文	英文
122	轮椅定向	Trail Orienteering
123	山地车定向	Mountain Bike Orienteering
124	GPS 定向	GPS Orienteering
125	业余无线电	Amateur Radio
126	业余无线电台	Amateur Radio Station
127	无线电测向	Radio Direction Finding
128	无线电通信	Radio Communication
129	围棋	Weiqi
130	五子棋	Five-in-a-Row 或 Renju 或 Gobang
131	国际象棋	Chess
132	中国象棋	Xiangqi 或 Chinese Chess
133	桥牌	Bridge
134	武术	Wushu
135	套路	Taolu 或 Routine
136	散打	Sanda
137	健身气功	Health Qigong
138	登山	Mountaineering
139	攀岩	Rock Climbing
140	攀冰	Ice Climbing
141	山地户外运动	Mountain Sports
142	汽车	Automobile
143	摩托车	Motorbike
144	轮滑	Roller Skating 或 Roller Blading〔直排轮滑〕
145	毽球	Shuttlecock
146	门球	Gateball 或 Croquet
147	舞龙舞狮	Dragon and Lion Dance
148	赛龙舟	Dragon Boat Race
149	钓鱼	Angling Tournament
150	风筝	Kite
151	信鸽	Pigeon Race
152	体育舞蹈	Dancesport
153	健美	Bodybuilding
154	拔河	Tug of War
155	飞镖	Darts
156	电子竞技	E-Sports 或 Electronic Sports

C.3 体育比赛名称

体育比赛名称英文译法示例见表 C.2。

表 C.2 体育比赛名称英文译法示例

序号	中文	英文
1	世界杯	World Cup
2	锦标赛	Championships 或 Tournament
3	越野锦标赛;拉力锦标赛	Rally Championships
4	公开赛	Open Championships
5	大师赛	Masters Tournament
6	国际集结赛	World Rally Championships
7	青年锦标赛	Junior/Youth Championships
8	冠军杯赛	Champions Cup
9	大师杯	Masters Cup
10	联赛	League
11	职业联赛	Professional League
12	甲级联赛	League One
13	超级联赛	Super League
14	排位赛	Qualifying Tournament 或 Qualifier
15	常规赛	Regular Season
16	超级大奖赛	Super Grand Prix
17	巡回赛	Tour
18	巡回赛总决赛	Tour Finals
19	年终总决赛	Annual Finals
20	精英赛	Classic Match
21	邀请赛	Invitational Tournament
22	拉力赛	Rally Racing 或 Rallying
23	耐力赛	Endurance Racing
24	拳王争霸赛	Boxing Championship
25	挑战赛;擂台赛	Challenge
26	对抗赛	Dual Meet
27	小组赛	Group Stage
28	1/8 决赛;八强赛	1/8 Finals 或 Eighth Finals
29	1/4 决赛;四强赛	1/4 Finals 或 Quarter Finals
30	半决赛	Semifinals 或 Semi-Finals
31	决赛	Final

ICS 01.080.10
A 22

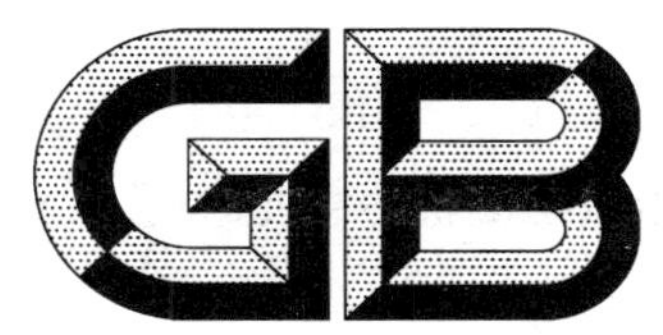

中华人民共和国国家标准

GB/T 30240.6—2017

公共服务领域英文译写规范
第6部分：教育

Guidelines for the use of English in public service areas—Part 6：Education

2017-05-22 发布 2017-12-01 实施

中华人民共和国国家质量监督检验检疫总局
中国国家标准化管理委员会 发布

前　言

GB/T 30240《公共服务领域英文译写规范》与公共服务领域日文、韩文、俄文等译写规范共同构成关于公共服务领域外文译写规范的系列国家标准。

GB/T 30240《公共服务领域英文译写规范》分为以下部分：

——第1部分：通则；

——第2部分：交通；

——第3部分：旅游；

——第4部分：文化娱乐；

——第5部分：体育；

——第6部分：教育；

——第7部分：医疗卫生；

——第8部分：邮政电信；

——第9部分：餐饮住宿；

——第10部分：商业金融。

本部分为GB/T 30240的第6部分。

本部分按照GB/T 1.1—2009给出的规则起草。

本部分由教育部语言文字信息管理司归口。

本部分起草单位：上海市语言文字工作委员会、北京市语言文字工作委员会、江苏省语言文字工作委员会、北京外国语大学、清华大学、北京大学、中国外文局。

本部分主要起草人：柴明颎、丁言仁、潘文国、戴曼纯、姚锦清、王银泉、戴宗显、白殿一、刘连安、张日培、林元彪、张民选、刘润清、黄必康、韩宝成、李艳红、柯马凯、杨永林、黄友义。

公共服务领域英文译写规范
第6部分:教育

1 范围

GB/T 30240的本部分规定了教育领域英文翻译和书写的相关术语和定义、翻译方法和要求、书写要求等。

本部分适用于学校及其他教育机构名称、学校服务信息的英文译写。

2 规范性引用文件

下列文件对于本文件的应用是必不可少的。凡是注日期的引用文件,仅注日期的版本适用于本文件。凡是不注日期的引用文件,其最新版本(包括所有的修改单)适用于本文件。

GB/T 30240.1—2013 公共服务领域英文译写规范 第1部分:通则

3 术语和定义

下列术语和定义适用于本文件。

3.1

教育机构 educational institution

开展教育、教学活动的各级各类学校及校外教育机构和场所。

4 翻译方法和要求

4.1 教育机构名称

4.1.1 规模较大的综合性大学译作University。规模较小的学院应区分不同的性质采取不同的译法:通常译作College或School;专科性较强的译作Institute;艺术类学院及研究性教育机构译作Academy;职业技术学院译作Polytechnic College或Vocational and Technical College。

4.1.2 中小学用School翻译:中学译作Middle School,初中译作Junior Middle School,高中译作Senior Middle School或High School,职业高中、中等专业或职业学校均译作Vocational School;小学译作Primary School;含小学和初中的九年一贯制学校直接译作School;特殊教育类学校译作Special School或Special Education School。

4.1.3 作为校外教育机构的青少年活动中心、基地等均译作Youth Center;少年宫、青年宫的“宫”可以沿用Palace。

4.1.4 成人教育体系中的业余大学、继续教育学院等译作College of Continuing Education;社区学校译作Community School。

4.1.5 通名的修饰或限定成分需译成两个及以上英文单词时,一般置于通名之后,用介词of或for连接,如:华东政法大学East China University of Political Science and Law。修饰或限定成分只有一个英文单词时,可以置于通名之前,如:南京农业大学Nanjing Agricultural University。

4.2 学校服务信息

4.2.1 校门应区分不同的情况采用不同的译法：以数字命名的校门用“Gate＋阿拉伯数字”的方式译写，如一号门译作 Gate 1；以方位词命名的校门用“方位词＋Gate”的方式译写，如东门译作 East Gate。

4.2.2 其他学校服务信息的译写应符合 GB/T 30240.1—2013 中 5.2 的各项要求。具体译法参见附录 A。

4.3 词语选用和拼写方法

英文词语选用和拼写方法应符合 GB/T 30240.1—2013 中 5.3 的要求。

4.4 语法和格式

英文人称、时态、单复数用法和缩写形式应符合 GB/T 30240.1—2013 中 5.4 的相关要求。

5 书写要求

英文大小写、标点符号、字体、空格、换行等的用法应符合 GB/T 30240.1—2013 中第 6 章的要求。

附 录 A
（资料性附录）
学校服务信息英文译法示例

A.1 说明

表 A.1～表 A.5 给出了学校服务信息英文译法示例。各表的英文中：

a) “〔 〕”中的内容是对英文译法的解释说明，“( )”及其所包含的内容是译文的组成部分，使用时应完整译写；

b) “//”表示书写时应当换行的断行处，需要同行书写时“//”应改为句点“.”；

c) “____”表示使用时应根据实际情况填入具体内容；

d) “或”前后所列出的不同译法可任意选择一种使用，“;”前后所列出的不同译法应根据相关解释说明区分不同情况选择使用；

e) 解释说明中指出某个词“可以省略”的，省略该词的译文只能用于设置在该设施上的标志中；

f) 中心译作 Center 或 Centre，剧场、剧院、舞台等译作 Theater 或 Theatre，本附录在相关条目的译文中均省略了后一种译法。

A.2 功能设施信息

功能设施信息英文译法示例见表 A.1。

表 A.1 功能设施信息英文译法示例

序号	中文	英文
	（大楼、教室、实验室）	
1	办公楼	Administration Building 或 Office Building
2	教学楼	Teaching Building 或 Classroom Building
3	实验楼	Laboratory Building
4	教室	Classroom
5	阶梯教室	Terrace Classroom 或 Lecture Theatre
6	多功能教室	Multifunction Classroom
7	多媒体教室	Multimedia Classroom
8	自习室〔图书馆内〕	Study Room
9	专用教室	Special Purpose Classroom
10	学术报告厅	Lecture Hall
11	实验室	Laboratory 或 Lab
12	物理实验室	Physics Laboratory
13	化学实验室	Chemistry Laboratory
14	生物实验室	Biology Laboratory

表 A.1（续）

序号	中文	英文
15	语言实验室;语音室	Language Laboratory 或 Language Lab
16	电子工程实验室	Electronics Engineering Laboratory
17	信息技术实验室	Information Technology Laboratory
18	多媒体视听室	Multimedia Audio-Visual Room 或 Multimedia Room
19	计算机房	Computer Room
	（图书阅览类）	
20	图书馆	Library
21	借书处	Circulation
22	还书处	Book Drop 或 Book Return
23	预约取书	Reserved Book Pick-up
24	读者服务	Reader Services
25	公共检索	Catalog Search
26	文献检索服务	Document Retrieval Service 或 Document Search Service
27	阅览室	Reading Room
28	电子阅览室	Digital Reading Room
29	声像室	Audio-Video Room 或 Multimedia Room
30	资料室	Resource Center
31	资料打印和复印	Printing and Copying
32	档案馆	Archives Center
	（运动健身类）	
33	操场	Playground
34	足球场	Football Field 或 Soccer Field
35	篮球场	Basketball Court
36	田径场	Track-and-Field Ground
37	运动场	Sports Ground 或 Sports Field
38	体育馆	Indoor Stadium 或 Gymnasium 或 Sprots Hall
39	游泳馆	Natatorium 或 Indoor Swimming Pool
40	游泳池	Swimming Pool
41	健身中心	Fitness Center 或 Health Club
	（校园文化类）	
42	大礼堂	Auditorium 或 Assembly Hall
43	剧院;剧场	Theater
44	展览馆	Exhibition Center 或 Exhibition Hall
45	艺术馆	Art Museum

表 A.1（续）

序号	中文	英文
46	大学生活动中心	Student Center
47	会议中心	Conference Center 或 Convention Center
48	校史馆;校史陈列室	____ History Museum〔“____”处根据不同的学校性质填入 University 或 College 或 School〕
	（校园公告类）	
49	公告栏	Notice Board 或 Bulletin Board
50	校区平面图	Campus Map
	（餐饮类）	
51	食堂	Dining Hall 或 Canteen
52	小餐厅;快餐厅	Cafeteria
53	清真餐厅	Halal Dining Hall 或 Halal Canteen
54	教师食堂;教师餐厅	Faculty Canteen
55	自助餐厅	Buffet 或 Cafeteria
56	学生窗口	Student Window 或 For Students〔用于 Window 可以省略的场合〕
57	教师窗口	Faculty Window 或 For Faculty〔用于 Window 可以省略的场合〕
58	饭票〔客餐券〕	Meal Voucher 或 Meal Ticket
	（生活服务类）	
59	学生宿舍;学生公寓	Student Dormitory
60	教师宿舍	Faculty Dormitory 或 Faculty Apartments
61	留学生公寓	International Student Dormitory
62	专家楼	International Faculty Apartment Building
63	浴室	Shower Room
64	开水房	Hot Water Room
65	洗衣房	Laundry
66	公共吹风机	Hair Dryer
67	理发室	Barber's 或 Barber Shop
68	美发厅	Hairdresser's
69	卫生所、卫生室、医务室	Clinic
	（证照类）	
70	校园卡	Campus Card
71	校园卡管理中心	Campus Card Center 或 Campus Card Services 或 Campus Card Office
72	校园卡自助服务中心	Campus Card Self-Service Center
73	学生证	Student ID Card

表 A.1（续）

序号	中文	英文
74	听课证	Course Registration Card
75	课程表	Class Schedule 或 Timetable
76	采证摄像头	Photo ID Camera
77	监控摄像头	Surveillance Camera
	（校车类）	
78	校车	School Bus 或 Shuttle Bus
79	校车车站；班车点	Bus Stop〔需要时可在前面加上 School 或 Shuttle〕
80	校车路线图	Bus Route〔需要时可在前面加上 School 或 Shuttle〕
81	校车运营时间表	Bus Timetable〔需要时可在前面加上 School 或 Shuttle〕

A.3 限令禁止信息

限令禁止信息英文译法示例见表 A.2。

表 A.2 限令禁止信息英文译法示例

序号	中文	英文
1	仅限本校车辆〔通行或停放〕	Authorized Vehicles Only
2	出租车不得进入校园	No Taxis Allowed on Campus 或 No Taxis〔设置在校门口〕
3	机动车不得进入校园	No Motor Vehicles Allowed on Campus 或 No Motor Vehicles〔设置在校门口〕
4	校园内禁止鸣笛	Do Not Use Horn 或 No Honking
5	禁止滑板	No Skateboarding
6	禁止张贴	Do Not Post Bills 或 Do Not Post Notices
7	不得带入食物	No Food Allowed Inside
8	不得带入饮料	No Beverages Allowed Inside
9	上课期间，不得使用手机	Do Not Use Cellphone in Class
10	不得在课桌上刻划	No Scratching or Doodling on Desk
11	不得占座	No Seat Reservation
12	不得擅动实验器材	Do Not Use Any Lab Equipment Without Permission
13	未经同意，不得将实验器材、产品带出实验室。	Do not take out of lab any equipment or material without permission.
14	未经同意，不得私自安装、拷贝软件和资料。	Do not install or copy any software or data without permission.
15	不得将本食堂餐具带出	Do Not Remove Tableware
16	外来食品和饮料不得入内	No Outside Food or Beverages 或 No Outside Food or Beverages Allowed

表 A.2（续）

序号	中文	英文
17	学生餐厅内禁止饮酒	No Alcohol Allowed in Student Canteen
18	餐厅内禁止打牌	No Card Games Allowed in Canteen
19	女生宿舍，男士止步	Women Only
20	外来人员不得留宿	Guests Are Not Allowed to Stay Overnight
21	宿舍内禁止使用大功率电器	Do Not Use High-Wattage Electrical Appliances
22	宿舍内禁止豢养宠物	No Pets Allowed in Dormitory

A.4 指示指令信息

指示指令信息英文译法示例见表 A.3。

表 A.3 指示指令信息英文译法示例

序号	中文	英文
1	出租车请从____门进入	Taxi Entrance at Gate ____〔校门的译法参见 4.2.1〕
2	进出校门请下车推行	Cyclists Please Dismount at Gate
3	上下楼梯请靠右	Keep Right on the Stairs
4	请爱护书籍	Please Handle Books With Care
5	请将手机设置为静音	Please Mute Your Cellphone 或 Please Silence Your Cellphone
6	请将未选中的书放回原处	Please Reshelve Unselected Books Where You Found Them
7	请排队等候入场	Please Line Up to Proceed 或 Please Wait in Line
8	随手关门	Close the Door Behind You
9	进入阅览室必须存包	Deposit Bags Before Entering the Reading Room
10	进入〔实验室、图书馆、宿舍等〕必须刷卡	Swipe Card to Enter
11	学生宿舍，访客必须登记	Visitors Must Register

A.5 说明提示信息

说明提示信息英文译法示例见表 A.4。

表 A.4 说明提示信息英文译法示例

序号	中文	英文
	（内设机构名称）	
1	校长室〔大学〕	President's Office
2	校长室〔中学、小学〕	Principal's Office

表 A.4（续）

序号	中文	英文
3	办公室〔行政〕	Administration Office
4	办公室〔党委〕	CPC Committee Office
5	教务处	Office of Academic Affairs 或 Office of Academic Studies
6	教学秘书办公室	Academic Secretary's Office
7	学科规划与建设办公室	Office of Academic Planning and Development
8	继续教育管理处	Office of Continuing Studies 或 Office of Continuing Education
9	政教处	Moral Education Office
10	科技处	Office of Science and Technology Administration
11	科研处	Office of Academic Research
12	社科处	Office of Humanities and Social Sciences Administration
13	国际交流处	Office of International Exchange and Cooperation
14	人事处	Human Resources Office
15	离退工作处	Office of Retired Faculty and Staff Affairs
16	财务处	Finance Office
17	审计处	Audit Office
18	学生工作处	Student Affairs Office
19	研究生工作部	Graduate Student Affairs Office
20	招生办公室	Admissions Office
21	就业指导办公室	Career Guidance Office 或 Office of Career Counseling
22	心理咨询中心	Psychological Counseling Center
23	党委宣传部	CPC Publicity Department
24	党委组织部	CPC Organization Department
25	党委统战部	CPC United Front Work Department
26	人民武装部	People's Armed Forces Department
27	团委	Chinese Communist Youth League Committee 或 CCYL Committee
28	学生会	Student Union 或 Students' Union
29	研究生会	Graduate Student Union 或 Graduate Students' Union
30	研究生院	Graduate School
31	国际交流学院	School of International Exchange 或 College of International Exchange
32	继续教育学院	School of Continuing Education 或 College of Continuing Education
33	远程教育学院	School of Distance Education 或 College of Distance Education
34	____系	____ Department 或 Department of ____

表 A.4（续）

序号	中文	英文
35	出版社	Press 或 Publishing House
36	编辑部	Editorial Office
37	校广播电视台	Campus Broadcasting Station
38	信息中心	Information Center
	（其他）	
39	本教室设有监控	This Classroom Is Under Video Surveillance

附　录　C
（资料性附录）
体育运动项目和比赛名称英文译法示例

C.1　说明

表 C.1～表 C.2 给出了体育运动项目名称和比赛名称英文译法示例。各表的英文中：

a）“〔　〕”中的内容是对英文译法的解释说明，“（　）”及其所包含的内容是译文的组成部分，使用时应完整译写；

b）“或”前后所列出的不同译法可任意选择一种使用，“；”前后所列出的不同译法应区分不同情况选择使用。

C.2　体育运动项目名称

体育运动项目名称英文译法示例见表 C.1。

表 C.1　体育运动项目名称英文译法示例

序号	中文	英文
1	游泳	Swimming
2	跳水	Diving
3	花样游泳	Synchronized Swimming
4	水球	Water Polo
5	公开水域游泳	Open Water Swimming
6	潜水	Underwater Diving
7	潜泳	Underwater Swimming
8	蹼泳	Finswimming
9	滑水	Water Skiing 或 Water Ski
10	射箭	Archery
11	田径	Athletics
12	羽毛球	Badminton
13	皮划艇	Canoe and Kayak
14	激流回旋	Canoe and Kayak Slalom
15	静水〔皮划艇〕	Canoe and Kayak Flatwater
16	棒球	Baseball
17	篮球	Basketball
18	拳击	Boxing
19	自行车运动	Cycling

ICS 01.080.10
A 22

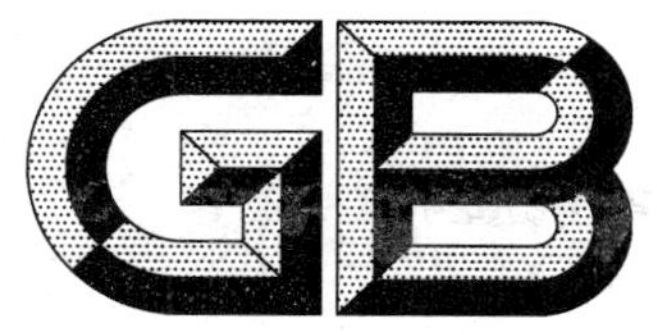

中华人民共和国国家标准

GB/T 30240.7—2017

公共服务领域英文译写规范 第7部分:医疗卫生

Guidelines for the use of English in public service areas—Part 7: Health and medicine

2017-05-22 发布 2017-12-01 实施

中华人民共和国国家质量监督检验检疫总局
中国国家标准化管理委员会 发布

前　言

GB/T 30240《公共服务领域英文译写规范》与公共服务领域日文、韩文、俄文等译写规范共同构成关于公共服务领域外文译写规范的系列国家标准。

GB/T 30240《公共服务领域英文译写规范》分为以下部分：

——第1部分：通则；

——第2部分：交通；

——第3部分：旅游；

——第4部分：文化娱乐；

——第5部分：体育；

——第6部分：教育；

——第7部分：医疗卫生；

——第8部分：邮政电信；

——第9部分：餐饮住宿；

——第10部分：商业金融。

本部分为GB/T 30240的第7部分。

本部分按照GB/T 1.1—2009给出的规则起草。

本部分由教育部语言文字信息管理司归口。

本部分起草单位：上海市语言文字工作委员会、北京市语言文字工作委员会、江苏省语言文字工作委员会、南京大学、南京农业大学、解放军国际关系学院。

本部分主要起草人：柴明颎、丁言仁、潘文国、戴曼纯、姚锦清、王银泉、戴宗显、白殿一、刘连安、张日培、林元彪、张民选、王守仁、陈新仁、杨晓荣、乌永志、孙小春。

公共服务领域英文译写规范
第7部分：医疗卫生

1 范围

GB/T 30240的本部分规定了医疗卫生领域英文翻译和书写的相关术语和定义、翻译方法和要求、书写要求等。

本部分适用于医疗卫生机构名称、医疗服务信息、医学专用名称的英文译写。

2 规范性引用文件

下列文件对于本文件的应用是必不可少的。凡是注日期的引用文件，仅注日期的版本适用于本文件。凡是不注日期的引用文件，其最新版本（包括所有的修改单）适用于本文件。

GB/T 30240.1—2013 公共服务领域英文译写规范 第1部分：通则

3 术语和定义

下列术语和定义适用于本文件。

3.1

医疗卫生机构 health care and medical institution

具有医疗、预防、保健、医学教育和科研功能的单位或机构。

4 翻译方法和要求

4.1 医疗卫生机构名称

4.1.1 医院译作Hospital；诊所、防治所、卫生室、医务室等译作Clinic；疗养院一般译作Sanatorium，也可译作Convalescent Hospital；护理医院一般译作Nursing Home，也可译作Nursing Hospital。

4.1.2 医院的分院译作Branch Hospital，用of连接所隶属的总院名称；也可采用“总院名称，专名＋Branch”的译写方法，如：华山医院宝山分院 Huashan Hospital, Baoshan Branch。

4.1.3 大学附属医院需要译出隶属关系时，“附属”译作Affiliated；也可省去不译，将大学名称置于医院名称之后，中间用“,”隔开。如复旦大学附属中山医院，可以译作Zhongshan Hospital Affiliated with（或to）Fudan University或Zhongshan Hospital (The Affiliated Hospital of Fudan University)，也可简译作Zhongshan Hospital, Fudan University。

4.1.4 医保定点医疗机构译作Medical Insurance Designated Hospital或Medical Insurance Designated Clinic；医保定点药房译作Medical Insurance Designated Pharmacy。

4.1.5 其他医疗机构名称的译写应符合GB/T 30240.1—2013中5.1的各项要求。具体译法参见附录A。

4.2 医疗服务信息

4.2.1 中医译作Traditional Chinese Medicine，可以缩写为TCM。

4.2.2 门诊部总称译作 Outpatient Department;急诊部总称译作 Emergency Department;门、急诊部的分科诊室一般译作 Department。住院部总称译作 Inpatient Department 或 Inpatient Ward;住院部的分科病房一般译作 Ward,也可译作 Department。如:门急诊部的血液科可译作 Hematology Department,住院部的血液科可译作 Hematology Ward 或 Hematology Department。

4.2.3 译写较大规模的门急诊部和住院部时可采用复数,如:门诊部 Outpatient Departments。

4.2.4 门、急诊部及其分科诊室名称中的 Department 在标志用于指示处所时可以省略,但在标志用于指示方位时应当译出,如血液科:在设置于血液科诊室门口的标志中可以简单译作 Hematology,但在设置于候诊区域指示血液科诊室所处方位的标志中则应完整译作 Hematology Department。

4.2.5 针对特殊疾病或特殊需求而设立的不同类别的门诊译作 Clinic,且不能省略。如:发热门诊 Fever Clinic、专家门诊 Expert Clinic,其中的 Clinic 不能省略。

4.2.6 其他医疗服务信息的译写应符合 GB/T 30240.1—2013 中 5.2 的各项要求。具体译法参见附录 B。

4.3 医学专用名称

医疗科别、检查化验项目、医疗措施、医学保障设施等医学专用名称的译写应遵循医学术语规范,具体译法参见附录 C。

4.4 词语选用和拼写方法

英文词语选用和拼写方法应符合 GB/T 30240.1—2013 中 5.3 的要求。

4.5 语法和格式

英文人称、时态、单复数用法和缩写形式应符合 GB/T 30240.1—2013 中 5.4 的相关要求。

5 书写要求

英文大小写、标点符号、字体、空格、换行等的用法应符合 GB/T 30240.1—2013 中第 6 章的要求。

附　录　A
（资料性附录）
医疗卫生机构名称英文译法示例

A.1　说明

表 A.1 给出了医疗卫生机构名称英文译法示例。条目英文中：

a）“〔 〕”中的内容是对英文译法的解释说明，“（ ）”及其所包含的内容是译文的组成部分，使用时应完整译写；

b）“____”表示使用时应根据实际情况填入具体内容；

c）“或”前后所列出的不同译法可任意选择一种使用，“；”前后所列出的不同译法应根据相关解释说明区分不同情况选择使用。

A.2　医疗卫生机构

医疗卫生机构名称英文译法示例见表 A.1。

表 A.1　医疗卫生机构名称英文译法示例

序号	中文	英文
	（医院、疗养院）	
1	医院	Hospital
2	附属医院	Affiliated Hospital of ____ 或 Hospital Affiliated With ____〔With 也可译作 to〕
3	中心医院	Central Hospital
4	专科医院	Specialized Hospital
5	儿童医院	Children's Hospital
6	中医医院	Traditional Chinese Medicine Hospital 或 TCM Hospital
7	护理医院	Nursing Home 或 Nursing Hospital
8	康复医院	Rehabilitation Hospital
9	疗养院	Sanatorium 或 Convalescent Home 或 Convalescent Hospital
	（分科医院）	
10	胸科医院	Chest Hospital
11	肺科医院	Lung Hospital
12	妇产科医院；妇婴保健院	Women's Hospital 或 Maternity Hospital
13	肝胆外科医院	Hepatobiliary Surgery Hospital
14	精神卫生医院	Mental Health Hospital 或 Psychiatric Hospital
15	脑科医院	Brain Hospital

表 A.1（续）

序号	中文	英文
16	口腔医院	Stomatological Hospital 或 Oral Hospital
17	眼耳鼻喉科医院	Eye and ENT Hospital
18	眼科医院	Eye Hospital
19	耳鼻喉科医院	ENT Hospital
20	皮肤病医院	Dermatology Hospital
21	性病医院	STD Hospital
22	肛肠医院	Proctology Hospital
23	肿瘤医院	Tumor Hospital 或 Oncology Hospital
	（防治院、所）	
24	传染病防治院	Infectious Diseases Hospital
25	口腔病防治院	Oral Clinic
26	牙病防治院〔所〕	Dental Clinic
27	眼病防治院〔所〕	Eye Clinic
	（社区卫生服务中心）	
28	社区卫生服务中心	Community Healthcare Center
29	社区卫生服务中心医疗服务站	Community Healthcare Clinic
30	社区诊所	Community Clinic
31	卫生室、医务室	Clinic 或 Medical Room
	（医疗服务机构）	
32	公共卫生临床中心	Public Health Clinical Center
33	疾病预防控制中心	Disease Control and Prevention Center
34	医疗急救中心	Medical Emergency Center
35	血液中心	Blood Center
36	临床检验中心	Clinical Laboratory Center
37	医保定点医疗机构	Medical Insurance Designated Hospital 或 Medical Insurance Designated Clinic
	（医学科研机构）	
38	医学科学技术情报研究所	Institute of Medical Science and Technology Information
39	健康教育所	Health Education Center
40	生物制品研究所	Research Institute of Biological Products
41	肿瘤研究所	Oncology Institute
42	气功研究所	Qigong Research Institute
43	针灸经络研究所	Acupuncture and Meridian Research Institute
44	免疫学研究所	Immunology Institute

表 A.1（续）

序号	中文	英文
45	心血管研究所	Cardiovascular Medicine Institute
46	放射医学研究所	Radiation Medicine Institute
47	高血压研究所	Hypertension Research Institute
48	伤骨科研究所	Orthopaedic Traumatology Institute
49	内分泌研究所	Endocrinology Institute
	（医疗管理机构）	
50	医保办	Medical Insurance Office
51	血液管理办公室	Blood Management Office
52	卫生监督所	Public Health Inspection Office
53	红十字会	Red Cross Society

附　录　B
（资料性附录）
医疗卫生类服务信息英文译法示例

B.1　说明

表 B.1～表 B.5 给出了医疗卫生类服务信息英文译法示例。各表的英文中：

a)　“〔 〕”中的内容是对英文译法的解释说明，“( )”及其所包含的内容是译文的组成部分，使用时应完整译写；
b)　“//”表示书写时应当换行的断行处，需要同行书写时“//”应改为句点“.”；
c)　“____”表示使用时应根据实际情况填入具体内容；
d)　“或”前后所列出的不同译法可任意选择一种使用，“;”前后所列出的不同译法应根据相关解释说明区分不同情况选择使用；
e)　解释说明中指出某个词“可以省略”的，省略该词的译文只能用于设置在该设施上的标志中，如：门诊部 Outpatient Department，在设置于门诊部门口的标志中可以省略 Department，译作 Outpatients；
f)　商店、小卖部等译作 Store 或 Shop，电梯译作 Elevator 或 Lift，本附录在相关条目的译文中均省略了后一种译法。

B.2　功能设施信息

功能设施信息英文译法示例见表 B.1。

表 B.1　功能设施信息英文译法示例

序号	中文	英文
	（功能区域、场所）	
1	门诊部	Outpatient Department 或 Outpatients〔用于 Department 可以省略的场合〕
2	门诊楼	Outpatient Building 或 Outpatients〔用于 Building 可以省略的场合〕
3	急诊部	Emergency Department〔Department 可以省略〕
4	急诊室	Emergency Clinic〔Clinic 可以省略〕
5	急诊楼	Emergency Building〔Building 可以省略〕
6	住院部	Inpatient Department
7	病房；病区	Inpatient Ward
8	病房楼	Inpatient Building
9	医技楼	Medical Technology Building〔Building 可以省略〕
10	检查室	Examination Room

表 B.1（续）

序号	中文	英文
11	化验室	Laboratory 或 Lab
12	治疗室	Treatment Room
13	观察室	Observation Room
14	候诊观察室	Waiting and Observation Room〔Room 可以省略〕
15	抢救室	Emergency Room 或 Resuscitation Room〔Room 均可以省略〕
16	现场抢救区	On-Site Emergency Care
17	注射室	Injection Room
18	输液室	Infusion Room
19	注射输液室	Injection and Infusion Room
20	配液室	Infusion Preparation Room
21	手术室	Operating Room 或 Operating Theater
22	麻醉室	Anesthesia Room
23	苏醒室;恢复室	Recovery Room
24	换药室	Dressing Room
25	清创室	Wound Care Room 或 Debridement Room〔Room 均可以省略〕
26	产房	Delivery Room
27	重症监护室	Intensive Care Unit 或 ICU
28	心脏重症监护室	Cardiac Care Unit 或 CCU
29	冠心病重症监护室	Coronary Care Unit 或 CCU
30	儿童重症监护室	Pediatric Intensive Care Unit 或 Pediatric ICU
31	新生儿重症监护室	Neonatal Intensive Care Unit 或 NICU
32	胎儿监护室	Fetus Monitoring Room〔Room 可以省略〕
33	高压氧室;高压氧舱	Hyperbaric Oxygen Chamber
	（挂号、收费、出入院手续办理）	
34	预检处	Inquiries
35	挂号处	Registration
36	收费处	Cashier 或 Payment
37	挂号、收费处	Registration and Payment
38	自助挂号;自助挂号机	Self-Service Registration Machine〔Machine 可以省略〕
39	住院手续办理处;住院登记处	Admission
40	出院手续办理处	Discharge
41	出入院办理处	Admission and Discharge
	（药品服务）	
42	处方处	Prescription

表 B.1（续）

序号	中文	英文
43	划价处；药品划价	Prescription Pricing
44	取药处；收方、发药处	Dispensary
45	药房；西药房；中西药房	Pharmacy
46	中药房	TCM Pharmacy
47	中草药房	TCM Pharmacy (Herbal Medicine)
48	中成药及西药房	Pharmacy (incl. Prepared Chinese Medicine)
49	医保定点药店	Medical Insurance Designated Pharmacy
50	用药咨询处	Medication Consultation
51	门诊煎药处	Outpatient Herbal Medicine Decoction Service
	（分诊服务）	
52	叫号台	Calling Desk
53	候诊区	Waiting Area
54	就诊区	Outpatient Area
55	诊室	Consulting Room
56	第____诊室	Consulting Room ____
57	男诊室	Men's Consulting Room
58	女诊室	Women's Consulting Room
59	乙肝病毒携带者诊室	HBV Carriers Consulting Room
	（检查化验服务）	
60	登记处	Registry
61	预约处	Appointments
62	自助预约机	Self-Service Appointment Machine〔Machine 可以省略〕
63	检查、化验等候区	Lab Test Waiting Area
64	取报告处	Lab Report Collection
65	取检查、化验结果处	Lab Test Reports
66	标本登记处	Specimen Registration
67	标本接收处	Specimen Collection
68	放标本处	Specimens
69	抽血处	Blood Sampling
70	静脉采血处	Venous Blood Sampling
71	普通取血处	Routine Blood Sampling
72	隔离取血室	Isolated Blood Sampling Room
73	拍片室；摄片室	Radiography Room
74	暗室	Darkroom

表 B.1（续）

序号	中文	英文
75	冲片室	Film Developing Room
76	读片室;阅片室	Film Reading Room
	（住院服务）	
77	护士站	Nurses Station
78	医生办公室	Doctor's Office
79	配餐室	Meal Preparation Room〔Room 可以省略〕
80	营养室	Nutrition Room
81	宣教室	Health Education Room〔Room 可以省略〕
82	盥洗区	Wash Area
83	院内小卖部	Store
84	亲友等候区	Visitors Waiting Area
85	会客区	Reception Area
	（血液服务）	
86	血液中心	Blood Center
87	血库	Blood Bank
88	血液采集区	Blood Collection Area
89	献血前等候区	Donors Waiting Lounge
90	献血前检测区	Donors Blood Test Area
91	献血咨询登记处	Donation Counseling and Registration
92	献血后休息区	Donors Rest Lounge
	（医用设施）	
93	医用电梯	Medical Service Elevator 或 Medical Use Only〔用于 Elevator 可以省略的场合〕
94	手术室专用电梯	Operating Room Elevator 或 Operating Room Only〔用于 Elevator 可以省略的场合〕
95	医疗急救电话 120	First Aid//Call 120
96	救护车	Ambulance
	（污染隔离）	
97	隔离区	Isolation Area 或 Quarantine Area
98	清洁区	Sterile Area 或 Cleanroom
99	半污染区	Buffer Area
100	污染区	Contaminated Area
101	污物间	Soiled Articles Disposal Room〔Room 可以省略〕
102	生活垃圾(存放处)〔指非医用垃圾〕	Non-Medical Waste

表 B.1（续）

序号	中文	英文
103	医用垃圾（存放处）〔指医用废弃物等〕	Medical Waste
104	消毒产品检验受理处	Sterile Items Test Registration
	（投诉与管理）	
105	急诊办公室	Emergency Department Office
106	门诊办公室	Outpatient Department Office
107	门诊接待室	Reception Room〔Room 可以省略〕
108	医护部	Medical and Nursing Department
109	护理部	Nursing Department
110	投诉电话；投诉热线	Complaints Hotline
111	投诉与建议箱	Complaints and Suggestions
112	医疗纠纷处理办公室	Complaints Office
113	预防保健科	Preventive Medicine Department
114	院感科	Hospital-Acquired Infection Control Department
	（其他）	
115	太平间；停尸房	Mortuary 或 Morgue
116	亲友告别室	Visitation Room

B.3 警示警告信息

警示警告信息英文译法示例见表 B.2。

表 B.2 警示警告信息英文译法示例

序号	中文	英文
1	当心射线	CAUTION // Radiation
2	锐器！请注意	CAUTION // Sharp Objects
3	易燃物品	Flammable Materials
4	剧毒物品	Toxic Materials
5	生物危险，请勿入内	DANGER//Biohazard//No Admittance

B.4 限令禁止信息

限令禁止信息英文译法示例见表 B.3。

表 B.3 限令禁止信息英文译法示例

序号	中文	英文
1	患者止步	Staff Only
2	请勿谈论病人隐私	Please Respect the Privacy of Our Patients
3	男宾止步	Women Only

B.5 指示指令信息

指示指令信息英文译法示例见表 B.4。

表 B.4 指示指令信息英文译法示例

序号	中文	英文
1	请在诊室外候诊	Please Wait Outside the Consulting Room
2	医疗急救通道	Emergency Access
3	进入实验区，请穿好工作服	Lab Area//Lab Coats Required
4	血液告急	Urgent! Blood Donors Needed Now!
5	血液告急，请伸出您的手臂！	Donate blood, help save lives!

B.6 说明提示信息

说明提示信息英文译法示例见表 B.5。

表 B.5 说明提示信息英文译法示例

序号	中文	英文
	（门诊分类信息）	
1	专家门诊	Expert Clinic
2	特需门诊	Special Need Clinic
3	特约门诊	Special Appointment Clinic
4	预约门诊	Advance Appointment Clinic
5	隔离门诊	Isolation Clinic
6	中医门诊	Traditional Chinese Medicine Clinic 或 TCM Clinic
7	护理门诊	Nursing Clinic
8	专科门诊	Specialist Clinic
9	发热门诊	Fever Clinic
10	腹泻门诊	Diarrhea Clinic
11	营养门诊	Nutrition Clinic

表 B.5（续）

序号	中文	英文
12	镇痛门诊	Aches and Pains Clinic
13	肥胖症门诊	Obesity Clinic
14	职业病咨询门诊	Occupational Health Consulting Clinic
	（须知告示）	
15	门诊须知	Outpatient Guide
16	急诊须知	Emergency Patient Guide
17	病员须知	Patient Guide
18	住院须知	Admission Guide
19	取报告须知	Lab Report Collection Guide
20	患者入口	Patients Entrance
21	探视入口	Visitors Entrance
22	探视时间	Visiting Hours
23	探视须知	Visitors' Guide
	（医疗保健服务项目信息）	
24	心理咨询	Psychological Counseling
25	免疫预防接种	Vaccination and Immunization
26	更年期保健	Menopause Health Care
27	危机干预	Crisis Intervention
28	医学美容	Medical Cosmetology Department 或 Medical Cosmetology
29	营养咨询	Nutrition Counseling
30	献血体检	Blood Donor Health Check
31	健康体检；常规体检	Health Checkup 或 Physical Examination
32	口腔修复	Prosthodontics
33	口腔预防	Preventive Dentistry
34	口腔正畸	Orthodontics Clinic
35	口腔种植	Oral Implantology
36	人工牙齿种植	Dental Implantology
	（其他说明信息）	
37	远程会诊	Telemedicine
38	生物安全	Bio-Safety
39	无偿献血	Voluntary Blood Donation

附 录 C
（资料性附录）
医学专用名词英文译法示例

C.1 说明

表 C.1～表 C.4 给出了医学专用名称英文译法示例。各表的英文中：

a) “〔 〕”中的内容是对英文译法的解释说明，“( )”及其所包含的内容是译文的组成部分，使用时应完整译写；

b) “//”表示书写时应当换行的断行处，需要同行书写时“//”应改为句点“.”；

c) “____”表示使用时应根据实际情况填入具体内容；

d) “或”前后所列出的不同译法可任意选择一种使用，“;”前后所列出的不同译法应根据相关解释说明区分不同情况选择使用；

e) 解释说明中指出 Clinic 等“可以省略”的，省略该词的译文只能用于设置在该科室门口的标志中。

C.2 医疗分科名称

医疗分科名称英文译法示例见表 C.1。

表 C.1 医疗分科名称英文译法示例

序号	中文	英文
1	病理科	Pathology Department〔Department 可以省略〕
2	产科	Obstetrics Department〔Department 可以省略〕
3	超声科	Ultrasonography Lab〔Lab 可以省略〕
4	传染科	Infectious Diseases Department
5	儿科	Pediatrics Department〔Department 可以省略〕
6	儿内科	Pediatric Internal Medicine Department〔Department 可以省略〕
7	儿外科	Pediatric Surgery Department〔Department 可以省略〕
8	耳鼻(咽)喉科	Otolaryngology Department 或 Ear, Nose and Throat Department 或 E.N.T. Department〔Department 均可以省略〕
9	放射介入科	Radioactive Intervention Department〔Department 可以省略〕
10	放射科	Radiology Department〔Department 可以省略〕
11	风湿科	Rheumatology Department〔Department 可以省略〕
12	风湿免疫科	Rheumatology and Immunology Department〔Department 可以省略〕
13	妇科	Gynecology Department〔Department 可以省略〕
14	妇女保健科	Women's Health Care Department〔Department 可以省略〕
15	腹腔镜外科	Laparoscope Surgery Department〔Department 可以省略〕

表 C.1（续）

序号	中文	英文
16	肝胆科	Hepatology Department〔Department 可以省略〕
17	肝胆外科	Hepatological Surgery Department〔Department 可以省略〕
18	肝炎科	Hepatitis Department
19	肛肠科	Proctology Department
20	痔科	Hemorrhoid Department
21	高血压科	Hypertension Department
22	骨科；骨伤科	Orthopedics Department〔Department 可以省略〕
23	核医学科	Nuclear Medicine Department〔Department 可以省略〕
24	呼吸内科	Respiratory Medicine Department〔Department 可以省略〕
25	检验科	Clinical Lab
26	介入科	Intervention Department
27	戒毒科	Drug Rehabilitation Department〔Department 可以省略〕或 Drug Rehab Department〔Department 可以省略〕
28	精神科	Psychiatry Department
29	康复科	Rehabilitation Department〔Department 可以省略〕或 Rehabilitation Medicine Department〔Department 可以省略〕
30	康复医学科	Rehabilitation Medicine Department〔Department 可以省略〕
31	口腔科	Stomatology Department〔Department 可以省略〕
32	口腔外科	Oral Surgery Department〔Department 可以省略〕
33	老年病科	Geriatric Department 或 Geriatrics〔用于 Department 可以省略的场合〕
34	麻醉科	Anesthesiology Department〔Department 可以省略〕
35	泌尿科	Urology Department〔Department 可以省略〕
36	免疫科	Immunology Department〔Department 可以省略〕
37	男科；男性科	Andrology Department〔Department 可以省略〕
38	内分泌科	Endocrinology Department〔Department 可以省略〕
39	内科	Internal Medicine Department〔Department 可以省略〕
40	皮肤科	Dermatology Department〔Department 可以省略〕
41	普通内科；通用内科	General Internal Medicine Department〔Department 可以省略〕
42	普通外科	General Surgery Department〔Department 可以省略〕
43	器官移植科	Organ Transplantation Department〔Department 可以省略〕
44	伤科	Traumatology Department〔Department 可以省略〕
45	烧伤科	Burns Department
46	神经内科	Neurology Department〔Department 可以省略〕
47	神经外科	Neurosurgery Department〔Department 可以省略〕

表 C.1（续）

序号	中文	英文
48	肾内科	Nephrology Department〔Department 可以省略〕
49	生殖健康科	Reproductive Health Care Department〔Department 可以省略〕
50	生殖科	Reproductive Medicine Department〔Department 可以省略〕
51	手外科	Hand Surgery Department〔Department 可以省略〕
52	输血科	Blood Transfusion Department〔Department 可以省略〕
53	体检中心	Physical Examination Center
54	外科	Surgery Department〔Department 可以省略〕
55	微创外科	Minimally Invasive Surgery Department〔Department 可以省略〕
56	消化内科	Gastroenterology Department〔Department 可以省略〕或 Gastrology Department〔Department 可以省略〕
57	心理科	Psychology Department〔Department 可以省略〕
58	心理咨询科	Psychological Counseling Department〔Department 可以省略〕
59	心外科	Cardiac Surgery Department〔Department 可以省略〕
60	心胸外科	Cardiothoracic Surgery Department〔Department 可以省略〕
61	心血管内科	Cardiovascular Medicine Department〔Department 可以省略〕
62	心脏介入科	Cardiovascular Intervention Department〔Department 可以省略〕
63	心脏科	Cardiology Department〔Department 可以省略〕
64	新生儿外科	Neonatal Surgery Department〔Department 可以省略〕
65	新生儿医疗中心	Neonatal Medical Center
66	性病科	Sexually Transmitted Diseases Department 或 STD Department
67	胸外科	Thoracic Surgery Department〔Department 可以省略〕
68	血管介入科	Vascular Intervention Department〔Department 可以省略〕
69	血管外科	Vascular Surgery Department〔Department 可以省略〕
70	血液科	Hematology Department〔Department 可以省略〕
71	牙科	Dental Department 或 Dentistry
72	眼科	Ophthalmology Department〔Department 可以省略〕
73	医学心理科	Medical Psychology Department〔Department 可以省略〕
74	针灸科	Acupuncture Department〔Department 可以省略〕
75	整形外科	Plastic Surgery Department〔Department 可以省略〕
76	正颌正畸科	Maxillofacial Surgery and Orthodontics Department〔Department 可以省略〕
77	中医科	Traditional Chinese Medicine Department〔Department 可以省略〕或 TCM Department〔Department 可以省略〕
78	中医儿科	TCM Pediatrics Department〔Department 可以省略〕
79	中医妇科	TCM Gynecology Department〔Department 可以省略〕

表 C.1（续）

序号	中文	英文
80	中医骨病治疗科	TCM Orthopedics Department〔Department 可以省略〕
81	中医理疗科	TCM Physiotherapy Department〔Department 可以省略〕
82	肿瘤科	Oncology Department〔Department 可以省略〕
83	综合治疗科	Integrated Therapy Department〔Department 可以省略〕

C.3　检查化验项目名称

检查化验项目名称英文译法示例见表 C.2。

表 C.2　检查化验项目名称英文译法示例

序号	中文	英文
	（检查、监测、监测）	
1	体温测量	Temperature Taking
2	量血压	Blood Pressure Measurement
3	动态血压检查	Ambulatory Blood Pressure Monitoring〔可以缩写为 ABPM〕
4	功能检查	Function Test
5	白带检查	Leucorrhea Examination
6	肺功能检查	Pulmonary Function Test
7	眼科验光	Optometry
8	免疫检查	Immunoassay
9	智力测量	Intelligence Assessment
10	心理测验	Psychological Test
11	妊高症监测	Gestational Hypertension Monitoring
	（化验、检验）	
12	常规化验	Routine Test
13	儿保化验	Child Care Test
14	尿液化验	Urine Test
15	粪便化验	Excrement Test
16	妇科化验	Gynecological Test
17	宫颈冷冻	Cervical Cryotherapy
18	白带化验	Leucorrhea Test
	（血液检查）	
19	血气分析	Arterial Blood Gas Analysis

表 C.2（续）

序号	中文	英文
	（超声波检查）	
20	B 超	B-Mode Ultrasound
21	阴超	Transvaginal Ultrasound
22	彩超	Color Ultrasound
23	腹部 B 超	Abdominal Ultrasound Scan
24	心脏超声波	Cardiac Ultrasound Scan 或 Echocardiography
	（放射、摄片）	
25	X 光摄片	X-Ray Radiography
26	断层扫描〔CT〕	CT Scan
27	断层扫描〔发射单光子计算机〕	ECT 或 Emission Computed Tomography
28	透视	Fluoroscopy 或 X-Ray
29	核磁共振	MRI 或 Magnetic Resonance Imaging
30	口腔放射	Oral Radiology
31	牙片	Dental Film
32	数字牙片	Digital Dental Film
33	乳腺摄片	Galactophore Radiography
	（生物电流检查）	
34	心电图	ECG
35	动态心电图	DCG 或 Dynamic Electrocardiogram 或 Holter Monitor
36	脑、肌电图	Electroencephalography and Electromyography 或 EEG and EMG
37	胃肠电图	Electrogastrogram 或 EGG
	（内窥检查）	
38	内窥镜检查	Endoscopy
39	胃镜检查	Gastroscopy
40	肠镜检查	Enteroscopy
41	支气管镜检查	Bronchoscopy
42	胃十二指肠镜检查	Gastroduodenoscopy
	（其他）	
43	艾滋病初筛实验	HIV Screening 或 HIV/AIDS Screening
44	骨密度检测	Bone Mineral Density Test
45	听力测试	Audiometry
46	红外线扫描	Infrared Ray
47	快速检测	Rapid Test

C.4 医疗措施名称

医疗措施名称英文译法示例见表 C.3。

表 C.3 医疗措施名称英文译法示例

序号	中文	英文
1	理疗	Physical Therapy 或 Physiotherapy
2	放疗	Radiation Oncology 或 Radiotherapy
3	弱视治疗	Amblyopia Treatment
4	中医科按摩	TCM Massage Therapy
5	推拿	Tuina 或 Manipulation
6	针灸	Acupuncture
7	预防接种	Prophylactic Vaccination
8	新生儿水疗抚触	Neonatal Hydrotherapy and Massage
9	心导管术	Cardiac Catheterization
10	心理治疗	Psychotherapy
11	骨髓移植	Bone Marrow Transplantation
12	透析	Dialysis
13	血透	Hemodialysis
14	钴 60 治疗;同位素治疗	Cobalt-60 Treatment 或 Isotope Treatment
15	助听器验配	Hearing Aid Fitting
16	高压氧治疗	Hyperbaric Oxygen Therapy
17	功能训练	Functional Training

C.5 医学保障设施

医学保障设施英文译法示例见表 C.4。

表 C.4 医学保障设施名称英文译法示例

序号	中文	英文
1	病案室;病史室	Medical Records Room〔Room 可以省略〕
2	疫苗室	Vaccination Room〔Room 可以省略〕
3	药械科	Drug and Equipment Department〔Department 可以省略〕
4	操作室	Procedure Room
5	放射防护	Radiation Protection
6	放射物品	Radioactive Materials

表 C.4（续）

序号	中文	英文
7	供应保障组	Supply Team
8	供应室	Storage and Supply Room
9	供应保障区	Storage and Supply Area
10	实验区	Laboratory Area
11	实验室	Laboratory 或 Lab
12	生化实验室	Biochemistry Lab
13	病毒实验室	Virus Analysis Lab
14	毒理实验室	Toxicology Lab
15	免疫实验室	Immunoassay Lab
16	放射免疫实验室	Radioimmunoassay Lab 或 RIA Lab
17	分子生物学实验室	Molecular Biology Lab
18	微量元素实验室	Trace Element Lab
19	微生物实验室	Microbiology Lab
20	细胞化验室	Cell Lab
21	细菌培养室	Bacterial Culture Lab
22	细菌室	Bacteriology Lab
23	血液实验室	Blood Analysis Lab

ICS 01.080.10
A 22

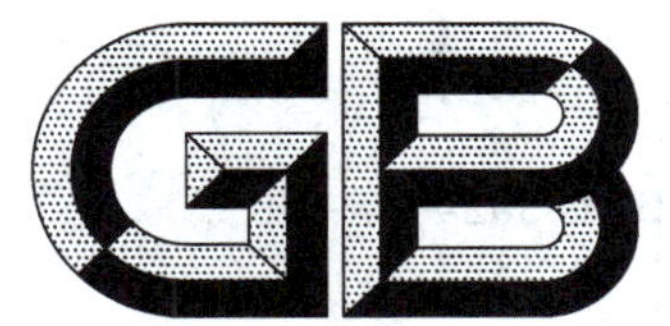

中华人民共和国国家标准

GB/T 30240.8—2017

公共服务领域英文译写规范 第8部分:邮政电信

Guidelines for the use of English in public service areas—Part 8:Post and telecommunications

2017-05-22 发布

2017-12-01 实施

中华人民共和国国家质量监督检验检疫总局
中国国家标准化管理委员会
发布

前　言

GB/T 30240《公共服务领域英文译写规范》与公共服务领域日文、韩文、俄文等译写规范共同构成关于公共服务领域外文译写规范的系列国家标准。

GB/T 30240《公共服务领域英文译写规范》分为以下部分：

——第1部分：通则；

——第2部分：交通；

——第3部分：旅游；

——第4部分：文化娱乐；

——第5部分：体育；

——第6部分：教育；

——第7部分：医疗卫生；

——第8部分：邮政电信；

——第9部分：餐饮住宿；

——第10部分：商业金融。

本部分为GB/T 30240的第8部分。

本部分按照GB/T 1.1—2009给出的规则起草。

本部分由教育部语言文字信息管理司归口。

本部分起草单位：上海市语言文字工作委员会、北京市语言文字工作委员会、江苏省语言文字工作委员会、上海外国语大学、上海师范大学、华东师范大学。

本部分主要起草人：柴明颎、丁言仁、潘文国、戴曼纯、姚锦清、王银泉、戴宗显、白殿一、刘连安、张日培、林元彪、张民选、顾大僖、刘民钢、王育伟、苏章海。

公共服务领域英文译写规范
第8部分:邮政电信

1 范围

GB/T 30240 的本部分规定了邮政、电信服务领域英文翻译和书写的相关术语和定义、翻译方法和要求、书写要求等。

本部分适用于邮政和电信服务机构名称、邮政和电信类服务信息的英文译写。

2 规范性引用文件

下列文件对于本文件的应用是必不可少的。凡是注日期的引用文件,仅注日期的版本适用于本文件。凡是不注日期的引用文件,其最新版本(包括所有的修改单)适用于本文件。

GB/T 30240.1—2013 公共服务领域英文译写规范 第1部分:通则

3 术语和定义

下列术语和定义适用于本文件。

3.1

邮政服务 postal service

邮政企业提供的邮件寄递服务、邮政汇兑服务以及国家规定的其他相关服务的统称。

3.2

电信服务 telecommunications service

电信企业通过现代信息技术提供的电报、电话、移动电话、互联网等信息传输服务的统称。

4 翻译方法和要求

4.1 邮政电信机构名称

4.1.1 邮政局译作 Post Office;邮政支局译作 Branch Post Office;邮政代办所译作 Postal Agency。

4.1.2 邮政、电信的营业网点、窗口服务机构均可译作 Customer Service Center,如中国电信营业厅 China Telecom Customer Service Center。

4.1.3 其他邮政电信机构名称的译写应符合 GB/T 30240.1—2013 中 5.1 的各项要求。具体参见附录 A。

4.2 邮政电信服务信息

4.2.1 邮政电信服务信息的译写应符合 GB/T 30240.1—2013 中 5.2 的各项要求。具体译法参见附录 B。

4.2.2 邮政电信专业术语的译写及其缩写应符合邮政电信的行业规范或使用惯例。

4.3 词语选用和拼写方法

英文词语选用和拼写方法应符合 GB/T 30240.1—2013 中 5.3 的要求。

4.4 语法和格式

英文人称、时态、单复数用法和缩写形式应符合 GB/T 30240.1—2013 中 5.4 的相关要求。

5 书写要求

英文大小写、标点符号、字体、空格、换行等的用法应符合 GB/T 30240.1—2013 中第 6 章的要求。

附 录 A
（资料性附录）
邮政电信机构名称英文译法示例

A.1 说明

表 A.1 给出了邮政电信机构名称通名英文译法示例。条目英文中：

a) “〔 〕”中的内容是对英文译法的解释说明，“( )”及其所包含的内容是译文的组成部分，使用时应完整译写；

b) “____”表示使用时应根据实际情况填入具体内容；

c) “或”前后所列出的不同译法可任意选择一种使用，“；”前后所列出的不同译法应根据相关解释说明区分不同情况选择使用。

A.2 邮政电信机构名称

邮政电信机构名称英文译法示例见表 A.1。

表 A.1 邮政电信机构名称英文译法示例

序号	中文	英文
	（邮政类）	
1	中国邮政集团公司	China Post
2	邮局；邮政局；邮政所	Post Office
3	邮政支局	Branch Post Office
4	邮政代办所	Postal Agency
5	邮政流动服务点	Mobile Post Office
6	邮区中心局	Regional Mail Processing Center
7	邮政公司	Post Corporation
8	集邮公司	Philatelic Corporation
9	邮政报刊门市部	Newspapers and Periodicals
10	邮政报刊亭	Newsstand 或 News Kiosk
11	报刊发行站	Newspapers and Periodicals Distribution Center
12	社区邮政服务站	Community Postal Service
13	邮政快递社区服务站	Community Postal Express Service
14	村邮站	Postal Service Station
15	邮政速递物流公司	Postal Express and Logistics
16	快递公司	Courier Services Company〔Company 可以省略〕
17	物流公司	Logistics Company〔Company 可以省略〕

表 A.1（续）

序号	中文	英文
	（电信类）	
18	中国电信	China Telecom
19	中国移动	China Mobile
20	中国联通	China Unicom

附 录 B
（资料性附录）
邮政电信类服务信息英文译法示例

B.1 说明

表 B.1～表 B.5 给出了邮政电信类服务信息英文译法示例。各表的英文中：

a) “〔 〕”中的内容是对英文译法的解释说明，“( )”及其所包含的内容是译文的组成部分，使用时应完整译写；
b) “//”表示书写时应当换行的断行处，需要同行书写时“//”应改为句点“.”；
c) “____”表示使用时应根据实际情况填入具体内容；
d) “或”前后所列出的不同译法可任意选择一种使用，“;”前后所列出的不同译法应根据相关解释说明区分不同情况选择使用；
e) 电话一般译作 Telephone，有的场合也可译作 Phone，本附录根据英文使用习惯在不同的条目中采用了不同的译法。

B.2 功能设施信息

功能设施信息英文译法示例见表 B.1。

表 B.1 功能设施信息英文译法示例

序号	中文	英文
	（营业厅及相关服务设施）	
1	营业厅	Service Hall 或 Business Hall
2	营业窗口	Service Counter
3	业务咨询处；业务咨询	Information
4	业务受理处；业务受理	Reception
5	邮寄包裹处；邮寄包裹	Parcel Service
6	报刊发行处；报刊发行	Newspaper and Periodical Circulation
7	收费处	Cashier 或 Payment
8	自助服务	Self-Service
9	VIP 俱乐部会员专柜	VIP Club Members
10	VIP 客户洽谈区	VIP Customer Meeting Room
11	产品展示区	Product Display Area
12	营业厅导航	Service Guide
13	区域平面示意图	Floor Map
14	应急疏散图	Emergency Exit Route

表 B.1（续）

序号	中文	英文
15	周边营业厅分布图	Map of Nearby Service Halls〔营业厅也可译作 Business Halls〕
	（邮筒、信箱设施）	
16	邮筒〔寄信用〕	Mailbox
17	信箱〔收信用〕	Letter Box
18	智能包裹箱	Postal Parcel Lockers
19	智能快件箱	Postal Express Lockers
	（公用电话设施）	
20	公用电话亭	Telephone Booth
21	付费电话；投币电话	Pay Phone
22	IC 卡电话	IC Card Phone
23	磁卡电话	Magnetic Card Phone 或 Card Phone

B.3 限令禁止信息

限令禁止信息英文译法示例见表 B.2。

表 B.2 限令禁止信息英文译法示例

序号	中文	英文
1	严禁邮寄危险品、违禁品	Carriage of Contraband and Dangerous Articles Is Prohibited by Law
2	严禁在包裹中夹带现钞	Carriage of Cash in Parcels Is Prohibited

B.4 指示指令信息

指示指令信息英文译法示例见表 B.3。

表 B.3 指示指令信息英文译法示例

序号	中文	英文
1	请____号到____号柜台	No. ____, Please Go to Counter ____
2	请注意显示屏及语音呼叫，过号无效。	Your number will be invalid if you miss your turn.
3	您前面还有____人在等候，请安静等待。	There are ____ customers before you. Please wait.

B.5 说明提示信息

B.5.1 邮政服务类说明指示信息

邮政服务类说明指示信息英文译法示例见表 B.4。

表 B.4 邮政服务类说明指示信息英文译法示例

序号	中文	英文
1	中国邮政	China Post
	(邮件、信件)	
2	邮件〔邮局传递的函件和包裹的统称〕	Mail
3	信件	Letter
4	平信	Regular Mail
5	挂号信;挂号邮件	Registered Mail
6	约投挂号信	Registered Mail Pickup
7	商业信函〔直邮广告商函〕	Direct Mail
8	航空邮件	Airmail
9	保价邮件	Insured Mail
10	国内邮件	Domestic Mail
11	国际邮件;国际信函	International Mail
12	国际平常函件	International Regular Mail
13	国际挂号邮件	International Registered Mail
14	国际航空邮件	International Airmail
15	国际保价邮件	International Insured Mail
16	国际邮件总包	International Mail Dispatch
17	邮政编码	Postal Code
18	邮政编码查询	Postal Code Inquiry 或 Postcode Inquiry
19	邮件封面书写规范	Envelope Writing Guide
20	邮件检查	Postal Inspection
21	信封	Envelope
22	贺卡信封	Greeting Card Envelope
23	快递信封	Express Mail Envelope
24	国际邮件袋牌	International Mail Classification Label
	(邮票)	
25	邮票	Stamp
26	纪念邮票	Commemorative Stamp
27	特种邮票	Special Stamp

表 B.4（续）

序号	中文	英文
28	个性化专用邮票	Personalized Postal Stamp
29	首日封	First Day Cover
30	纪念封	Commemorative Envelope
31	邮资信封	Stamped Envelope
32	邮简	Postal Letter Sheet 或 Postal Letter Card
33	邮册	Stamp Album
34	邮折	Stamp Folder
35	邮戳	Postmark
36	集邮天地	Philatelic Club
	（明信片）	
37	明信片	Postcard
38	邮资明信片	Stamped Postcard
39	极限片	Maximum Card
40	贺卡	Greeting Card
41	图卡	Art Postcard
42	国际明信片	International Postcard
43	国际平常明信片	International Regular Postcard
	（邮政包裹）	
44	邮政包裹	Postal Parcel
45	空运水陆路包裹	SAL Parcel
46	国内小包	Small Parcel (Domestic)
47	国际小包	Small Parcel (International)
48	智能包裹	Smart Locker Parcel Service
49	公益包裹	Charity Parcel Service
50	散件	Loose Items
51	邮政包裹包装箱;包装箱	Packaging Box
52	邮袋	Mailbag
53	邮袋封扎带	Mailbag Strap 或 Mailbag String
54	包装袋	Packing Bag 或 Packaging Bag
55	包装胶带;封箱带;胶带	Packaging Tape
56	包装纸和薄膜	Wrapping Paper and Plastic Film
57	包裹收寄电子秤	Electronic Scale
58	打包带	Packing Strap
59	牛皮纸封套	Brown Paper Envelope

表 B.4（续）

序号	中文	英文
	（邮政储蓄、汇款）	
60	邮政储蓄	Postal Savings
61	邮政汇款	Postal Remittance
62	汇票	Money Order
	（快递）	
63	快递服务	Express Service 或 Courier Service
64	国内快递	Domestic Express Service
65	同城快递	Intra-City Express Service
66	省内异地快递	Intra-Provincial Express Service
67	省际快递	Inter-Provincial Express Service
68	国际快递	International Express Service
69	国际进境快递	International Inbound Express Service
70	国际出境快递	International Outbound Express Service
71	港澳台快递	Express Service to Hong Kong, Macao and Taiwan〔发往港澳台〕;Express Service From Hong Kong, Macao and Taiwan〔寄自港澳台〕
72	限时快递	Time-Definite Express
73	专差快递	On Board Courier
74	委托件	Consigned Express Item
75	自取件	Self Pick-up Express Item
76	到付件	Freight Collect Express Item
77	改寄件	Express Item With Corrected Address
	（其他业务及相关说明）	
78	账单缴费	Bill Payment
79	订阅报刊	Newspaper and Periodical Subscription
80	邮购	Mail Order
81	国际邮购	International Mail Order
82	代售电话卡、地图	Phone Cards and Maps
83	收费标准	Rates
84	残疾人优先	Priority for Customers With Disabilities
85	集团用户	Group Customers
86	派送	Delivery
87	客户服务热线	Customer Service Hotline

B.5.2 电信服务类说明指示信息

电信服务类说明指示信息英文译法示例见表 B.5。

表 B.5 电信服务类说明指示信息英文译法示例

序号	中文	英文
	(固定电话业务)	
1	家庭固定电话	Home Telephone
2	家庭固定电话开户办理	Home Telephone Application
3	家庭固定电话销户办理	Home Telephone Cancellation
4	家庭固定电话移机办理	Home Telephone Relocation
5	市内电话	Local Call
6	长途电话	Long Distance Call
7	国内电话	Domestic Call
8	国际电话	International Call
9	人工转接电话	Operator Assisted Call
10	直拨电话	Direct Dial Call
11	国内直拨电话	Domestic Direct Dial〔可以缩写为 DDD〕
12	国际直拨电话	International Direct Dial〔可以缩写为 IDD〕
13	对方〔指接听电话人〕付费电话	Collect Call
14	应急电话	Emergency Call
	(移动电话业务)	
15	全球移动通讯系统	Global System for Mobile Communications 或 GSM
16	呼叫等待服务	Call Waiting
17	呼叫转移服务	Call Forwarding
18	来电显示服务	Caller ID Display
19	彩铃服务	Color Ring Back Tone
20	国内漫游业务办理	Domestic Roaming
21	国际漫游业务办理	International Roaming
	(电话号码查询)	
22	电话查号台	Telephone Directory Assistance
23	电话号码簿〔黄页〕	Yellow Pages
24	电话区号	Area Code
25	电话区号查询	Area Code Directory
	(互联网业务)	
26	移动宽带	Mobile Broadband

表 B.5（续）

序号	中文	英文
27	电子邮件	Email 或 E-mail
28	带宽	Bandwidth
29	必要带宽	Necessary Bandwidth
	（有线电视业务）	
30	有线电视	Cable TV
31	闭路电视	Closed Circuit Television 或 Cable TV
	（特殊通信服务）	
32	电讯服务	Telecom Service
33	按要求的电信业务	On-demand Telecom Service
34	电话会议	Teleconferencing
35	视频会议	Videoconferencing
36	恶意呼叫识别	Malicious Call Identification［可以缩写为 MCI］
37	捆绑式服务	Bundled Service
38	位置服务；移动定位服务	Location-Based Service
39	专用信道	Dedicated Channel
40	船舶移动业务	Ship Movement Service
41	即时通讯服务	Instant Messaging Service 或 IM Service
	（收费）	
42	电话收费	Phone Rates 或 Calling Rates
43	电话每分钟计费标准	Rate Per Minute［可以缩写为 RPM］
44	基本话费	Basic Charge
45	预付费	Prepayment
46	账单付费	Bill payment
47	长途收费	Long Distance Rates
48	话费套餐	Calling Plan
49	充值卡	Refill Card 或 Recharge Card
50	话费充值	Prepaid Refill 或 Prepaid Recharge
51	话费查询	Phone Bill Inquiry
52	通话时间	Call Duration
53	欠费停机	Service Suspended due to Insufficient Balance
	（其他）	
54	操作维护中心	Operation Maintenance Center
55	补充业务登记	Supplementary Service Registration
56	补充业务询问	Supplementary Service Inquiry

表 B.5（续）

序号	中文	英文
57	充电	Recharge 或 Charge
58	综合受理	General Services

ICS 01.080.10
A 22

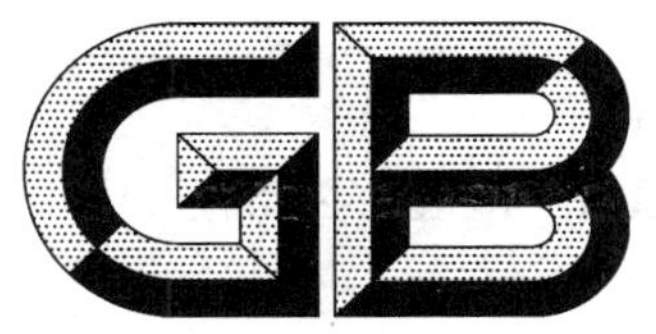

中华人民共和国国家标准

GB/T 30240.9—2017

公共服务领域英文译写规范 第9部分：餐饮住宿

Guidelines for the use of English in public service areas— Part 9: Accommodation and catering

2017-05-22 发布 2017-12-01 实施

中华人民共和国国家质量监督检验检疫总局
中国国家标准化管理委员会 发布

前　言

GB/T 30240《公共服务领域英文译写规范》与公共服务领域日文、韩文、俄文等译写规范共同构成关于公共服务领域外文译写规范的系列国家标准。

GB/T 30240《公共服务领域英文译写规范》分为以下部分：

——第1部分：通则；

——第2部分：交通；

——第3部分：旅游；

——第4部分：文化娱乐；

——第5部分：体育；

——第6部分：教育；

——第7部分：医疗卫生；

——第8部分：邮政电信；

——第9部分：餐饮住宿；

——第10部分：商业金融。

本部分为GB/T 30240的第9部分。

本部分按照GB/T 1.1—2009给出的规则起草。

本部分由教育部语言文字信息管理司归口。

本部分起草单位：上海市语言文字工作委员会、北京市语言文字工作委员会、江苏省语言文字工作委员会、南京大学、南京农业大学、解放军国际关系学院。

本部分主要起草人：柴明颎、丁言仁、潘文国、戴曼纯、姚锦清、王银泉、戴宗显、白殿一、刘连安、张日培、林元彪、张民选、王守仁、陈新仁、杨晓荣、乌永志、孙小春。

公共服务领域英文译写规范
第9部分：餐饮住宿

1 范围

GB/T 30240的本部分规定了餐饮和住宿服务领域英文翻译和书写的相关术语和定义、翻译方法和要求、书写要求等。

本部分适用于餐饮和住宿服务行业经营机构及相关场所名称、餐饮住宿类服务信息的英文译写。

2 规范性引用文件

下列文件对于本文件的应用是必不可少的。凡是注日期的引用文件，仅注日期的版本适用于本文件。凡是不注日期的引用文件，其最新版本(包括所有的修改单)适用于本文件。

GB/T 30240.1—2013 公共服务领域英文译写规范 第1部分：通则

3 术语和定义

下列术语和定义适用于本文件。

3.1

餐饮业 catering

向消费者提供餐饮及相关服务的食品生产经营行业。

3.2

住宿业 accommodation

向消费者提供住宿及相关服务的行业。

4 翻译方法和要求

4.1 餐饮业、住宿业服务场所和机构名称

4.1.1 酒家、酒楼、酒店、菜馆、餐馆、餐厅、饭庄、食府以及饮食店等仅提供餐饮服务的服务机构，一般译作 Restaurant。中文名称中含有“阁、轩、府、坊、村、廊”等的，视作专名的一部分，连同专名一起用汉语拼音拼写，如：清和轩 Qinghexuan Restaurant。

4.1.2 咖啡馆一般译作 Café，酒吧译作 Bar，茶馆译作 Teahouse。

4.1.3 宾馆以及提供住宿的酒店、饭店等译作 Hotel；经济型的连锁旅馆可译作 Motel 或 Inn。

4.1.4 其他餐饮业、住宿业场所和机构名称的译写应符合 GB/T 30240.1—2013 中5.1的各项要求。具体参见附录A。

4.2 餐饮业、住宿业服务信息

4.2.1 中国特有的食品的名称，如饺子、包子、粽子、馒头、火烧、煎饼、肉夹馍、油条等，可以用汉语拼音拼写。

4.2.2 其他餐饮业、住宿业服务信息的译写应符合 GB/T 30240.1—2013 中 5.2 的各项要求。餐饮业服务信息的具体译法参见附录 B。住宿业服务信息的具体译法参见附录 C。

4.3 词语选用和拼写方法

英文词语选用和拼写方法应符合 GB/T 30240.1—2013 中 5.3 的要求。

4.4 语法和格式

英文人称、时态、单复数用法和缩写形式应符合 GB/T 30240.1—2013 中 5.4 的相关要求。

5 书写要求

英文大小写、标点符号、字体、空格、换行等的用法应符合 GB/T 30240.1—2013 中第 6 章的要求。

附 录 A
（资料性附录）
餐饮业、住宿业场所和机构名称英文译法示例

A.1 说明

表 A.1～表 A.2 给出了餐饮业、住宿业场所和机构名称通名英文译法示例。各表的英文中：

a) “〔 〕”中的内容是对英文译法的解释说明，“（ ）”及其所包含的内容是译文的组成部分，使用时应完整译写；

b) “或”前后所列出的不同译法可任意选择一种使用，“；”前后所列出的不同译法应根据相关解释说明区分不同情况选择使用。

A.2 餐饮业场所和机构名称

餐饮业场所和机构名称英文译法示例见表 A.1。

表 A.1 餐饮业场所和机构名称英文译法示例

序号	中文	英文
1	餐馆；饭店；食府	Restaurant
2	餐饮广场；美食城	Food Court 或 Food Plaza
3	美食街	Food Street
4	火锅店	Hot Pot Restaurant〔Restaurant 可以省略〕
5	烧烤店	Grill House 或 Barbecue Restaurant〔Restaurant 可省略〕
6	清真餐馆	Halal Restaurant 或 Halal Food〔Halal 也可译作 Muslim〕
7	快餐店	Snack Bar 或 Fast Food Restaurant〔Restaurant 可以省略〕
8	连锁快餐店	Fast Food Chain
9	饮食店；餐饮店；小饭馆	Eatery
10	食品店	Food Store
11	面馆	Noodle Restaurant 或 Noodles〔用于 Restaurant 省略时〕
12	小吃店	Snack Bar 或 Snacks
13	西餐馆	Western Food Restaurant〔Restaurant 可以省略〕
14	酒吧	Bar 或 Pub
15	小酒吧	Mini-Bar
16	咖啡馆；咖啡厅	Coffee Shop 或 Café
17	茶馆	Teahouse
18	茶室	Tearoom
19	面包房	Bakery
20	西饼屋	Pastry Store〔Store 可以省略〕或 Bakery

A.3 住宿业场所和机构名称

住宿业场所和机构名称英文译法示例见表 A.2。

表 A.2 住宿业场所和机构名称英文译法示例

序号	中文	英文
1	宾馆;酒店;旅馆	Hotel
2	连锁酒店	Chain Hotel
3	招待所	Guesthouse
4	客栈	Inn
5	快捷酒店	Budget Hotel
6	青年旅社	Youth Hostel

附　录　B
（资料性附录）
餐饮业服务信息英文译法示例

B.1　说明

表 B.1～表 B.6 给出了餐饮业服务信息英文译法示例。各表的英文中：

a)　“〔　〕”中的内容是对英文译法的解释说明，“(　)”及其所包含的内容是译文的组成部分，使用时应完整译写；
b)　“//”表示书写时应当换行的断行处，需要同行书写时“//”应改为句点“.”；
c)　“___”表示使用时应根据实际情况填入具体内容；
d)　“或”前后所列出的不同译法可任意选择一种使用，“;”前后所列出的不同译法应根据相关解释说明区分不同情况选择使用。

B.2　功能设施信息

功能设施信息英文译法示例见表 B.1。

表 B.1　功能设施信息英文译法示例

序号	中文	英文
	（服务设施）	
1	前台；总台；接待迎宾	Front Desk 或 Reception
2	订餐处	Reservation
3	开发票处	Invoice and Receipt Issuance
	（大厅、包间）	
4	大堂；大厅	Lobby
5	宴会厅	Banquet Hall
6	餐厅	Dining Room〔Room 也可译作 Hall〕或 Cafeteria
7	贵宾餐厅	VIP Dining Room
8	自助餐厅	Buffet 或 Cafeteria
9	包间；包房	Private Room
	（功能区域）	
10	点菜区	FoodOrdering Area
11	候餐区	Waiting Area
12	禁烟区；无烟区	Non-Smoking Area
13	吸烟区	Smoking Area

表 B.1（续）

序号	中文	英文
	（餐具）	
14	餐具	Tableware
15	餐巾;餐巾纸	Napkin
16	叉	Fork
17	刀	Knife
18	碟	Plate
19	杯碟	Saucer
20	杯垫	Coaster
21	筷子	Chopsticks
22	汤匙	Spoon
23	碗	Bowl
24	烟缸	Ashtray
	（调味品、辅料）	
25	调味品	Condiments 或 Spices
26	辅料	Ingredients
27	奶酪	Cheese
28	花椒	Sichuan Pepper
29	糖	Sugar
30	醋	Vinegar
31	胡椒粉	Pepper
32	椒盐粉	Peppered Salt
33	盐	Salt
34	黄油	Butter
35	酱油	Soy Sauce
36	果酱	Jam
37	色拉酱	Salad Dressings
38	蜂蜜	Honey
39	鲜奶	Milk
	（菜单）	
40	菜单	Menu
41	酒水单	Wine List〔酒类〕;Beverage Menu〔饮料类〕
42	套餐菜单	Set Menu

B.3 警示警告信息

警示警告信息英文译法示例见表 B.2。

表 B.2 警示警告信息英文译法示例

序号	中文	英文
1	注意高温〔炉灶〕	CAUTION//Hot Surface 或 CAUTION//Hot
2	注意高温〔热菜〕	CAUTION//Very Hot Dishes
3	正在加热,当心烫伤	CAUTION//Hot Surface
4	注意,不可食用	Not Edible

B.4 限令禁止信息

限令禁止信息英文译法示例见表 B.3。

表 B.3 限令禁止信息英文译法示例

序号	中文	英文
1	本柜恕不接受 VIP 卡	VIP Cards Not Accepted
2	谢绝外带食物;外来食品请勿入内	Outside Food Not Allowed 或 No Outside Food
3	文明用餐,请勿喧哗	Please Help Maintain a Quiet Atmosphere
4	适量取食,请勿浪费	Take Only What You Need // Do Not Waste Food
5	切勿暴饮暴食	Eat Light, Eat Right
6	切勿酒后驾车	Do Not Drink and Drive

B.5 指示指令信息

指示指令信息英文译法示例见表 B.4。

表 B.4 指示指令信息英文译法示例

序号	中文	英文
1	请照看好您的小孩	Please Do Not Leave Your Child Unattended
2	请依次取餐	Please Wait in Line
3	请加热后食用	Heat Before Eating 或 Heat Before You Eat
4	请不要遗忘个人物品	Please Do Not Leave Your BelongingsBehind

B.6 说明提示信息

说明提示信息英文译法示例见表 B.5。

表 B.5 说明提示信息英文译法示例

序号	中文	英文
1	免费泊车	Free Parking
2	代客泊车	Valet Parking
3	提供酒后代驾服务	Designated Driver Service Available〔Available 可以省略〕
4	订餐;订座	Table Reservation
5	已预订;预留	Reserved
6	招牌菜	Specialty Dish 或 Signature Dish
7	风味食品	Special Delicacies
8	风味小吃	Local Snacks 或 Local Delicacies 或 Local Food
9	餐厅服务员	Waiter〔男〕;Waitress〔女〕
10	厨师	Chef
11	厨师长	Head Chef
12	调酒师	Bartender

B.7 其他餐饮信息

其他餐饮信息英文译法示例见表 B.6。

表 B.6 其他餐饮信息英文译法示例

序号	中文	英文
	(餐类)	
1	中餐	Chinese Food 或 Chinese Cuisine
2	西餐	Western Food 或 Western Cuisine
3	快餐	Fast Food
4	中式快餐	Chinese Fast Food
5	自助餐	Buffet
	(菜类)	
6	凉菜	Cold Dishes
7	热菜;热炒	Hot Dishes
8	荤菜	Meat Dishes
9	素菜	Vegetable Dishes

表 B.6（续）

序号	中文	英文
10	汤	Soup
11	水果	Fruits
	（中国菜系）	
12	鲁菜〔山东菜〕	Shandong Cuisine
13	川菜〔四川菜〕	Sichuan Cuisine
14	粤菜〔广东菜〕	Guangdong Cuisine
15	淮扬菜	Huaiyang Cuisine
16	闽菜〔福建菜〕	Fujian Cuisine
17	浙菜〔浙江菜〕	Zhejiang Cuisine
18	湘菜〔湖南菜〕	Hunan Cuisine
19	徽菜〔安徽菜〕	Anhui Cuisine
20	清真菜	Halal Food 或 Muslim Food
21	斋菜	Buddhist Food
	（原材料）	
22	素食菜	Vegetarian Food
23	肉类	Meat
24	猪肉	Pork
25	牛肉	Beef
26	牛排	Steak
27	羊肉	Mutton
28	羊肉串	Mutton Shashlik
29	羊排	Lamb Chop 或 Mutton Chop
30	鸡肉	Chicken
31	鸭肉	Duck
32	鱼类	Fish
33	海鲜	Seafood
34	虾类	Prawn 或 Shrimp
35	蟹类	Crab
36	豆制品	Bean Products
37	豆腐	Doufu 或 Bean Curd
38	蔬菜	Vegetables
	（烹饪方法）	
39	火锅	Hot Pot
40	砂锅	Casseroles

表 B.6（续）

序号	中文	英文
41	麻辣烫	Spicy Hot Pot
42	药膳	Tonic Diet 或 Herbal Cuisine
43	烧烤	Grill〔在平底锅里烤〕;Barbecue〔直接在火上烤〕
	（口味）	
44	酸	Sour
45	甜	Sweet
46	辣	Hot 或 Spicy
47	三分熟	Rare
48	五分熟	Medium
49	七分熟	Medium Well
50	十分熟〔全熟〕	Well Done
	（主食）	
51	米饭	Rice
52	面条	Noodles
53	拉面	Lamian Noodles
54	刀削面	Daoxiao Noodles
55	米线	Rice Noodles
56	馄饨	Huntun 或 Wonton
57	馅饼	Pie
58	熟食	Delicatessen〔也可简作 Deli〕或 Cooked Food
59	糕点	Cakes and Pastries
60	月饼	Moon Cake
61	面包	Bread
	（西餐菜类）	
62	开胃菜	Appetizer
63	主菜	Main Course 或 Entrée
64	配菜	Side Dish
65	色拉	Salad
66	比萨	Pizza
67	三明治	Sandwich
68	热狗	Hot Dog
69	甜点	Dessert
	（酒水）	
70	国酒;国产酒	Chinese Liquors and Wines

表 B.6（续）

序号	中文	英文
71	白酒	Liquor and Spirits
72	黄酒	Yellow Rice Wine 或 Shaoxing Wine
73	米酒	Rice Wine
74	啤酒	Beer
75	洋酒	Imported Wines and Liquors
76	红葡萄酒	Red Wine
77	白葡萄酒	White Wine
78	果酒	Fruit Wine
79	开胃酒	Aperitifs
80	饮料	Beverages 或 Drinks
81	饮用水	Drinking Water
82	碳酸饮料	Carbonate Beverages 或 Sodas
83	罐装饮料	Canned Drinks
84	鲜榨果汁	Fresh Juice
85	不含酒精类饮料	Non-Alcoholic Beverages
86	茶	Tea
87	咖啡	Coffee

附 录 C
（资料性附录）
住宿业服务信息英文译法示例

C.1 说明

表 C.1～表 C.5 给出了住宿业服务信息英文译法示例。各表的英文中：

a) “〔 〕”中的内容是对英文译法的解释说明，“( )”及其所包含的内容是译文的组成部分，使用时应完整译写；

b) “//”表示书写时应当换行的断行处，需要同行书写时“//”应改为句点“.”；

c) “___”表示使用时应根据实际情况填入具体内容；

d) “或”前后所列出的不同译法可任意选择一种使用，“;”前后所列出的不同译法应根据相关解释说明区分不同情况选择使用；

e) 解释说明中指出某个词“可以省略”的，省略该词的译文只能用于设置在该设施上的标志中，如：棋牌室 Chess and CardsRoom，在设置于该棋牌室门口的标志中可以省略 Room，译作 Chess and Cards；

f) 行李译作 Baggage 或 Luggage，电梯译作 Elevator 或 Lift，本附录在相关条目的译文中均省略了后一种译法。

C.2 功能设施信息

功能设施信息英文译法示例见表 C.1。

表 C.1 功能设施信息英文译法示例

序号	中文	英文
	（服务设施）	
1	前台；总台	Front Desk 或 Reception
2	行李房	Baggage Room
3	手推车	Cart
4	存行李处	Locker〔自助〕；Left Baggage〔有人服务〕
5	取行李处	Baggage Claim
6	出租车候车处	Taxi Stand
7	失物招领处	Lost and Found
8	礼宾部	Concierge Office
9	礼品商店	Gift Shop 或 Souvenirs
10	工艺商品店	Crafts Shop
11	小卖部	Shop
12	擦鞋机	Shoe Shiner 或 Automatic Shoe Polisher

表 C.1（续）

序号	中文	英文
13	自动售货机	Vending Machine
14	留言栏	Bulletin Board 或 Message Board
15	经理	Manager
16	大堂经理	Lobby Manager
17	大堂副理	Assistant Lobby Manager
18	行李员	Porter
19	客房服务员	Room Attendant
20	宾馆修理工	Maintenance Worker
21	商店营业员	Shop Assistant 或 Clerk
	（休闲、健身、娱乐设施）	
22	更衣室	Locker Room
23	衣帽寄存处；存衣处	Cloakroom
24	休息室；休息厅	Lounge
25	俱乐部	Club
26	健身房	Fitness Room
27	游泳池	Swimming Pool
28	卡拉 OK 厅	Karaoke 或 KTV
29	舞厅；歌舞厅	Ballroom 或 Dance Hall
30	棋牌室	Chess and Cards Room〔Room 可以省略〕
31	按摩室	Massotherapy Room 或 Massage Room〔Room 均可省略〕
32	足疗室；足浴室	Foot Massage Room〔Room 可以省略〕
33	桑拿房	Sauna Room〔Room 可以省略〕
34	水疗美容部	Spa
35	美容护理部	Beauty Care
	（商务、会议设施）	
36	商务中心	Business Center
37	行政酒廊	Executive Lounge
38	报告厅	Conference Hall
39	多功能厅	Function Hall
40	会议室	Conference Room 或 Meeting Room
	（酒店基础设施）	
41	门厅；前厅；大堂	Lobby
42	过道	Passage
43	楼梯栏杆	Handrail

表 C.1（续）

序号	中文	英文
44	楼梯	Stairs 或 Stairway
45	上楼楼梯	Stairway Up〔Stairway 可以省略〕
46	下楼楼梯	Stairway Down〔Stairway 可以省略〕
47	电梯	Elevator 或 Lift
48	自动扶梯	Escalator
49	客房电梯	Guest Elevator
50	观光电梯	Sightseeing Elevator 或 Observation Elevator 或 Glass Elevator
51	员工电梯	Staff Elevator 或 Staff Only
52	货梯	Freight Elevator 或 Cargo Elevator
53	主廊	Main Corridor
54	走廊	Corridor
55	屋顶花园	Roof Garden
56	地下室	Basement
57	地下车库	Underground Parking
58	专属停车位	Reserved Parking
59	火灾疏散示意图	Emergency Exit Route 或 Fire Escape Route
60	电子监控	Electronic Surveillance
	（客房设施）	
61	客房	Guest Room
62	标准客房	Twin Room 或 Standard Room 或 Double Room
63	豪华套房	Deluxe Suite
64	无障碍客房	Accessible Room
65	单人房间	Single Room
66	双人间〔两张单人床〕	Twin Room
67	双人间〔一张双人床〕	Double Room
68	套房；套间	Suite
69	行政套房	Executive Suite
70	客房部	Housekeeping Department
71	布草间	Linen Room
	（客房用品）	
72	房卡	Room Card
73	客房钥匙	Room Key
74	有线电视	Cable TV

表 C.1（续）

序号	中文	英文
75	电视节目单	TV Listings 或 TV Channel Directory
76	电视机遥控器	TV Remote Control
77	空调	Air Conditioner
78	空调遥控器	Air Conditioner Remote Control
79	中央空调	Central Air-Conditioning
80	中央空调温控面板	Temperature Control Panel
81	暖气	Heating
82	电热水壶;电水壶	Electric Kettle
83	咖啡机	Coffee Maker
84	吹风机	Hair Dryer
85	电话机	Telephone
86	电话簿	Telephone Directory
87	服务指南	Service Directory 或 Service Information
88	保险柜	Safe Box 或 Safe
89	冰箱	Refrigerator
90	密封盒	Airtight Box
91	吊灯	Ceiling Lamp
92	吸顶灯	Ceiling Light
93	镜前灯	Mirror Light
94	落地灯	Floor Lamp
95	浴室灯	Bathroom Light
96	阅读灯	Reading Light
97	筒灯	Downlight 或 Can Light
98	夜灯	Night Light
99	毛巾	Towel
100	香皂	Toilet Soap
101	沐浴乳	Body Shampoo 或 Shower Lotion
102	洗护发用品	Shampoo and Conditioner
103	洗发水	Shampoo
104	护发素	Hair Conditioner
105	衣柜	Closet 或 Wardrobe
106	衣架	Coat Hanger
107	洗衣袋	Laundry Bag
108	毯子	Blanket

表 C.1（续）

序号	中文	英文
109	被子	Quilt
110	羽绒被	Duvet
111	枕头	Pillow
112	毛毯袋	Blanket Bag
113	婴儿床	Crib
114	婴儿食品	Baby Food
115	儿童高脚椅	Baby High Chair
116	加床	Cot
117	窗帘	Curtains

C.3 警示警告信息

警示警告信息英文译法示例见表 C.2。

表 C.2 警示警告信息英文译法示例

序号	中文	英文
1	注意，此处设有视频监控	This Area Is Under Video Surveillance
2	只允许剃须刀充电〔用于插座上〕	Shavers Only

C.4 限令禁止信息

限令禁止信息英文译法示例见表 C.3。

表 C.3 限令禁止信息英文译法示例

序号	中文	英文
1	请勿卧床吸烟	Do Not Smoke in Bed
2	当心火险	Fire Hazard
3	如遇火警，请勿使用电梯	Do Not Use Elevator in Case of Fire
4	请勿打扰	Please Do Not Disturb
5	请勿影响其他客人休息	Please Do Not Disturb Other Guests
6	严禁赌博	Gambling Is Forbidden by Law
7	请勿让孩子独自搭乘电梯	Children Must Be Accompanied by an Adult
8	请勿推门	Do Not Push
9	不准泊车	No Parking

表 C.3(续)

序号	中文	英文
10	不准停放自行车	No Bicycle Parking
11	顾客止步	Staff Only
12	限紧急情况下使用	Emergency Use Only

C.5 指示指令信息

指示指令信息英文译法示例见表 C.4。

表 C.4 指示指令信息英文译法示例

序号	中文	英文
1	访客请登记	All Visitors Must Register
2	请在此处先刷房卡,再按目的楼层〔电梯内〕	Please SwipeYour Room Card Here Before Pressing the Number of Your Floor
3	乘此梯至地下停车场	Elevator to Underground Parking
4	请留意退房时间	Our checkout time is __O'clock 或 Check-Out Time: __ O'clock
5	请保持整洁	Please Keep This Area Clean
6	请即打扫	Please Make up My Room
7	请将您的自行车锁好	Please Lock Your Bicycle
8	请将您需要清洁的皮鞋放置在此,我们将乐于为您服务。	Please place your shoes here if you would like to have them polished.
9	请节约用水	Please Conserve Water 或 Please Save Water
10	请节约用纸〔用于厕所〕	Please Save Toilet Paper
11	贵重物品请自行妥善保管	Please Keep Your Valuables With You
12	如需帮助,请即对讲	Lift the Handset for Assistance
13	票款当面点清;找零请当面点清	Please Check Your Change Before Leaving the Counter
14	如需帮助,请按键	Press Button for Assistance
15	紧急时请按此按钮	Press Button in Emergency

C.6 说明提示信息

说明提示信息英文译法示例见表 C.5。

表 C.5 说明提示信息英文译法示例

序号	中文	英文
	(营业情况)	
1	内部施工,暂停营业	Under Construction // Temporarily Closed
2	照常营业	We Are Open 或 Open
3	暂停服务	Temporarily Out of Service
	(入住、结账)	
4	接待问询	Information 或 Reception and Information
5	手语服务	Sign Language Services
6	旺季	High Season 或 Peak Season
7	淡季	Low Season 或 Slack Season
8	客房价格	Room Rates
9	入宿登记	Check-In
10	住宿登记表	Check-In Form
11	签字	Signature
12	结账〔住宿〕;退房	Check-Out
13	退房时间	Check-Out Time: ___ O'clock
14	打折;优惠	Discount 或 Reduced Rate
15	对折;五折	50% Off
16	账单	Bill
17	可用信用卡结账	Credit Card Accepted
18	不接受信用卡结账	Credit Card Not Accepted
	(客房服务)	
19	服务项目	Services Available
20	轮椅借用	Wheelchairs Available
21	儿童车借用	Strollers Available 或 Baby Carriages Available
22	手杖借用	Walking Sticks Available
23	雨伞借用	Umbrellas Available
24	代客存衣	Coat Check
25	客房服务	Housekeeping
26	客房送餐服务	Room Service 或 In-Room Dining
27	餐饮服务	Food and Beverages

表 C.5（续）

序号	中文	英文
28	洗衣服务	Laundry 或 Laundry Service
29	冰块服务	Ice Delivery
30	加床服务	Extra Bed Service
31	夜床服务	Turndown Service 或 Turn Down Service
32	叫醒服务	Wake-Up Call
33	叫早服务	Morning Call
34	行李服务	Baggage Service
35	租车服务	Car Rental
36	擦鞋服务	Shoe Shine Service
	（互联网服务）	
37	互联网服务	Internet Service
38	宽带连接	Internet Connection
39	上网计时收费	Duration-Based Internet Access Charge
40	上网免费	Free Internet Use
41	可使用无线网络	WiFi Available
	（电话服务）	
42	电话服务	Telephone Service
43	电话总机	Operator
44	电话号码查询;信息查询	Information and Telephone Directory
45	外线电话	External Call
46	内线电话;内部电话	Internal Call
47	房间至房间〔用于电话机上〕	Room-to-Room
48	长途电话	Long Distance Call
49	市内电话	Local Call
50	投币电话	Payphone 或 Coin Telephone
	（客房内提示说明信息）	
51	插卡取电	Insert Key for Power 或 Insert Card for Power
52	总开关	Master Light Switch〔电灯〕;Main Switch〔电源〕
53	不间断电源	Uninterruptible Power Supply 或 UPS
54	赠品	Complimentary
55	免费使用	Free
56	非赠品	Non-Complimentary
57	有偿使用	Not Free
58	冷〔用于水龙头上〕	Cold

表 C.5（续）

序号	中文	英文
59	热〔用于水龙头上〕	Hot
	（其他）	
60	感谢您帮助我们节能减排，请将仍要使用的毛巾放在毛巾架上。	Thank you for helping us save water and energy. Please put on the rack the towels you will use again.
61	谢谢光临	Thank You for Your Patronage

ICS 01.080.10
A 22

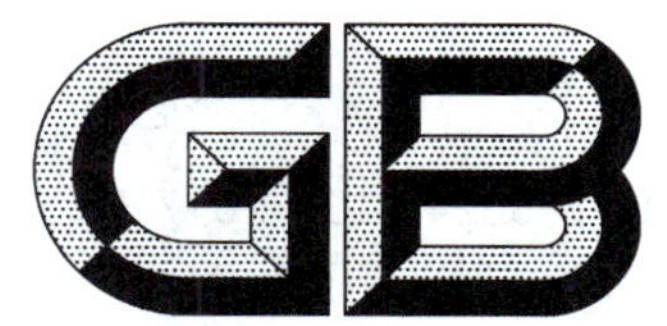

中华人民共和国国家标准

GB/T 30240.10—2017

公共服务领域英文译写规范 第10部分：商业金融

Guidelines for the use of English in public service areas—Part 10: Commerce and finance

2017-05-22 发布　　2017-12-01 实施

中华人民共和国国家质量监督检验检疫总局
中国国家标准化管理委员会　发布

前　言

GB/T 30240《公共服务领域英文译写规范》与公共服务领域日文、韩文、俄文等译写规范共同构成关于公共服务领域外文译写规范的系列国家标准。

GB/T 30240《公共服务领域英文译写规范》分为以下部分：

——第1部分：通则；

——第2部分：交通；

——第3部分：旅游；

——第4部分：文化娱乐；

——第5部分：体育；

——第6部分：教育；

——第7部分：医疗卫生；

——第8部分：邮政电信；

——第9部分：餐饮住宿；

——第10部分：商业金融。

本部分为GB/T 30240的第10部分。

本部分按照GB/T 1.1—2009给出的规则起草。

本部分由教育部语言文字信息管理司归口。

本部分起草单位：上海市语言文字工作委员会、北京市语言文字工作委员会、江苏省语言文字工作委员会、上海外国语大学、上海师范大学、华东师范大学。

本部分主要起草人：柴明颎、丁言仁、潘文国、戴曼纯、姚锦清、王银泉、戴宗显、白殿一、刘连安、张日培、林元彪、张民选、顾大僖、刘民钢、王育伟、苏章海。

公共服务领域英文译写规范 第10部分:商业金融

1 范围

GB/T 30240的本部分规定了商业和金融服务领域英文翻译和书写的相关术语和定义、翻译方法和要求、书写要求等。

本部分适用于商业和金融业经营机构及相关场所名称、商业金融类服务信息的英文译写。

2 规范性引用文件

下列文件对于本文件的应用是必不可少的。凡是注日期的引用文件,仅注日期的版本适用于本文件。凡是不注日期的引用文件,其最新版本(包括所有的修改单)适用于本文件。

GB/T 30240.1—2013 公共服务领域英文译写规范 第1部分:通则

3 术语和定义

下列术语和定义适用于本文件。

3.1

商业 commerce

从事商品(包括实物商品和服务商品)销售的行业。

3.2

金融业 finance

从事货币存取和信贷、货币流通、证券和期货交易、保险业务等活动的行业。

4 翻译方法和要求

4.1 商业、金融业机构和场所名称

4.1.1 商业街、步行街应采用不同的译法:商业街译作 Commercial Street;步行街译作 Pedestrian Street。

4.1.2 主要功能为购物、餐饮和商业活动的大型场所或大楼、大厦译作 Plaza。如万达广场译作 Wanda Plaza,其中的“广场”不能译作 Square。

4.1.3 集购物、休闲、娱乐、餐饮等于一体,包括百货店、大卖场以及众多专业连锁零售店在内的商业中心译作 Shopping Mall 或 Shopping Center。

4.1.4 只针对货品进行分类销售、不具有休闲娱乐等多种功能的较小规模的商店、店铺译作 Store 或 Shop。除了 Barber Shop 等习惯用法或固定搭配,通常情况下 Store 和 Shop 可以互换使用。专卖店采用“品牌名+Store”或“品牌名+Shop”的体例译写,Store 或 Shop 也可省略。

4.1.5 银行译作 Bank,银行的分行译作 Branch,支行译作 Sub-Branch,营业部译作 Banking Center 或 Banking Department。

4.1.6 保险、证券、期货、财务管理与服务类的“公司”译作 Company 或 Corporation。通常情况下，Company 和 Corporation 可以互换使用，具体根据“名从主人”的原则选择使用。

4.1.7 其他商业、金融业机构和场所名称的译写应符合 GB/T 30240.1—2013 中 5.1 的各项要求。具体参见附录 A。

4.2 商业、金融业服务信息

商业、金融业服务信息的译写应符合 GB/T 30240.1—2013 中 5.2 的各项要求。商业服务信息的具体译法参见附录 B。金融业服务信息的具体译法参见附录 C。

4.3 词语选用和拼写方法

英文词语选用和拼写方法应符合 GB/T 30240.1—2013 中 5.3 的要求。

4.4 语法和格式

4.4.1 指示服务项目的 Service 应根据服务项目的多少选择使用单数或复数，如“礼宾服务”如果只提供单一项目的服务使用单数 Concierge Service，如果提供多项目的服务使用复数 Concierge Services。

4.4.2 其他英文人称、时态、单复数用法和缩写形式应符合 GB/T 30240.1—2013 中 5.4 的相关要求。

5 书写要求

英文大小写、标点符号、字体、空格、换行等的用法应符合 GB/T 30240.1—2013 中第 6 章的要求。

附　录　A
（资料性附录）
商业、金融业机构和场所名称英文译法示例

A.1　说明

表 A.1～表 A.2 给出了商业、金融业机构和场所名称通名英文译法示例。各表的英文中：

a)　“〔　〕”中的内容是对英文译法的解释说明，“（　）”及其所包含的内容是译文的组成部分，使用时应完整译写；
b)　“或”前后所列出的不同译法可任意选择一种使用，“；”前后所列出的不同译法应根据相关解释说明区分不同情况选择使用；
c)　商店译作 Store 或 Shop，本附录在相关条目的译文中省略了后一种译法，但在特定场合中英语国家习惯使用 Shop 的除外；公司译作 Company 或 Corporation，本附录在相关条目的译文中省略了后一种译法。

A.2　商业机构和场所名称

商业机构和场所名称英文译法示例见表 A.1。

表 A.1　商业机构和场所名称英文译法示例

序号	中文	英文
	（商务区、购物中心）	
1	中央商务区	Central Business District 或 CBD
2	购物中心；购物商城	Shopping Center 或 Shopping Mall
3	贸易中心	Trade Center
4	批发市场	Wholesale Market
5	商场	Shopping Mall 或 Market
6	厂家直销店	Factory Outlet 或 Outlet Store
	（超市、百货）	
7	超市；大卖场	Supermarket
8	大型综合超市	Hypermarket
9	会员店	Membership Store
10	仓储式商场	Warehouse Store 或 Warehouse Supermarket
11	百货商店	Department Store
12	免税店	Duty-Free Store
	（便利店）	
13	便利店；方便店	Convenience Store

表 A.1（续）

序号	中文	英文
14	折扣店	Discount Store
15	精品店	Boutique
16	廉价小商品杂货店	Variety Store 或 Price-Point Retailer
	（专业商店）	
17	成人用品商店	Adult Store
18	工艺品商店	Arts and Crafts Store〔Store 可以省略〕
19	家居建材商店	Home Furnishing and Building Supplies
20	金店	Gold Store
21	珠宝商店；银楼；金店	Jewelries
22	花店	Florist's 或 Flower Shop
23	电器商店；电器商城	Electronics and Home Appliances 或 Electrical and Electronics
24	音像制品店	Audio-Video Store
25	眼镜店	Spectacles Store〔Store 可以省略〕或 Optical Store
26	本地土特产店	Local Produce Store〔Store 可以省略〕
	（食品店）	
27	食品超市	Food Supermarket
28	食品店	Food Store
29	熟食店	Deli 或 Delicatessen
	（书籍报刊店）	
30	书城	Book Mall
31	书店	Bookstore
32	报刊亭	Newsstand 或 News Kiosk
	（医药商店）	
33	医药商店；西药房	Pharmacy 或 Drug Store 或 Chemist's
34	中药店	TCM Pharmacy
	（摄影服务）	
35	照相馆	Photo Studio
36	儿童摄影室	Children's Photo Studio
37	自助摄影	Self-Service Photo Booth
38	快照服务	Instant Photo Service
39	数码工作室	Digital Studio
	（婚庆服务）	
40	婚庆公司	Wedding Services 或 Wedding Planner

表 A.1（续）

序号	中文	英文
41	婚纱店	Wedding Dress Store
42	婚纱摄影	Wedding Photo Studio
	（洗衣服务）	
43	洗衣店	Laundry
44	干洗店	Dry Cleaning Shop〔Shop 可以省略〕
	（美容、按摩、洗浴）	
45	理发店	Barber's 或 Barber Shop
46	美发厅	Hairdresser's
47	美容美发厅	Hair and Beauty Salon
48	美容院；美容美体中心	Beauty Salon 或 Beauty Center 或 Beauty Care
49	水疗会所；水疗生活馆	Spa
50	按摩店	Massage Shop〔Shop 可以省略〕
51	足疗店；足浴店	Foot Massage Shop〔Shop 可以省略〕或 Foot Care
52	洗浴中心	Bath Center 或 Baths
	（服务公司）	
53	搬家公司	Moving Company
54	保洁公司	Cleaning Company
55	家政服务公司	Domestic Services Company 或 House-Keeping Services Company〔Company 均可省略〕
56	房产中介；房地产经纪公司	Real Estate Agency〔Agency 可以省略〕
57	物流公司	Logistics Company〔Company 可以省略〕
58	物业公司	Property Management Company 或 Realty Management Company〔Company 均可省略〕
59	装潢公司	Interior Decoration Company〔Company 可以省略〕
60	租车公司	Car Rental Company〔Company 可以省略〕
61	租赁公司	Leasing Company
	（其他）	
62	网上商城	Online Shopping Mall
63	网上购物	Online Shopping
64	电视购物	TV Shopping

A.3　金融业机构和场所名称

金融业机构和场所名称英文译法示例见表 A.2。

表 A.2 金融业机构和场所名称英文译法示例

序号	中文	英文
	(银行)	
1	银行	Bank
2	分行	Branch
3	支行	Sub-Branch
4	分理处	Office
5	储蓄所	Savings Bank
6	自助银行	Self-Service Banking
	(保险)	
7	保险公司	Insurance Company
8	保险代理公司	Insurance Agent Company
9	保险公估公司	Insurance Assessment Company
10	保险经纪公司	Insurance Brokerage Company
11	保险资产管理公司	Insurance Asset Management Company
12	财产保险公司	Property Insurance Company
13	人身保险公司	Personal Insurance Company
14	人寿保险公司	Life Insurance Company
15	再保险公司	Reinsurance Company
	(证券、期货)	
16	证券公司	Securities Company 或 Securities Firm
17	证券交易所	Stock Exchange
18	证券投资基金管理公司	Securities Investment Fund Management Corporation
19	期货公司	Futures Company
20	期货经纪公司	Futures Brokerage Company
	(贷款、融资、投资)	
21	贷款公司	Loan Company
22	小额贷款公司	Micro-Loan Company
23	典当行	Pawnbroker 或 Pawnshop
24	拍卖公司;拍卖行	Auction Company 或 Auction House
25	信托公司	Trust Company
26	信托投资公司	Trust and Investment Company
27	信用放款合作社	Credit Loan Cooperative

表 A.2（续）

序号	中文	英文
28	信用合作社	Credit Cooperative
29	投资咨询公司	Investment Consulting Company
	（财务管理及其他）	
30	财务公司	Finance Company
31	货币经纪公司	Money Brokerage Company
32	金融控股公司	Financial Holdings Company
33	金融资产管理公司	Asset Management Company
34	金融租赁公司	Financial Leasing Company
35	汽车金融公司	Automobile Finance Company

附 录 B
（资料性附录）
商业服务信息英文译法示例

B.1 说明

表 B.1～表 B.6 给出了商业服务信息英文译法示例。各表的英文中：

a) “〔 〕”中的内容是对英文译法的解释说明，“（ ）”及其所包含的内容是译文的组成部分，使用时应完整译写；

b) “//”表示书写时应当换行的断行处；需要同行书写时“//”应改为句点“.”；

c) “___”表示使用时应根据实际情况填入具体内容；

d) “或”前后所列出的不同译法可任意选择一种使用，“；”前后所列出的不同译法应根据相关解释说明区分不同情况选择使用；

e) 解释说明中指出某个词“可以省略”的，省略该词的译文只能用于设置在该设施上的标志中，如：客户服务中心 Customer Service Center，在设置于该中心处的标志中可以省略 Center，译作 Customer Services；

f) 电梯译作 Elevator 或 Lift，本附录在相关条目的译文中省略了后一种译法。

B.2 功能设施信息

功能设施信息英文译法示例见表 B.1。

表 B.1 功能设施信息英文译法示例

序号	中文	英文
	（寄存设施）	
1	存包处	Locker〔自助〕；Left Baggage〔有人服务〕
2	取包处	Bag Claim
3	衣帽寄存处；存衣处	Cloakroom
	（购物设施）	
4	购物车	Shopping Trolley 或 Shopping Cart
5	购物筐	Shopping Basket
6	试衣室	Fitting Room 或 Dressing Room
7	过磅处；称重处	Weigh Counter
8	公平秤	Check Scale
9	购物车回收处	Shopping Cart Recycle 或 Trolley Recycle
10	密封盒	Airtight Box
11	环保袋	Recycle Bag 或 Environment-Friendly Bag
12	保温袋	Thermal Bag

表 B.1（续）

序号	中文	英文
	（结账、客户服务设施）	
13	结账台；付费处；收银处	Cashier
14	客户服务中心	Customer Service Center 或 Customer Services〔用于 Center 可以省略的场合〕
15	总服务台	Reception 或 General Service Counter
16	贵宾服务中心	VIP Service Center 或 VIP Services〔用于 Center 可以省略的场合〕
17	顾客接待室；接待	Reception
18	包装柜台	Packing Counter
19	退换商品处	Refunds and Exchanges
20	保修及退换货服务处	Warranties and Refunds
21	赠品领取处	Free Gifts
22	领取免费停车票	Parking Coupon Here
23	失物招领处	Lost and Found
24	幼儿托管处	Child Care 或 Children's Center
25	购物指南；导购图	Shopping Guide 或 Shopping Directory
26	留言栏	Bulletin Board 或 Message Board
	（商场基础设施）	
27	楼层	Floor 或 Level
28	楼梯	Stairs 或 Stairway
29	自动扶梯	Escalator
30	观光电梯	Sightseeing Elevator 或 Observation Elevator 或 Glass Elevator
31	应急照明	Emergency Lighting
32	紧急疏散示意图	Emergency Exit Route
33	泵房	Pump House
34	闭路电视	Closed Circuit Television 或 Cable TV
35	电控室	Power Control Room
36	电脑房	Computer Room
37	空调机房	Air-Conditioning Control Room
38	库房	Warehouse
39	杂物室	Storage Room
	（内设部门）	
40	安全保卫部	Security Department
41	财务部	Accounting Department

表 B.1（续）

序号	中文	英文
42	采购部	Purchasing Department
43	服务部	Customer Service Department
44	卖场部	Sales Department
45	人力资源部	Human Resources Department
46	售后服务部	After-Sales Service Department
47	物流管理部	Logistics Management Department
48	物业行政部	Property Department
49	医务室	Clinic
50	总经理办公室	General Manager's Office
	（购物专线、停车）	
51	购物专车；大卖场专线	Supermarket Shuttle 或 Shoppers Shuttle
52	地下车库	Underground Parking
53	出租车候车处	Taxi Stand

B.3 警示警告信息

警示警告信息英文译法示例见表 B.2。

表 B.2 警示警告信息英文译法示例

序号	中文	英文
1	设备故障	Out of Order
2	当心火险	Fire Hazard
3	易碎商品	Fragile
4	本商场设有闭路电视监控	This Area Is Under Video Surveillance

B.4 限令禁止信息

限令禁止信息英文译法示例见表 B.3。

表 B.3 限令禁止信息英文译法示例

序号	中文	英文
1	购物车仅限超市购物使用，请不要将购物车推出商场停车场以外	Do Not Take Shopping Cart Beyond Parking Lot
2	请勿在付款前拆开商品的包装	Do Not Unwrap Any Article Before Purchase
3	如遇火警，请勿使用电梯	Do Not Use Elevator in Case of Fire

表 B.3（续）

序号	中文	英文
4	未付款商品请勿带进卫生间	Do Not Take Into Toilet Any Unpaid Article
5	请勿带宠物入内	No Pets Allowed
6	请勿将外来食品、饮料带入	No Outside Food or Drinks Allowed
7	请勿拍照	No Photography
8	请勿入内	No Entry
9	请勿推购物车上下电动扶梯	No Shopping Cart on Escalator
10	不准泊车	No Parking
11	不准停放自行车	No Bicycle Parking
12	危险物品不得寄存	Hazardous Articles Prohibited
13	衣冠不整者谢绝入内	Proper Attire Required
14	禁止堆放物品	Keep Clear
15	禁止通过	No Admittance 或 No Entry
16	禁止未成年人进入	Adults Only
17	严禁触摸	Do Not Touch

B.5 指示指令信息

指示指令信息英文译法示例见表 B.4。

表 B.4 指示指令信息英文译法示例

序号	中文	英文
1	请照看好您的小孩	Please Do Not Leave Your Children Unattended
2	请锁好您的自行车	Please Lock Up Your Bike
3	密码单请妥善保管	Please Keep Your Password Safe
4	请保存好购物凭证	Please Keep Your Payment Slip Safe
5	请保管好自己的物品	Please Keep Your Belongings Safe 或 Please Keep Your Valuables With You
6	请收好您的信用卡	Please Take Your Credit Card
7	请输入您的密码	Please Enter Your PIN
8	请收好您的找零	Please Take Your Change
9	请握好扶手	Please Hold the Handrail
10	报警请拨打 110	Call 110 in Case of Emergency 或 Emergency Call 110
11	乘此梯至地下停车场	Elevator to Underground Parking
12	老幼乘梯需有人陪同	Seniors and Children Must Be Accompanied

B.6 说明提示信息

说明提示信息英文译法示例见表B.5。

表 B.5 说明提示信息英文译法示例

序号	中文	英文
	(营业情况)	
1	试营业	Soft Opening
2	正在营业;照常营业	We Are Open 或 Open
3	昼夜营业	Open 24 Hours
4	营业时间	Business Hours 或 Opening Hours
	(商品信息、价格、优惠)	
5	商品名称;产品名称	Product Name
6	产地	Place of Origin 或 Made in ___
7	等级	Class 或 Grade
8	规格	Specifications
9	价格	Price
10	价格标签	Price Tag
11	特价	Special Offer
12	促销	Promotion
13	优惠	Discounts 或 On Sale
14	___折〔指优惠的折扣幅度〕	___ Off〔九折填入10%,八折填入20%,七折填入30%,以此类推〕
15	特卖	Special Sale
16	待售	For Sale
17	待租	For Rent 或 For Lease 或 To Let
18	自助查询商品价格	Price Check
	(接待、导购)	
19	接待问询	Information 或 Reception and Information
20	导购	Shopping Guide
21	服务承诺	Commitment to Our Customers
22	服务指南	Service Directory 或 Service Information
23	自由退换货	Refundable and Exchangeable
24	售后服务热线	After-Sales Service Hotline
25	投诉电话;投诉热线	Complaint Hotline
26	团购业务	Group Purchase Service

表 B.5（续）

序号	中文	英文
27	团体接待	Group Reception
28	营销策划	Marketing Planning
	（**服务项目**）	
29	礼品包装	Gift Wrapping 或 Gift Packing
30	钟表维修	Clock and Watch Repair
31	首饰加工	Jewelry Smithing
32	黄金加工	Goldsmithing
33	验光配镜	Optician Services 或 Optical Service
34	裁剪熨烫	Tailoring and Ironing
35	服装修改;改衣服务	Clothing Alterations 或 Clothing Alteration Service
36	熨衣	Ironing 或 Pressing
37	裤边修改	Hemming
38	拼装家具	Knock-Down Furniture 或 Ready-to-Assemble Furniture〔可缩写为 RTA〕
39	咖啡研磨	Coffee Grinding
40	皮鞋修理	Shoe Repair
41	手机维修	Cellphone Repair
42	微波食品加热	Microwave Heating
43	商品保养及维修	Maintenance and Repair
44	彩印	Color Printing
45	干洗	Dry Cleaning
46	美甲	Manicure 或 Nails
47	手语服务	Sign Language Services
48	擦鞋服务	Shoe Shine Service
49	餐饮服务	Food and Beverages
50	票务服务	Ticket Service
51	礼宾服务	Concierge Service
52	搬运服务;搬家服务	Moving Service
53	婴儿车租用	Baby Carriage Rental
54	雨伞租借	Umbrella Rental
	（**代办、代售**）	
55	代客存衣	Coat Check
56	代客送礼	Gift Delivery Service
57	代售电话卡、地图	Phone Cards and Maps

表 B.5（续）

序号	中文	英文
58	代售火车票	Train Tickets
59	代售民航机票	Airline Tickets
60	代售文体演出票	Tickets for Shows and Sporting Events
	（送货、邮寄）	
61	送货服务	Delivery Service
62	全市范围免费送货	Free Citywide Delivery
63	商品定制	Special Orders
64	商品邮购	Mail Order Service
	（会员卡办理和服务）	
65	会员卡办理和服务	Membership Card Service
66	登记表	Registration Form
67	手续费	Service Charge
68	填表处	Fill Out Forms Here
69	不接受信用卡	Credit Cards Not Accepted
70	洗车	Car Wash 或 Auto Wash
71	专属停车位	Reserved Parking
72	感谢惠顾	Thanks for Your Patronage
73	祝您购物愉快	Enjoy Your Shopping

B.7 商品种类名称信息

商品种类名称信息英文译法示例见表 B.6。

表 B.6 商品种类名称信息英文译法示例

序号	中文	英文
	（食品调料类）	
1	水产品	Aquatic Products
2	猪肉	Pork
3	牛羊肉	Beef and Mutton
4	禽肉	Poultry Meat
5	禽肉制品	Poultry Products
6	蛋类	Eggs
7	粮食	Cereals
8	饼干	Biscuits

表 B.6（续）

序号	中文	英文
9	糕点	Cakes and Pastries
10	面包	Bread
11	糖果	Candies 或 Sweets
12	水果	Fruits
13	蔬菜	Vegetables
14	奶制品	Dairy Products
15	方便食品	Instant Foods
16	散装食品	Bulk Food
17	零食	Snacks
18	调味品	Condiments 或 Spices
	（酒水饮料类）	
19	酒类	Liquor and Alcoholic Beverages
20	啤酒	Beer
21	果酒	Fruit Wine
22	白酒	Liquor and Spirits
23	茶	Tea
24	固体饮料	Drinking Powder 或 Powder Drinks
	（家居用品类）	
25	家居用品	Household Supplies
26	卫生用品	Sanitation Supplies
27	驱虫用品	Insect Repellents
28	洗涤用品	Detergents
29	洗漱用品	Personal Hygiene Products
30	化妆品	Cosmetics
31	床上用品	Beddings
32	炊具、餐具	Kitchenware
33	家具	Furniture
34	家电;小家电	Home Appliances
	（服装鞋帽类）	
35	服装	Clothing
36	男装	Men's Wear
37	女装	Women's Wear
38	休闲装	Sportswear 或 Casual Wear
39	针棉织品	Knitwear

表 B.6（续）

序号	中文	英文
40	女内衣	Women's Underwear
41	鞋	Shoes
42	男鞋	Men's Shoes
43	女鞋	Women's Shoes
	（儿童用品类）	
44	婴儿用品	Baby Products 或 Baby Care
45	童装	Children's Wear
46	童车	Baby Carriages 或 Baby Strollers
47	儿童玩具	Children's Toys
	（数码电子类）	
48	音像制品	Audio and Video Products
49	摄影摄像器材	Camera Products
50	视听设备	Audio Visual Equipment
51	计算机	Computers
52	移动通信器材	Mobile Phones and Accessories
53	电脑耗材(配套设备)	Computer Accessories
	（文教体育类）	
54	文具	Stationery
55	健身器材	Fitness Equipment 或 Gym Equipment
56	体育用品	Sporting Goods 或 Sports Equipment
57	乐器	Musical Instruments
58	图书	Books
	（配饰首饰类）	
59	珠宝首饰	Jewelry
60	眼镜	Glasses
61	手表	Watches
	（其他）	
62	宠物用品	Pet Supplies
63	工艺礼品	Handicrafts
64	照明用品	Lighting Products
65	五金工具	Hardware
66	箱包	Bags and Suitcases
67	烟草	Cigarettes and Tobacco
68	汽车用品	Car Accessories

附 录 C
（资料性附录）
金融业服务信息英文译法示例

C.1 说明

表 C.1～表 C.4 给出了金融业服务信息英文译法示例。各表的英文中：

a) “〔 〕”中的内容是对英文译法的解释说明，“（ ）”及其所包含的内容是译文的组成部分，使用时应完整译写；
b) “//”表示书写时应当换行的断行处，需要同行书写时“//”应改为句点“.”；
c) “___”表示使用时应根据实际情况填入具体内容；
d) “或”前后所列出的不同译法可任意选择一种使用，“；”前后所列出的不同译法应根据相关解释说明区分不同情况选择使用；
e) 公司译作 Company 或 Corporation，本附录在相关条目的译文中省略了后一种译法。

C.2 功能设施信息

功能设施信息英文译法示例见表 C.1。

表 C.1 功能设施信息英文译法示例

序号	中文	英文
1	咨询处	Inquiry 或 Information
2	服务流程图	Service Flow Chart
3	自助服务区	Self-Service Area
4	自动存款机	Cash Deposit Machine 或 CDM
5	自动取款机；自动存取款机	Automatic Teller Machine 或 ATM
6	自动缴费机	Bill Payment Machine
7	外币兑换机	Foreign Currency Exchange Machine〔Foreign 可以省略〕
8	等候区	Waiting Area
9	取号机	Queuing Machine
10	贵宾客户专柜	VIP Counter

C.3 警示警告信息

警示警告信息英文译法示例见表 C.2。

表 C.2 警示警告信息英文译法示例

序号	中文	英文
1	本网点与警方联网	This Area Is Under Police Surveillance
2	注意保护个人隐私	Please Guard Your Personal Information

C.4 指示指令信息

指示指令信息英文译法示例见表 C.3。

表 C.3 指示指令信息英文译法示例

序号	中文	英文
1	进门请按钮	Press to Enter 或 Press Button to Enter
2	进门请上锁	Please Lock the Door Behind You
3	进门请刷卡	Swipe Card to Enter
4	出门请按钮	Press to Exit 或 Press Button to Exit
5	请排队等候叫号	Please Wait for Your Number to Be Called
6	钱款请当面点清	Please Count Your Cash Before You Leave
7	请插入您的银行卡	Please Insert Your Bank Card
8	请稍候	Please Wait
9	如需帮助,请与工作人员联系。	For assistance, please contact our staff.
10	请输入密码	Enter Your PIN

C.5 说明提示信息

说明提示信息英文译法示例见表 C.4。

表 C.4 说明提示信息英文译法示例

序号	中文	英文
	(柜台服务)	
1	个人业务	Personal Business〔银行常用 Personal Banking 的译法〕
2	公司业务	Corporate Business〔银行常用 Corporate Banking 的译法〕
3	信贷业务	Credit Service
4	综合业务	General Service
5	存款	Deposit
6	储蓄	Savings
7	取款	Withdrawal

表 C.4（续）

序号	中文	英文
8	汇款	Remittance
9	电汇	Wire Transfer
10	贷款	Loans
11	按揭贷款	Mortgage Loans
12	公积金贷款	Housing Provident Fund Loans
13	消费贷款	Consumption Loans
14	缴费业务	Bill Payment Service
15	代收公用事业费	Utilities Bill Payment
16	理财咨询	Financial Planning Consultation
17	理财服务	Financial Planning Service
18	保管箱业务办理	Safe Box Service
19	人民币结算	RMB Settlement
20	外币结算	Foreign Currency Settlement
21	外汇业务	Foreign Exchange Service
22	兑换残破币	Damaged Bills Exchange
	（**自助服务**）	
23	24 小时自助服务	24-Hour Self-Service
24	操作指南	Instructions
25	系统故障	Out of Order
26	本机每笔最大存款张数：___	Maximum of ___ Bills at One Time
27	磁卡插口	Card Slot
28	存款口	Cash In
29	凭条口	Receipt
30	取款口	Cash Out
31	条码扫描口	Barcode Scanner 或 Barcode Reader
32	账单出口	Bill Out
33	限时服务	Limited Hours Service
34	自助服务终端	Self-Service Terminal
	（**卡类**）	
35	银行卡	Bank Card
36	金卡	Gold Card
37	白金卡	Platinum Card
38	钻石卡	Diamond Card
39	黑金卡	Infinity Card

表 C.4（续）

序号	中文	英文
40	借记卡	Debit Card
41	信用卡	Credit Card
	（保险业务）	
42	财产保险	Property Insurance
43	人寿保险	Life Insurance
44	车辆保险	Automobile Insurance
45	理赔	Claim Settlement
46	退保	Policy Cancellation 或 Insurance Cancellation
	（其他）	
47	个人业务营业时间	Personal Banking Hours〔银行用〕
48	公司业务营业时间	Corporate Banking Hours〔银行用〕
49	客户服务电话;客户服务热线	Customer Service Hotline
50	24 小时服务热线	24-Hour Hotline
51	网上银行	Online Banking Service
52	手机银行	Mobile Banking Service
53	手机银行注册	Mobile Banking Registration